工业和信息化人才培养规划教材

Industry And Information Technology Training Planning Materials

Technical And Vocational Education

高职高专计算机系列

网络工程规划与设计

Network Planning
and Design

李银玲 ◎ 主编

刘宗藩 苑永波 祖宝明 ◎ 副主编　周德富 ◎ 主审

人民邮电出版社

北　京

图书在版编目（CIP）数据

网络工程规划与设计 / 李银玲主编. — 北京：人民邮电出版社，2012.7
工业和信息化人才培养规划教材. 高职高专计算机系列
ISBN 978-7-115-27824-1

Ⅰ. ①网… Ⅱ. ①李… Ⅲ. ①计算机网络—高等职业教育—教材 Ⅳ. ①TP393

中国版本图书馆CIP数据核字(2012)第099118号

内 容 提 要

　　本书将知识和技能相结合，详细讲述了网络工程规划与设计的全流程。第 1 章对网络工程进行简要概述，让读者了解网络工程设计的内涵和构成；第 2 章介绍网络工程设计的一般过程和方法；第 3 章从逻辑层面介绍网络工程的设计，主要从拓扑结构、IP 地址、域名等方面展开网络的逻辑设计；第 4 章简要介绍如何根据网络的逻辑设计方案来设计实施网络布线系统，选择网络设备和传输介质完成网络的物理布线工程，并且掌握网络机房的规划设计；第 5 章介绍网络工程中的网络组网技术和网络设备的选择，由此完成物理网络的设计；第 6 章介绍如何对网络系统进行网络管理和安全机制的设计，实现网络系统安全平稳地运行；第 7 章介绍网络系统容易出现的故障及排查方法，以及网络优化的相关知识，让读者对网络系统良好运行有一定的了解；第 8 章介绍网络应用系统的相关知识，让读者了解如何发挥物理网络的功能，了解网络系统环境和网络应用系统的相关知识；第 9 章介绍计算机网络新技术的发展及其应用。

　　本书适合作为应用型本科院校或者高职院校计算机专业及其相关专业的教材，也可以作为从事计算机网络工程技术人员和负责校园网建设项目的学校管理人员或相关爱好者的参考书目。

工业和信息化人才培养规划教材——高职高专计算机系列

网络工程规划与设计

◆ 主　　编　李银玲
　　副 主 编　刘宗藩　苑永波　祖宝明
　　主　　审　周德富
　　责任编辑　王　威

◆ 人民邮电出版社出版发行　　北京市崇文区夕照寺街 14 号
　　邮编　100061　　电子邮件　315@ptpress.com.cn
　　网址　http://www.ptpress.com.cn
　　北京昌平百善印刷厂印刷

◆ 开本：787×1092　1/16
　　印张：13.75　　　　　　　　2012 年 7 月第 1 版
　　字数：349 千字　　　　　　　2012 年 7 月北京第 1 次印刷

ISBN 978-7-115-27824-1

定价：29.00 元

读者服务热线：(010)67170985　印装质量热线：(010)67129223
反盗版热线：(010)67171154

前言

    21 世纪的今天，网络信息技术被广泛应用于社会各个领域。信息化的发展离不开网络，网络工程的规划与设计是实现信息化的首要环节。如何为不同的用户规划和设计所需要的网络，根据用户需求来设计和规划符合用户需要的网络工程，是网络工程技术人员所需要掌握的技能。为了适应需要，我们编写了本书。

    本书立足于将知识与技术相结合，以懂网、组网、管网、用网作为主线，从网络的逻辑层面、物理层面和应用系统层面来分别介绍网络工程规划设计的全过程及相关知识。全书以一个校园网络工程设计贯穿全书，在每个章节知识单元中，设计不同的项目任务，帮助读者明了网络工程设计中各部分知识所起的作用，从而让读者能够掌握网络工程系统设计的全过程。

    本书由李银玲主编，以及总体策划、制订大纲和统稿修改。其中，第 1 章、第 9 章由哈尔滨师范大学的李银玲编写，第 4 章、第 5 章由新疆轻工业职业技术学院的刘宗藩编写，第 6 章、第 7 章由黑龙江教育学院的苑永波编写，第 3 章、第 8 章由苏州经贸职业技术学院的祖宝明编写，第 2 章由焦作师范高等专科学校的王素芳编写。本书在前期资料收集和准备工作中得到了刘明明、杜鹃、冯长丽、李欣、李立尧、杜鹃、郭玉清、王运鹏等人的大力支持和帮助，在这里向他们表示衷心的感谢！

    本书在编写过程中，参考了大量的文献资料和网络资料，在此，对这些资料的作者表示衷心的感谢。

    由于编者能力有限，本书难免有疏漏与不足之处。读者如果发现本书所存在的任何问题，真诚地希望您能给予批评指正，欢迎您发邮件到：liyinlinglyl@126.com。感谢您的支持！

李银玲

2012 年春于冰城

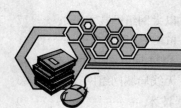

目　录

第1章

网络工程概述

本章学习目标

（1）了解计算机网络的组成。

（2）了解网络工程设计的含义，能够对网络工程有一个整体性的认识。

（3）掌握网络系统集成的主要层面和体系结构。

项目简介

某所高校由 3 所学校合并而成，拥有 4 个校区。其中一个校区是新建校区，并作为学校的主体校区，另外 3 个校区是原有的 3 所学校合并改成的。现在该所高校要重新规划和设计校园网络，3 所老校区均有各自的校园网络。现在该高校要以新校区为中心，并整合原有的 3 所学校的园区网络，重新组建一个高效校园网络。在这种项目背景下，我们将要为该所高校的校园网络进行整体规划和设计。本书将在这样的背景下展开网络工程设计之旅。

本章项目任务

（1）分析该所学校的校园网络规划设计中所需要解决的问题和面临的各项任务。

（2）确定该校园网络系统集成的各个部分。

知识准备

网络工程是一项复杂的工程。本章将简要介绍网络工程的概况。该部分内容是总领全书的一个概述性章节，将主要介绍计算机网络及其组成、网络工程及网络工程设计的含义，网络系统集成的主要内容和体系结构。通过本章的学习，希望读者了解和掌握网络工程设计和集成的主要工作，对网络工程设计有一个总体性的了解和把握。

1.1 计算机网络及其组成

1.1.1 什么是计算机网络

计算机网络是现代通信技术与计算机技术相结合的产物。随着计算机网络本身的发展，人们认为计算机网络是把地理位置不同、功能独立自治的计算机系统及数据设备通过通信设备和线路连接起来，在功能完善的网络软件运行支持下，以实现信息交换和资源共享为目标的系统。

计算机网络的发展大体经历了以下 4 个阶段。

（1）初期网络模型的形成。该阶段是计算机技术与通信技术相结合的阶段，也是多用户系统的变种，主要是为了实现网络通信和保障网络连通。代表性事件是美国 1963 年投入使用的飞机订票系统 SABBRE-1。

（2）网络体系结构和协议完成。该阶段在计算机通信网络的基础上，实现网络数据共享和网络硬件设备的共享。标志性事件是美国国防部的 ARPAnet 网络。人们通常认为这是网络的起源，也是 Internet 的起源。

（3）计算机联网和互连标准化的实现。该阶段提出了计算机网络的国际标准"开放式系统互连参考模型（OSI）"，促进计算机网络技术的发展，实现了为企业提供信息共享服务。代表性事件是 1985 年美国国家科学基金会的 NSFnet。

（4）计算机网络的全球化应用阶段。该阶段就是目前的阶段，网络更加互连、高速、智能和全球化，Internet 应用就是典型的代表。

未来计算机网络将向着高智能和高性能方向发展。高智能使得网络可以提供更加综合化和多功能的服务，而高性能将会让网络变得更加安全可靠和高速度，多媒体技术应用将更加发达。另外，未来网络的体系结构将更加开放化，使得不同的软硬件环境和不同的网络协议可以互连，从而达到真正的资源共享和分布式计算。

1.1.2　计算机网络的组成

计算机网络是一个复杂的系统工程，但是无论多么复杂的计算机网络都具有以下 3 个要素。

（1）资源服务：两台或两台以上的计算机相互连接起来才能构成网络，达到资源共享的目的。这就为网络提出了一个服务的问题，即一方提出请求，另一方提供服务。

（2）通信：两台或两台以上的计算机连接，互相通信、交换信息，需要有一条通道，这条通道的连接是物理的，由硬件实现，包括相应的传输介质和通信系统。

（3）协议：计算机之间要通信、交换信息，彼此之间需要有约定和规则，这就是协议。

因此，计算机网络的组成分为 3 个层面：第一层面是物理层面的组成，也就是由传输介质、物理设备以及通信线路等构成的物理网络；第二层面是从其逻辑结构层面来看，也就是通过一定的协议规则将物理网络建构成可以通信的逻辑网络；第三个层面是建构在物理层面和逻辑层面上的应用系统层，从而实现网络的各种功能。

1.1.3　计算机网络的分类

由于构成计算机网络的成分非常复杂，所以网络分类方式也有很多，下面介绍几种常见的分类方式。

（1）按照构成物理网络的传输介质来分类。

按照构成物理网络的传输介质来分类，可以分为有线网和无线网。

有线网是指采用线缆作为传输介质的网络，无线网络是指采用红外线和微波等作为传输介质的网络。有线网络又可以分为双绞线网络、同轴电缆网络、光纤网络、光纤同轴混合网络等。无线网络又可分为无线电、微波、红外等类型。

（2）按照网络逻辑层中采用的拓扑结构分类。

按照网络采用的拓扑结构分类，可以分为星型网络、环型网络、总线型网络、树型网络和网状型网络等。

星型网络是把每个终端或计算机都以单独（专用）的线路与中央设备相连，中央设备可以是交换机或路由器。其优点是结构简单、建网容易、延迟小、便于管理；缺点是成本高、中心节点对故障敏感。

环型网络是把所有计算机环接口设备连接成一个环，可以是单环，也可以是双环。环中信号是单向传输的。双环网络中两个环上信号的传输方向相反，具备自愈功能。

总线型网络是用单总线把各计算机连接起来，其优点是建网容易、增减节点方便、节省线路；缺点是重负载时通信效率不高。

树型网络是把节点组织成数状结构，具有层次性。

网状型网络是每个节点至少有两条路径与其他节点相连，有规则型和非规则型两种。其优点是可靠性高，缺点是控制复杂、线路成本高。

（3）按照网络规模和跨越的地理位置分类。

按照网络规模和跨越的地理位置分类，可以分为局域网、城域网和广域网。

局域网（Local Area Network，LAN）是最常见、应用最广的一种网络。所谓局域网，就是在局部地区范围内的网络，它所覆盖的地区范围较小。局域网在计算机数量配置上没有太多的限制，少的可以只有两台，多的可达几百台。局域网一般位于一个建筑物或一个单位内，不存在寻径问题，不包括网络层的应用。其特点是连接范围窄、用户数少、配置容易、连接速率高。

城域网（Metropolitan Area Network，MAN）一般来说是在一个城市，但不在同一地理小区范围内的计算机互连。这种网络的连接距离可以在 10~100 km，它比局域网扩展的距离更长，连接的计算机数量更多，在地理范围上可以说城域网是局域网的延伸。

广域网（Wide Area Network，WAN）也称为远程网，所覆盖的范围比城域网更广，它一般是在不同城市之间的局域网或者城域网互连。

互联网（Internet）是广域网的代表。校园网络和园区网络可以说是局域网，城域网所采用的技术基本上与局域网相似，只是规模要大一些。城域网是介于广域网和局域网之间的一种大范围高速网络，它可以覆盖一座建筑物，甚至可以覆盖一座城市。

计算机网络还可以按通信传输方式、通信信道和服务方式来分类。但是无论哪种分类方式，计算机网络都具有 3 个要素，也就是资源服务、通信和协议。正是由于多台独立的计算机通过一定的通信线路连接起来，并遵守一定的协议规则，从而实现资源共享和信息通信。

1.2　计算机网络工程概述

1.2.1　什么是网络工程

计算机网络系统是由许多相互作用的组件构成的，从而成为一个有机整体，实现网络系统的功能。因此，设计和规划一个计算机网络系统的过程就是一个工程设计和规划的过程。工程是指一个过程、一种活动，而不仅仅是一些知识。作为一个工程，需要具有以下一些特点。

（1）工程要具有非常明确的目标。工程的目标要在工程开始之前就已经确定，在工程的实施过程中不能轻易改动。

（2）工程要有详细的规划。工程规划既包括概括性的规划，如总体规划，又包括非常具体的规划，如详细规划或实施方案。

（3）工程要依据正规通行的行业标准。如国际标准、国家标准、行业标准或地方标准。

（4）工程要有完备的技术文档。如工程可行性论证报告、总体技术方案、总体设计方案、实施方案以及详细的设计文档等。

（5）工程要有法定的或者固定的责任人，以及完善的组织实施机构。如项目经理、承包商、领导小组或指挥部等。

（6）工程要有可行的实施计划和方法。

（7）工程要有客观的监理和验收标准。

依据工程的特点，网络工程实质上是将工程化的技术和方法应用于计算机网络系统中，系统、规范和可度量地进行网络系统的设计、构造和维护的全过程。

网络工程是指从整体出发，合理规划、设计、实施和运用计算机网络的工程技术，它根据网络组建需求，综合应用计算机科学和管理科学中的思想和方法，对网络系统的结构、要素、功能、应用等进行分析，达到最优化设计、实施和管理的过程。

1.2.2　网络工程的工作流程

网络工程是一个阶段性的系统工程，它需要根据一定的生命周期来进行。具体来说，可以分为筹备阶段（立项与可行性分析）、设计阶段（逻辑设计和物理设计）、实施阶段、系统测试和工程验收阶段、系统管理和维护升级阶段。每一个阶段都有其特定内涵，都涉及一定的技术和设计工作，从而推进工程向下一阶段演变。图 1-1 所示的是网络工程的一般工作流程。

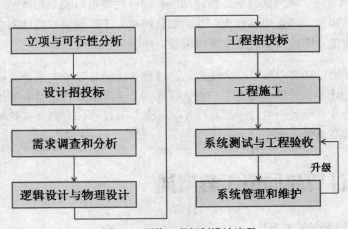

图 1-1　网络工程规划设计流程

网络工程的规划设计过程，首先需要进行立项，然后论证其可行性，接下来要设计项目招投标的相关工作，要对整个工程项目进行详细的需求调查和分析，然后进行网络工程项目的设计，包括逻辑设计和物理设计，然后将设计方案向社会招投标，征集最好的解决方案。当项目招投标结束后，项目的中标方要进行工程项目的施工。当项目按照设计方案实施完成后，要对项目进行测试和验收，接下来就是在运行中对工程本身不断地管理维护和升级改进。

1.3　网络系统集成

随着信息技术的发展，日益成熟的计算机网络技术与传统的网络技术相比发生了很大的变化，传统的网络技术仅仅需要进行简单的设计和规划就可以实施，而如今的网络信息技术则需要对网络系统进行详细、周密的规划和设计，才能更加高效科学地实现网络系统的建设目标。

1.3.1　网络系统集成的含义及发展

网络系统集成（System Integration）起源于 20 世纪 80 年代，发展于 20 世纪 90 年代。如今网络系统集成已经被广泛应用于社会各种产业之中。网络系统集成就是按照网络工程的需求以及组织逻辑，采用相关技术和策略，将网络设备（交换机、路由器、服务器）和网络软件（操作系统、应用系统）系统性地组合成整体的过程。也可以说，系统集成是根据用户需求，择优选择各种技术和产品，将各个分离的子系统连接成为一个完整、可靠、经济和有效的整体，并使之能彼此协调工作，发挥整体效益，达到整体优化的目的。

图 1-2 可以表述网络系统集成的全过程。

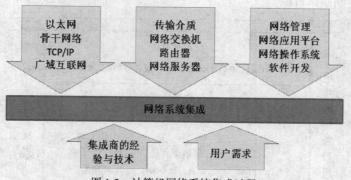

图 1-2　计算机网络系统集成过程

网络系统集成本质上就是最优化的综合统筹设计，它根据用户的需求，进行包括计算机软件、硬件、操作系统技术、数据库技术、网络通信技术等方面的集成，以及不同厂家产品选型、搭配的集成。系统集成所要达到的目标就是使在满足用户需求的情况下，实现系统整体性最优，使系统成为低成本、高效率、性能匀称、可扩展、可维护的系统。可以说，系统集成是一种商业行为，也是一种管理行为，其本质是一种技术行为。

当前，网络系统集成正朝着互连和高速的方向发展。一方面，随着计算机技术的发展，出现了很多新的网络计算模式，这使得网络系统从以往设备和技术的集成朝着网络应用互连集成方向发展。在网络高层协议和操作系统的支持下，已经实现了局域网互连，局域网与广域网的互连，网络上的计算机已经不再是个人计算机，而是由高档计算机、工程工作站、小型机和专用服务器来承担，甚至包括大型的主机。互连扩大了网络的应用范围，从某种意义上说，网络已经具有了网格的雏形。

另一方面，随着网络通信技术的发展，出现了许多新的光以太网技术，网络系统集成正朝着高速率、大容量的方向发展。网络传输的信息不再是文本数据，而是包括语音、数据、视频等大容量的多媒体信息。

网络信息系统的集成和网络系统集成是有区别的。网络信息系统集成是基于网络的信息系统集成。而网络系统集成仅仅是网络设备、网络电路、网络服务和网络管理的集成。从广义上看，信息系统集成与网络系统集成相比，信息系统概念的外延大一些，信息系统集成包含网络系统集成；从狭义来看，网络信息系统集成是网络系统集成的另一个层面。

1.3.2　网络系统集成的层次和结构

网络系统集成不是各种软件和硬件的堆积，它是一种在系统整合、系统再生产过程中满足客户需求的增值服务业务，是一种价值再创造的过程。通常网络系统集成主要包括 3 个层面：计算机网络的技术集成、软硬件产品集成和应用集成。

为了描述网络系统集成的体系结构，相关人士提出用一个四层系统集成模型来描述系统集成的工作。如图 1-3 所示，该模型自下而上为环境平台层、通信平台层、信息平台层、应用平台层。四层模型全面覆盖设计、管理、实施网络信息系统的全过程。按照这四层模型规划和设计系统，便于划分子系统，确定接口参数，管理和控制网络系统质量，使网络成为有机整体，有效地实现网络系统近期和长期应用目标。

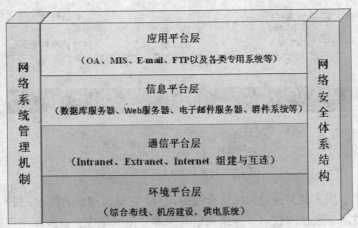

图 1-3　计算机网络系统集成模型

环境平台层主要指物理设备和基础设施层面上的系统集成，包括综合布线系统、网络机房系统和供电系统等内容的集成。

通信平台层主要指技术层面上的集成，包括采用 Internet 技术，在信息高度集中场所建立局域网；局域网之间通过广域网互连形成内联网（Intranet），同时考虑 Intranet 与 Internet 相连或通过广域网技术形成外联网（Extranet）。

信息平台层主要指网络系统环境层面的集成，包括数据库服务器环境、Web 服务器环境、电子邮件服务器环境、群件、网管和分布式数据处理等技术。为用户提供多种 Internet/Intranet 通用服务；为应用程序开发提供支撑平台，使用户专用系统的开发工作更为快捷、可靠。

应用平台层主要指根据企业应用需求而建设的各种应用系统，包括办公自动化、教育管理、勘探、开发、钻井、测井、生产管理、设备管理、地面工程、技术监测、经营管理、计划统计、安全监控、人力资源、财务管理、资金结算、工程定额等适合于各行各业的专业应用系统。

1.3.3　网络系统集成的原则

在进行网络系统工程的设计时，设计者应该根据建设目标，按照整体到局部的原则，自上而下地进行规划和设计。尽量做到实用、够用、好用，并遵循以下一些原则。

1．开放性和标准化原则

在网络系统集成中，所采用的标准、技术、结构、系统组件以及用户接口等都必须遵循开放性和标准化的原则。

2．实用性和先进性原则

任何一个工程项目的设计，其实用性和先进性是最重要的设计目标，设计的结果应该能够满足用户的需求，而且切实可行。所以在设计上要尽量做到：设计理念先进、网络结构实用先进、网络设备选型实用且具有一定的先进性和扩展性，具体的开发工具也要尽量做到先进和实用。

3．可靠性和安全性原则

网络系统设计的基本出发点是网络稳定、可靠、安全地运行，所以要尽量具有一定的容错、故障检测和恢复能力。网络系统的安全设计是至关重要的，要能够在软件和硬件等多个层面上实现网络系统的安全控制。

4．灵活性和可扩展性原则

在网络系统的集成中，要尽量提供多个备用和可选方案，为网络系统配置提供灵活的选择。在具体设计中，要做到灵活性和扩展性并重，使网络系统在面对新的需求时，具有一定的可扩展性，适应技术和应用的发展需要。

1.4　实践项目

1.4.1　项目介绍

某所高校是由 3 所学校合并而成的，这 3 所分校分属于不同的校区，而原有的各校区均有自己的校园网络，学校合并后，面临着校园网络的集成和校园网络重建问题。在这种情况下，请问该校网络规划建设方面面临着哪些问题？如果由你来负责规划和建设该校的校园网络，要分析和思考哪些方面呢？

1.4.2　项目目的

（1）了解网络系统集成的层次，能够对网络工程的集成进行初步的分析。

（2）能够对网络工程进行初步规划。

1.4.3　操作步骤

任何一个网络都需要涉及 3 个层面：物理网络的搭建、逻辑网络的设计和应用系统的设计等。而从系统集成的角度来看，网络工程要首先了解用户需求，然后从技术集成、软硬件集成和应用集成 3 个层面来设计规划。

1．了解用户原有网络的现状和用户的需求

（1）该校原有 3 个校区，先了解这 3 个校园的原有网络结构布局，了解网络物理设备的配置情况、联网情况、信息流量以及校园网络应用系统的功能和使用情况。

（2）了解新建校园网络的建设目标，了解主要功能和业务需求，了解外部联网的需求和通信平台的要求以及园区建筑环境的布局等。

（3）了解新校区和原来 3 个校区之间的物理空间距离以及各校区之间相互通信情况。

2．从网络基础设施层面考虑该校园网络系统集成的设计

思考关于网络的基础设施建设层面。设计者要考虑该校园网络的结构布线系统设计、网络中心机房的设计以及电源等环境因素。该校园网络分为 4 个校区，每个校区都应该有一个网络中心机房负责该校区的网络中心管理工作。而综合布线需要每一个校区有自己的布线系统，然后在逻辑层上进行整合。

3．从网络通信技术层面考虑该校园网络系统集成的设计

思考关于网络外部联网和内部组网技术的选择。每个校区要根据自己所在的区域选择适合的外部联网技术，校区内部要根据现有情况选择或者改造已有的组网技术。此外，要选择适合的网络操作系统和服务器或者升级改造服务器和网络通信设备等。

4．从网络信息平台层面考虑校园网络系统集成的设计

校园网络的物理网络建设完成以后，设计者要思考网络的平台层面需要提供哪些功能，明确网络的通用服务。这涉及数据库技术、电子邮件技术、群件技术、网络管理技术以及分布式处理等技术的选择。例如，数据库系统软件的选择、网络通信交流的能力和通信系统的选择、电子邮件系统的选择等。

第2章

网络工程规划与设计

本章学习目标

（1）掌握网络工程设计的一般过程。

（2）了解和掌握网络工程分析的一般过程。

（3）能够进行网络工程需求分析。

（4）了解网络工程招投标的完整过程。

本章项目任务

（1）分析网络工程，撰写网络工程分析文档。

（2）初步确定网络工程的总体设计工作，撰写网络工程设计方案。

知识准备

网络工程规划和设计是一个系统工程，它涉及很多个环节。网络工程分析是网络工程技术人员必备的专业知识，是做好网络工程规划和设计的首要环节。本章将简要介绍网络工程设计的一般过程、网络工程分析的相关知识，以及网络工程招投标的相关内容。首先介绍网络工程设计中的第一个环节——网络工程分析，明确网络的需求分析、网络功能需求、环境需求、规模需求，确定网络的外部联网需求以及可扩展性的需求等。然后介绍网络工程的设计规划，根据网络工程分析结果来确定网络的逻辑设计、物理设计以及网络应用系统设计等。最后介绍网络工程招投标的内容。本章将使读者对网络工程规划设计有一个整体认识。

2.1 网络工程规划设计过程

网络工程设计是保障网络组建工程顺利实施的首要环节。网络工程设计是按照用户的需求，从网络综合布线、数据通信、系统集成等多方面综合考虑，选用先进的网络技术和成熟产品，为用户提供科学、合理、实用、好用的网络系统解决方案。网络工程设计不是一件简单的事情，它要求设计者具备网络系统集成的基本知识。

一个系统的网络工程设计过程包括：网络工程分析、网络逻辑设计和物理设计、网络应用系统设计以及网络系统测试与维护。网络工程设计是根据用户需求采用主流的局域网技术、广域网技术以及性价比高的产品，整合用户原有网络系统与功能要求，提出科学合理的网络系统解决方案，然后按照方案，将网络硬件设备、结构化综合布线系统、网络系统软件和应用软件等组成一个一体化的网络环境平台和资源应用平台，使其满足网络工程设计目标，形成具有优良性价比的计算机网络。网络工程规划设计一般过程如图 2-1 所示。

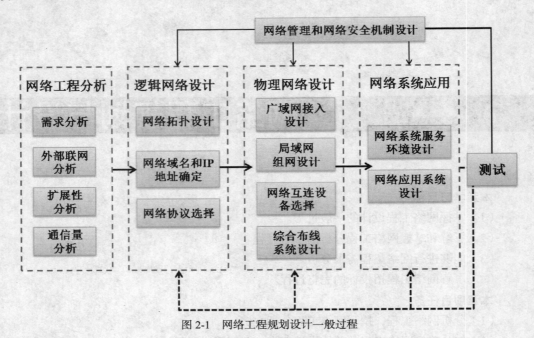

图 2-1　网络工程规划设计一般过程

2.2　网络工程分析

规划和建设计算机网络首先要进行网络工程分析，明确建立网络的一系列要求，了解用户的真实需求和建设网络的目标，掌握用户的基本应用和服务范围，了解网络园区的地理位置和布局，以及未来网络的使用情况、扩展情况和建设单位的资金投入情况等。网络工程分析主要包括网络需求分析、网络扩展性分析、网络联网分析、网络规模和通信量分析等。

2.2.1　网络需求分析

1. 业务需求分析

业务需求分析的目标是明确组建网络的业务类型、应用系统软件的种类，以及对网络功能指标，如带宽、服务质量的要求。业务需求是网络组建中首要环节，是进行网络规划与设计的基本依据。没有业务需求分析的网络规划是盲目的，会为网络建设埋下很多隐患。可以从以下几方面来思考确定网络业务需求。

（1）网络需要具有哪些功能？现有网络需要改进的功能有哪些？

（2）网络需要实现哪些应用和服务？

（3）网络是否需要实现电子邮件服务功能？

（4）网络是否需要 Web 服务器？

（5）网络是否需要与外部联网？

（6）网络需要多大的带宽范围，需要什么样的数据共享模式，是否需要升级？

以上是我们在进行网络规划中需要思考的问题，也可以作为设计规划各种园区网络的需求分析路线。

2．管理需求分析

网络的管理需求分析主要思考以下问题。

（1）由谁来负责管理网络。

（2）网络是否需要远程管理。

（3）网络需要哪些管理功能，如是否需要计费，是否要为网络建立域，选择什么样的域模式等。

（4）选择哪个供应商的网络管理软件，是否有详细的评估，选择哪个供应商的网络设备，其可管理性如何。

（5）是否需要跟踪和分析处理网络运行信息。

（6）如何跟踪、分析和处理网络管理信息。

（7）如何更新网络管理策略。

3．安全需求分析

随着网络的发展与规模的不断扩大，网络安全问题也越来越突出。做好网络安全分析，可以保证网络未来面临入侵和危害时可以积极应对，从而保证网络安全的运行。做好网络安全需求分析要明确以下问题。

（1）机构或者部门的敏感性数据的安全级别及其分布情况。

（2）网络用户的安全级别及其权限。

（3）网络可能存在的安全漏洞，以及这些漏洞对网络系统的影响程度。

（4）网络设备的安全功能要求。

（5）网络系统软件的安全评估情况以及应用系统安全要求。

（6）网络需要采用的杀毒软件和防火墙技术方案。

（7）网络安全软件系统的评估。

（8）网络遵循的安全规范和达到的安全级别。

4．网络规模分析

明确网络的建设范围是考虑建设网络的前提。网络按规模一般分为小型办公室局域网、部门局域网、骨干网和企业级网络。明确网络规模便于制订合适的方案，选购合适的设备。确定网络规模要考虑的问题有：哪些部门需要进入网络？哪些资源需要上网？网络用户有多少？要采用什么档次的设备？网络及终端设备有多少？

5．环境分析

环境分析是指了解和掌握组织或者部门的信息环境基本情况，如办公自动化情况、计算机和网络设备的数量配置和分布、技术人员掌握专业知识和工程经验情况，以及地理位置、建筑物等，通过环境分析可以对建网环境有一个初步的认识，便于开展后续工作。

网络环境需求分析是对网络园区的地理环境和建筑布局进行实地勘察来确定网络规模和地理

划分，以便在拓扑结构设计和结构化综合布线设计中做出决策。环境需求分析需要明确下列指标。

（1）网络园区内的建筑群位置布局。

（2）建筑物内的弱电井位置和配电房位置。

（3）各部分办公区的分布情况。

（4）各工作区内的信息点数目和布线规模。

　　　　网络需求分析和网络分析是不同的概念。网络分析是对网络中所有传输的数据进行检测、分析、诊断，帮助用户排除网络事故，规避安全风险，提高网络性能，增大网络可用性。网络分析是网络管理的关键部分，也是最重要的技术。网络需求分析是网络工程设计的基础，是网络工程设计过程中用来获取和确定系统需求的过程和方法。

2.2.2　网络外部联网分析

任何一个计算机网络实际上都是一个大的局域网，它需要与外部的互联网连接，这样才能够实现信息的采集与共享。对于一个大型的园区网络来说，需要考虑互联网服务提供商、路由器、路由协议以及接入方式等多方面。具体应该采取怎样的接入方式来完成用户与广域网的高带宽、高速度的物理连接，是网络规划之初需要考虑分析的要素。

1. 网络服务提供商的选择

任何一个局域网都需要与国内的互联网连接，才能够实现对 Internet 的访问。我国目前能够提供 Internet 接入服务的主要有三大电信运营商和几个大的专业主干网。

（1）国内电信运营商。

电信运营商是指提供固定电话、移动电话和互联网接入服务的通信服务公司。在国内原来有六大电信运营商：中国电信、中国网通、中国移动、中国联通、中国铁通和中国卫通。

现在中国有三大电信运营商：中国电信、中国移动和中国联通。因为中国网通与中国联通 G 网合并为中国联合网络通信集团有限公司，简称中国联通。中国电信收购了原中国联通的 C 网及原中国卫通的基础电信业务，中国铁通并入中国移动，中国卫通则并入中国航天科技集团。

　　　　每个国家都有自己的电信运营商，目前世界上的十大电信运营商分别是 AT&T（美国第一大电信运营商，世界顶尖数字通信公司之一）、NTT DoCoMo（日本排名第一的移动通信公司）、T-Mobile（德国第一大电信运营商）、中国移动通信集团公司（全球第一大的移动运营商）、Vodafone（英国最大的移动通信运营商，在全球 29 个国家拥有子公司）、Orange（法国电信运营商）、KDDI（日本最大的 3G 运营商）、新加坡电信（Singtel）、中国电信（中国最大的固网电话运营商）和德国手机运营商 O2。

（2）中国四大主干专业网络。

20 世纪 90 年代中期，中国正式加入 Internet。由中国国家计算机和网络设施 NCFC 代表中国正式向 InterNIC 的注册服务中心注册。这标志着中国从此在 Internet 建立了代表中国的域名 CN，有了自己正式的行政代表与技术代表，意味着中国用户从此能全功能地访问 Internet 资源，并且能直接使用 Internet 的主干网 NSFnet。在 NCFC 的基础上，我国很快建成了国家承认的对内具有互联网络服务功能、对外具有独立国际信息出口的中国四大主干网，这四大主干网络分别如下。

中国科技网（CSTnet）是中国最早的国际互联单位，隶属于中国科学院计算机网络信息中心，是中国连接 Internet 的十大互联网络之一。1994 年，CSTnet 首次实现和 Internet 直接连接，同时建立了我国最高域名服务器，标志着我国正式接入 Internet。目前拥有北京、广州、上海、昆明、新疆等 13 家地区分中心组成的国内骨干网，拥有多条通往美国、俄罗斯、韩国、日本等的国际出口，并与港台等地区以及中国电信、CERnet、中国网通、国家互联网交换中心等国内主要互联网高速互联。CSTnet 主要业务包括 CSTnet 运行、服务及管理；互联网接入服务；网络技术咨询、方案设计和网络工程；网络软件开发；虚拟主机和主机托管；网络前沿技术的研究等。CSTnet 是非营利、公益性网络，主要为科技界、科技管理部门、政府部门和高新技术企业服务。CSTnet 正在参与中国下一代互联网（CNGI）的建设。

中国教育和科研计算机网（CERnet）是由国家资助的全国范围的学术计算机互联网络。目前 CERnet 已经有 28 条国际和地区性信道，与英国、美国、日本、德国、加拿大和香港特区联网，总带宽高达 10G。已有 2 000 多所大学和中学的局域网连入 CERnet，联网主机多达 120 万台，用户超过 2 000 万人。CERnet 的最终目标是要把中国所有的大学、中学和小学通过网络连接起来，目前 CERnet 已基本具备了连接全国大多数高等学校的联网能力，并完成了 CERnet 八大地区主干网的升级扩容，建成了一个大型的中国教育信息搜索系统。

中国国家公用经济信息通信网（ChinaGBN）也叫中国金桥网，是面向企业的网络基础设施，是中国可商业运营的公用互联网。ChinaGBN 已有 12 条国际出口信道同 Internet 相连，它是以卫星综合数字网为基础，以光纤、微波、无线移动等方式，形成空地一体的网络结构，是一个连接国务院、各部委专用网，与各省市、大中型企业以及国家重点工程连接的国家公用经济信息通信网，可以传输数据、话音、图像等，以电子邮件、电子数据交换为信息交换的网络。目前，ChinaGBN 已在北京、天津、沈阳、大连、长春、哈尔滨、上海等全国 24 个中心城市利用卫星通信建立了一个以 VSAT 技术为主体，以光纤为辅的卫星综合信息网络。该网络已初步形成了全国骨干网、省网、城域网 3 层网络结构。

中国公众互联网（ChinaNet）是邮电部门组建及经营管理的中国公用 Internet 主干网，主要提供国内高速中继通道和连接用户端口以及各种资源服务器，同时负责与国际 Internet 的互连。ChinaNet 同时又与 ChinaPAC、PSTN、ChinaDDN、ChinaMail 联通，方便用户接入 Internet。目前，ChinaNet 有 20 条国际线路分别连接到日本、新加坡和美国的 Sprint、MCI 和 AT&T 等网络。ChinaNet 已经发展成覆盖国内所有省份和上百个城市的大规模商业网络。

2. 常见的互联网接入方式

（1）PSTN 公共电话网。

PSTN 公共电话网接入方式是一种窄带接入方式。它是通过电话线，利用当地运营商提供的接入号码，拨号接入互联网，速率不超过 56kbit/s。这种接入方式只需要有效的电话线及自带 Modem 的 PC 就可完成接入，其优点是使用方便，容易实施；缺点是传输速度低，线路可靠性差，无法实现一些高速率要求的网络服务，费用较高。

该接入方式主要适用于对可靠性要求不高的办公室、小型企业和在一些低速率的网络应用（如网页浏览查询、聊天、E-mail 等），以及临时性接入和无其他宽带接入的场所，这种接入方式不适用于校园网络。如果用户多，可以多条电话线共同工作，提高访问速度。

（2）ISDN。

ISDN 俗称"一线通"，采用数字传输和数字交换技术，将电话、传真、数据、图像等多种业务综合在一个统一的数字网络中进行传输和处理。这种方法的性价比很高，在国内大多数的城市都有 ISDN 接入服务。用户利用一条 ISDN 用户线路，可以在上网的同时拨打电话、收发传真，就像两条电话线一样。ISDN 基本速率接口有两条：一条 64kbit/s 的信息通路和一条 16kbit/s 的信令通路，简称 2B+D。当有电话拨入时，它会自动释放一个 B 信道来进行电话接听。该接入方式主要适合于普通家庭用户使用，也可以满足中小型企业浏览以及收发电子邮件的需求。其缺点是速率相对较低，无法实现一些高速率要求的网络服务。

（3）ADSL。

ADSL 主要是以 ADSL/ADSL2+接入方式为主，是目前运用最广泛的铜线接入方式。ADSL 可直接利用现有的电话线路，通过 ADSLModem 进行数字信息传输。理论速率可达到 8 Mbit/s 的下行速率和 1 Mbit/s 的上行速率，传输距离可达 4～5 km。ADSL2+速率可达 24 Mbit/s 下行速率和 1 Mbit/s 上行速率。该接入方式的特点是速率稳定、带宽独享、语音数据不干扰等。能满足家庭、个人等用户的大多数网络应用需求，以及一些宽带业务，如 IPTV、视频点播（VOD）、远程教学、可视电话、多媒体检索、LAN 互连、Internet 接入等。该种接入方式致命的弱点是用户距离电信的交换机房的线路距离不能超过 6 km，这限制了它的应用范围。

（4）DDN 专线。

这种方式适合对带宽要求比较高的应用，如企业网站。特点是速率比较高，范围是 64kbit/s～2 Mbit/s。但是，其费用也很高，因此中小企业较少选择。这种接入方式的特点是有固定的 IP 地址、可靠的线路运行、永久的连接等。但是性价比太低，除非用户资金充足，否则不推荐使用这种方法。

（5）卫星接入。

卫星接入 Internet 的方式适合处于偏远地区，同时又需要较大带宽的用户使用。卫星用户一般需要安装一个甚小口径终端（VSAT），包括天线和其他接收设备，下行数据的传输速率一般为 1 Mbit/s 左右，上行通过 PSTN 或者 ISDN 接入 ISP。终端设备和通信费用都比较低。

（6）光纤接入。

通过光纤接入小区节点或楼道，再由网线连接到各个共享点上（一般不超过 100 m），提供一定区域的高速互连接入。其特点是速率高，抗干扰能力强，适用于家庭、个人或各类企事业团体，可以实现各类高速率的互联网应用（视频服务、高速数据传输、远程交互等），其缺点是一次性布线成本较高。

在一些城市开始兴建高速城域网，其主干网速率可达几十吉比特每秒，并且推广宽带接入。光纤可以敷设到用户的路边或者大楼，可以 100Mbit/s 以上的速率接入，适合大型企业。

（7）无线接入。

无线接入是一种有线接入的延伸技术，使用无线射频（RF）技术跨越空间距离收发数据，减少使用电线连接，因此，无线网络系统既可以达到建设计算机网络系统的目的，又可让设备自由安排和搬动。在公共开放的场所或者企业内部，无线网络一般会作为已存在有线网络的一个补充方式，装有无线网卡的计算机通过无线手段方便接入 Internet。

由于敷设光纤的费用很高，对于需要宽带接入的用户，一些城市提供无线接入。用户通过高频天线和 ISP 连接，距离在 10 km 左右，带宽为 2～11Mbit/s，费用低廉，但是受地形和距离的限制，适合城市里距离 ISP 不远的用户。其性价比很高。

（8）Cable Modem 接入。

Cable Modem 接入是一种基于有线电视网络铜线资源的接入方式，其具有专线上网的连接特点，允许用户通过有线电视网实现高速接入 Internet。适用于拥有有线电视网的家庭、个人或中小团体。其特点是速率较高，接入方便（通过有线电缆传输数据，不需要布线），可实现各类视频服务、高速下载等。其缺点在于基于有线电视网络的架构是属于网络资源分享型的，当用户激增时，速率就会下降且不稳定，扩展性不够。

我国有线电视网遍布全国，采用 Cable Modem 接入 Internet 方式，速率可以达到 10Mbit/s 以上，但是 Cable Modem 的工作方式是共享带宽的，所以有可能在某个时间段出现速率下降的情况。

2.2.3　网络扩展性分析

网络的扩展性需求分析有两层含义，一是指新的部门能够简单地接入现有网络；二是指新的应用能够无缝地在现有网络上运行。可见在规划网络时，不但要分析网络当前的技术指标，还要估计网络未来的增长，以满足新的需求，保证网络的稳定性。

扩展性需求分析要明确以下一些指标。

（1）机构或部门需求的新增长点有哪些？

（2）已有的网络设备和计算机资源有哪些？

（3）原有的哪些设备需要淘汰，哪些设备还可以继续保留？

（4）网络节点和布线的预留比率是多少？

（5）哪些设备便于网络扩展？

（6）主机设备的升级性能如何？

（7）操作系统平台的升级性能如何？

2.2.4　网络通信量分析

网络的通信量需求是从网络应用出发，对当前技术条件下可以提供的网络带宽做出评估。一般要考虑网络应用类型（如文件服务、视频传输、远程连接、文件共享和视频会议等），基本带宽需求，未来有无对高带宽服务的要求，需要宽带接入方式，本地网络能够提供哪些宽带接入方式，不同用户对网络访问所提出的特殊要求（如行政人员经常要访问 OA 服务器、销售人员经常要访问 ERP 数据库等），哪些用户需要经常访问 Internet（如客户服务人员经常要收发 E-mail），哪些服务器有较大的连接数，哪些网络设备能提供合适的带宽且性价比较高，需要使用什么样的传输介质，服务器和网络应用是否能够支持负载均衡，需求分析的类型等。

2.3　网络工程的设计

网络工程的设计主要包括逻辑网络设计、物理网络设计和应用系统设计 3 个层面（如图 2-2 所示）。下面简要介绍每一个层面的设计所包含的内容。

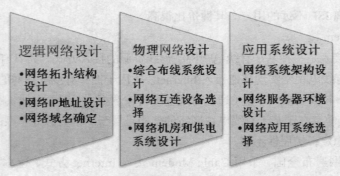

图 2-2　网络工程设计 3 个层面

2.3.1　逻辑网络设计

当网络需求分析完成之后，就进入逻辑设计阶段。逻辑网络设计的目的是建立一个逻辑模型来确定网络的结构、网络设备的连接、节点接入以及技术等。逻辑网络设计的主要内容包括网络拓扑结构设计、网络分层设计、IP 地址和空间域名规划等。

1．网络拓扑结构设计

在网络需求分析完成以后，设计者要根据需求分析情况来设计网络的拓扑结构。网络拓扑结构是指把网络中的计算机和通信设备抽象为一个点，把传输介质抽象为一条线，由点和线组成的几何图形就是计算机网络的拓扑结构。确立网络的拓扑结构是网络工程设计的基础。拓扑结构往往与地理环境分布、传输介质和距离，以及网络传输的可靠性等因素紧密相关。此外，拓扑结构的设计也与网络的规模相关。规模小的网络不需要进行分层设计，规模较大的网络则需要进行分层拓扑结构设计。

2．网络分层设计

当网络规模较大时，需要进行分层设计，并在此基础上进行拓扑结构设计。分层的目的是实现任务分工，使每一层的任务都能够集中在一些特定的功能上，这有助于分配和规划网络带宽以及信息流量的顺畅。通常根据网络规模可以将网络分为 3 层：核心层、汇聚层和接入层。

3．IP 地址和空间域名规划

在确定了网络拓扑结构后，要为每一个参与通信的实体设定一个地址。因为在 Internet 中，每个网络连接的主机接口都需要一个唯一的地址，这就需要进行 IP 地址的规划和域名的确定。

4．网络接入方式的选择

在确定了网络拓扑结构以后，要考虑根据网络的规模需求和结构，确定网络接入方式和各种互连设备的性能指标。这就涉及对服务器、路由器、交换机、网关、集线器和传输介质的分析和选择。

2.3.2　物理网络设计

物理网络设计主要包括网络综合布线系统设计、网络互连设备选择以及网络机房和供电系统设计。

1．网络综合布线系统设计

在网络的需求和拓扑结构确定后，设计者需要考虑网络综合布线系统的设计。综合布线系统设计是物理网络设计中非常重要的、不可或缺的一个环节。综合布线主要是根据各个网络节点的地理分布情况、网络配置情况和通信要求，安装适当的布线介质和连接设备，使整个网络的连接、维护和管理变得简单易行。综合布线设计主要包括工作区子系统、水平子系统、垂直（主干）子系统、管理区子系统、设备间子系统、建筑群子系统的综合规划。进行综合布线设计时要尽量做到满足基本要求的同时适当考虑今后的扩展。

2．网络互连设备选择

在明确了网络需求情况，确定了网络拓扑结构和综合布线系统设置情况后，设计者需要按照用户需求来正确选择网络互连设备。设计者要考虑物理层相关的传输介质的种类、性能、机械及电气特性，以及根据网络组建规模、性能和要求来选择传输介质和互连设备。因此，选择网络互连设备是组建网络最基础的一个环节。

3．网络机房和供电系统设计

网络机房是网络的心脏所在，各种重要的服务器和交换设备都放置在网络机房中。网络机房主要包括设备和机房环境，供电系统主要考虑机房的供电能力、供电方式等。机房供电系统不同于一般建筑的供电系统，它是一个交叉的系统，涉及供电、防雷、防静电、UPS 不间断电源以及弱电工程等。

2.3.3　网络应用系统设计

当物理网络架设完成以后，如何让网络发挥其功能，实现信息资源的传输与共享，传递与交换，需要依靠网络应用系统的设计与开发。网络应用系统的功能和结构也影响着系统应用的效果。通常涉及网络的系统架构、应用服务器环境和数据库的选择，以及系统功能的设定等。因此，设计和选择恰当的网络应用系统是网络功能实现的又一个关键工作。

2.4　网络工程招标

网络工程招标是指委托方对网络工程项目的建设施工进行招标，目的是使网络工程的建设更加公正、透明，防止经济犯罪。网络工程的招标包括两个层面的意义：一是使工程建设方能够获得工程建设相对优的技术与工程方案；二是让工程设计施工单位可以获得公平竞争的机会，有助于提高工程设计施工单位的设计和施工能力，提高市场竞争力。

2.4.1　网络工程的招投标

招标（Invitation to Tender）是指招标方（买方）发出招标通知，说明采购的商品名称、规格、数量及其他条件，邀请投标方（卖方）在规定的时间、地点按照一定的程序进行投标的行为。

投标（Submission of Tender）是与招标相对应的概念，它是指投标方应招标方的邀请或投标方满足招标方最低资质要求而主动申请，按照招标的要求和条件，在规定的时间内向招标方递交投标方案，争取中标的行为。

1．招标方式

通常，网络工程的招标方式分为公开招标、邀请招标和议标等几种。

（1）公开招标是指招标方以招标公告的方式邀请不特定的法人或者其他组织投标。公开招标又叫竞争性招标，即由招标方在报刊、电子网络或其他媒体上刊登招标公告，吸引众多企业单位参加投标竞争，招标方从中择优选择中标单位的招标方式。按照竞争程度，公开招标可分为国际竞争性招标和国内竞争性招标。

（2）邀请招标是指招标方以投标邀请的方式邀请特定的法人或其他组织投标。邀请招标也称为有限竞争招标，是一种由招标方选择若干供应商或承包商，向其发出投标邀请，由被邀请的供应商、承包商投标竞争，从中选定中标者的招标方式。邀请招标的特点是不使用公开的公告形式，接受邀请的单位才是合格投标一方；投标方的数量有限。

（3）议标也被称为非竞争性招标或指定性招标，由业主邀请一家或者两家知名的单位直接协商、谈判。这实际上是一种合同谈判形式。

（4）招标代理。招标方有权自行选择招标代理机构，委托其办理招标事宜。招标代理机构是依法设立从事招标代理业务并提供服务的社会中介组织。

2．网络工程招投标的过程

在网络工程的整个招标和投标活动中，主要包括招标、投标、评标、议标、定标和签订合同几个环节。每个环节都有严格的程序和规则。

（1）评标：在完成招标和投标工作后，要对投标文件进行评审和比较。根据什么标准和方法进行评审是一个关键的问题，也是评标的原则。在招标文件中，招标方一般要列出评标的标准和方法，投标方知道评标的标准和方法后，从而考虑是否进行投标。

（2）议标：议标也称为谈判招标，或者限制性招标，就是通过谈判来确定中标者。招标方和投标方针对投标书的一些问题进行讨论和协商，从而确定是否中标。

（3）定标：在一定意义上就是授予合同，使相关机构决定中标方的行为。这一阶段的工作应该包括：决定中标方，通知中标方其投标已被接受，向中标方发放授标意向书，通知所有没有中标的投标方，向他们退还投标保函等。

（4）授予合同：也称为签订合同，它是由招标方将合同授予中标方并由双方签署合同的行为。公示期后，招标方向中标方发出《中标通知书》，中标方据此与招标人签订书面合同。《中标通知书》对招标方和中标方具有同等的法律效力，中标方不得向他人转包或分包中标项目。双方也要在这一阶段对标书中的内容进行确认，依据标书签订正式合同。为了保证合同履行，中标方还应向招标方机构提供一定形式的担保金或者担保书。

2.4.2　网络工程标书的书写

招标标书是由建设单位编写的用于招标的文档。编制施工招标书必须做到系统、完整、准确、明了。

1．标书的编制原则

按照国家《工程建设施工招标投标管理办法》的有关规定，建设单位施工招标应具备下列条件。

（1）是依法成立的法人单位。

（2）具有与招标工程相适应的经济能力。

（3）有组织编制招标文件的能力。

（4）有审查投标单位资质的能力。

（5）有组织开标、评标、定标的能力。

标书必须符合国家的《合同法》、《经济法》、《招标投标法》等有关法规；招标文件应准确、详细地反映项目的客观真实情况，减少签约和履约过程中的争议；招标文件涉及招标者须知、合同条件、规范、工程量表等多项内容，力求使用统一和规范用语；坚持公正原则，不受部门、行业、地区限制，招标单位不得有亲有疏，特别是对于外部门、外地区的招标单位，应提供方便，不得借故阻碍。

2．标书内容

标书内容主要包括招标邀请书、投标者须知、合同条件、招标项目的技术要求及附件（规范、图纸、工程量）、投标书格式和投标保证文件、补充资料表、合同协议书以及各类保证等。

投标邀请书一般应包括建设单位招标项目性质，工程简况，发售招标文件的时间、地点，售价等内容。

招标者须知一般应包括资格要求、招标文件要求、投标报价、投标有效期、投标保证等内容。

招标文件至少应包括以下内容。

（1）招标须知。

（2）投标须知。投标须知中主要是制订具体的投标规则，包括：供应商的资质、货物的原产地要求、投标文件的内容、投标语言、评标标准和方法、标书格式和投标保证金要求、招标程序及有效期、截标日期、开标时间和地点等。

（3）合同条件。这也是招标书的一项重要内容。此部分内容是双方经济关系的法律基础，因此对招投标方都很重要。国际招标应符合国际惯例，也要符合国内法律。有些由于项目的特殊要求需要提供补充合同条款，如支付方式、售后服务、质量保证、主保险费用等，在标书技术部分也要专门列出。但这些条款不应过于苛刻，更不允许（实际也无法做到）将风险全部转嫁给中标方。

（4）技术规格。技术规格是招标文件和合同文件的重要组成部分，它规定所购货物、设备的性能和标准。技术规格也是评标的关键依据之一，如果技术规格制定不明确或不全面，不仅会影响采购质量，也会增加评标难度。货物采购技术规格应采用国际或国内公认的标准，除不能准确或清楚说明拟招标项目的技术规格外，各项技术规格均不得要求或标明某一特定的商标、名称、专利、设计、原产地或生产厂家，不得有针对某一潜在供应商或排斥某一潜在供应商的内容。工程项目的技术规格较为复杂，包括工程竣工后要求达到的标准，施工程序，施工中的各种计量方法、程序和标准，现场清理程序及标准等。

（5）投标书格式。此部分由招标公司编制，投标书格式是对投标文件的规范要求。其中包括投标方授权代表签署的投标函，说明投标的具体内容和总报价，并承诺遵守招标程序和各项责任、义务，确认在规定的投标有效期内，投标书所具有的约束力，还包括技术方案内容的提纲和投标价目表格式。

（6）投标保证文件。保证文件一般采用 3 种形式：支票、投标保证金和银行保函。项目金额少可采用支票和投标保证金的方式。投标保证金有效期要长于标书有效期，和履约保证金相衔接。投标保函由银行开具，是借助银行信誉投标。企业信誉和银行信誉是企业进入国际大市场的必要条件。投标方在投标有效期内放弃投标或拒签合同，招标公司有权没收保证金以弥补招标过程蒙受的损失。

（7）供应商应当提供的有关资格和资信证明文件。这部分要求由招标机构提出，要求提供企业生产该产品的许可证及其他资格文件，如 ISO9001、ISO9002 证书等。另要求提供业绩。招标通告采购单位在正式招标以前，应在政府采购主管部门指定的媒体上刊登通告。从刊登通告到参加投标要留有充足的时间，让投标方有足够的时间准备投标文件。

2.4.3　网络工程招标的原则

1．程序规范

任何一个工程的招标都具有一定的程序和规则。从招标、投标、评标、议标、定标到签订合同，每一个环节都是严格规范的，这些程序和规则都具有一定的法律约束力，当事人不能随意改变。

2．编制招投标文件

在工程招投标活动中，招标方必须编制招标文件，投标方根据招标文件编制投标文件来参加投标，招标方组织评标委员会来对投标文件进行评审和比较，从中选出中标方。因此，编制招标和投标文件，是区分招标与其他采购方式最主要的特征之一。

3．公开性

招投标的原则是"公开、公平、公正"，将工程采购行为置于透明的环境中，防止腐败行为的发生。招投标的各个环节均体现了这些原则：招标方首先要在指定的媒体上发布招标广告，邀请所有潜在的投标方参加投标；在招标文件中详细说明拟采购的货物、工程和服务的技术规格，评价和比较投标文件以及选定中标者的标准；在提交投标文件截止后的某一时间公开开标；在确定中标方之前，招标人不得与投标方就投标价格、投标方案等实质性内容进行谈判。这样招投标活动就被置于社会的公开监督之下，可以防止不正当行为发生。

4．一次性成交

在招投标活动中，从投标方递交投标文件后到确定中标方之前，招标方不得与投标方就价格等实质性内容进行谈判。也就是说，投标方只能一次报价，不能与招标方讨价还价，并以此报价作为签订合同的基础。

总地来说，一个符合规范的招标和投标活动要保证遵循以上几个原则，只有这样才能判断招投标活动是否属于规范严格的招投标行为。

2.4.4　网络工程招标相关文档

在网络工程招标活动中，常常会涉及一些文件，这里我们呈现几个常见的招投标文件范例，供学习者来参考。常见的文件有：招标公告、邀标公告、投标公告。

实例 1：招标公告

×××××市教育网站防雷工程竞争性谈判招标公告

×××××市教育局政府采购业务代理办现对×××××市教育网站所需的防雷工程进行

竞争性谈判采购，欢迎符合具有相关资格条件的供应商参加。

一、项目编号：×××××××××

二、项目名称：×××××市教育网站防雷工程

三、项目内容：教育网站防雷工程的设计、施工及售后服务。

四、项目要求

1. 质量保证及售后服务要求。

（1）提供符合规定名称、配置、技术规格等要求的，合格的、全新的产品。

（2）提供主要设备的制造、检测报告及产品质量检验证明文件。

（3）免费提供相应货物的易损件、附件和安装、维修所必需的特殊专用工具。

（4）质量保证期：验收合格之日起一年内免费全保，在产品质量保证期内免费维修、更换产品；质量保证期外硬件维修、更换只收成本费。全部产品从验收合格之日起一个月内，若出现质量问题，不便于操作，可更换不同款式、同等质量、同等价位的产品。

（5）维修、维护工程师定期巡检，专线电话产品使用服务支持。

（6）产品出现故障，在接到通知的第二个工作日上门服务响应。

2. 交货期限：全部设备必须在中标后 20 天内安装调试完毕。

3. 安装地点：×××××市教育网站。

4. 验收方式：由×××××市教育局电教仪器站、×××××市教育局勤工俭学服务中心等有关人员按项目招标谈判内容进行验收。

5. 付款方式：验收合格后一个月内一次性付清合同价款的 95%，另 5% 作为工程质量保证金一年后付清。

五、投标须知

（一）合格的投标方应具备的条件

1. 投标方须具备独立的法人资格，在中国境内注册，且注册资金在 50 万元以上（含 50 万元）。

2. 具有防雷工程专业（施工）乙级以上资质（含乙级）（开标时提供证书原件）。

3. 具有履行合同所必需的专业技术能力。

4. 投标方在竞争性谈判前缴纳投标保证金人民币 5000 元。发生下列情形之一，将不予退还投标保证金。

（1）中标方拒绝按规定与采购方签订合同的。

（2）中标方未能按照项目建设质量和时间要求完成施工，经验收不合格的。

（二）投标保证金的退付

招标工作结束后，未中标方的保证金在招标结束后当场退还；中标方的保证金自动全额转为履约保证金，于项目验收合格后无息退还。

（三）履约保证金

1. 合同签定后，中标方的投标保证金全额转为履约保证金。

2. 履约保证金用于保证采购项目按时、按质、按量完工。

3. 如因中标方原因造成项目不能按时完工或质量不合格等引起的验收不合格，将按合同中约定的比例收取违约金，并按合同约定比例扣除履约保证金。

4. 履约保证金的剩余部分在项目验收合格且正常使用后一个月内无息退还。

（四）投标报价

1. 报价应包含原材料及货物的运输、装卸、安装调试、人工费、税金及验收等一切费用，所有报价均以人民币为单位，每一个投标方只允许有一个报价方案。

2. 参加报价的供应商必须完整填写报价表，如型号、产地、单价、总价等内容。未做实质性响应的将作无效谈判报价处理。

（五）现场勘察及报名时间

×××年 11 月 3 日至×××年 11 月 7 日。

（六）投标文件

1. 资质证明文件。

（1）公司情况简介。

（2）法定代表人身份证明书或法定代表人授权委托书原件。

（3）营业执照复印件（加盖单位公章）。

（4）税务登记证复印件（加盖单位公章）。

（5）服务承诺书（投标方针对本采购项目要求如功能、质量、服务等所做出的服务承诺，该服务承诺必须是切实可行的，如做出虚假承诺，一经核实，没收全部履约保证金，终止合同，并按照相关法规进行处罚）。

（6）所投货物的详细参数说明内容。

（7）投标方认为需要加以说明的其他内容。

2. 投标报价表。

3. 投标文件将作为合同的重要组成部分，具有同等的法律效力。

（七）投标文件的递交

投标方应将投标文件加盖投标方印章后密封在文件袋中（未密封的投标文件将被拒收）。

实例 2：邀标公告

×××××大学××××学院网络工程实验室建设项目邀标公告

根据学院专业建设需要和技术发展现状，经本院研究决定增设新版网络工程实验室，现就下阶段即将进行的该实验室建设项目进行招标，欢迎符合招标要求的企业参加投标。现将有关事项公告如下。

一、设备名称、数量

各项采购设备名称、数量、规格等参数详见附件。

二、付款方式

由甲乙双方协商确定。

三、公告时间

2009 年 6 月 21 日至 2009 年 7 月 20 日。

四、投标截止时间

各投标单位须在 2009 年 7 月 20 日下午 5:00 前把有关资料送至（可邮寄，仅限于邮政特快专递）本学院法规及招投标处。法规及招投标处位于本学院综合楼 403 室。

五、评标办法

合理低价中标法，内部评审。

六、联系人及方式

学院法规及招投标处：×××老师

联系电话：56822736　　　传　真：56822737

七、投标须知

1. 投标方资格

投标者必须具有生产或经营本文件采购项目资格（凭营业执照的生产经营范围进行审查）和实际生产或经营本文件采购项目的能力，并应遵守国家有关法律、法规和条例。

2. 投标资格证明文件

投标方必须在投标文件中提供以下证明其有资格进行投标和有能力履行合同的文件。

（1）企业法人营业执照有效复印件、组织机构代码证复印件、税务登记证（国、地税）复印件。

（2）企业法定代表人或对投标代表的委托授权的证明文书（身份证复印件、授权书原件）。

3. 投标代表

投标代表是指全权代表参加投标活动并签署投标文件的人，如果投标代表不是法定代表人，须持有《法人授权委托书》。

4. 投标文件

投标方应仔细阅读招标文件的所有内容，按要求提供投标文件，并保证所提供的全部资料的真实性。投标文件所投标的项目必须与营业执照中的生产经营项目相符。经济标书与技术标书必须分别单独包装并密封，并在标书的外包装上注明所投项目清单及联系方式。

5. 填写投标文件的注意事项

所报投标价包含货物款、安装调试费、运费、税费（如经济标中没有注明此价格包含税费，则一律视为含税价格）。中标方提供的各种设备、货物都必须符合购买方要求的品牌、规格、型号、配置。投标文件中不许有加行、涂改；若有修改须由签署投标文件的投标方代表在涂改处进行签章。

×××××大学××××学院

2009 年 6 月 21 日

2.5　实践项目

2.5.1　项目任务介绍

前面的实践任务让我们对该校园网络的系统集成和网络工程设计有了大致的了解，接下来，我们需要明确该学校建设网络的总体目标和业务需求，以及未来发展需要等。本项目将对该校的网络工程进行比较细致的分析。

2.5.2　项目目的

了解网络工程分析的方法。了解用户需求、网络安全管理、网络互连以及网络安全和运行成本等方面的需求情况。

2.5.3　操作步骤

1．网络工程分析的思路

（1）现有网络分析。

分析现有网络，主要分析网络拓扑结构、网络设备、网络布线情况、网络机房和设备情况等，然后将分析情况用图和表的形式表示出来，形成分析文档。

（2）网络未来发展情况分析。

分析网络未来的业务需求、网络的安全管理、网络功能需求、网络外部联网情况以及网络的未来性能和流量等。

分析网络的可用性、利用率、延迟和响应时间，以及网络互连设备情况。分析网络流量、流量类型以及特征，了解分析网络现有的可扩展性和未来的可扩展性。将以上分析形成文档。

（3）确定网络工程需求分析文档。

在对当前情况进行分析后，再明确未来发展预期，在此基础上形成该校园网络工程的需求分析设计文档。

2．网络工程分析具体情况

该校园网络工程分析结果如下。

（1）需求分析方面。

该校园网的建设希望能够将 4 个校区网络整合起来，学校共有 20 个学院，分布在不同的校区，其中 1 个校区包含 2 个学院，另外 2 个校区各包含 1 个学院，新校区有 16 个学院。新校区要新建校园网络，其他 3 个老校区已经有现成的网络。该校园网建设完成后主要实现以下几个功能：图书馆信息化管理功能，提供网上信息查询检索、图书借阅和查询功能，以及给每一名在校生和教师建立电子账户、管理个人图书借阅信息，此外图书馆具有大量的电子数据库，这需要大的容量。图书馆还需要具有校内和校外远程访问功能。学校除了各个学院机构的部门网站之外，还有教务管理软件系统、办公自动化系统。预计在新的网络中要实现 Web 服务和电子邮件服务等功能。

（2）网络通信平台分析。

学校新校区将采用光纤连接，将校园内的教学楼、实验楼、办公楼、图书馆和学生公寓连接起来，覆盖涉及的信息节点有 1 600 个，连接入网的计算机超过了 2 000 台。该校园网络将连接到CERnet 在该地区的主节点，速率为 2×50Mbit/s，学校的主干网必须是 1Gbit/s 高速网，能够支持虚拟分段和多媒体教育应用功能。

（3）网络管理平台分析。

在网络管理方面，由于现有的情况，该校园网目前主要侧重在学校的安全管理和计费管理等方面，其他方面将在日后进行不断地扩展和完善。

（4）网络安全需求分析。

使用防火墙隔离内部网络和外部网络，不允许外部用户访问内部 Web 服务器、财务数据库和OA 办公自动化服务器，内部网络用户需要经过代理服务来转发数据包。

（5）网络场地建筑分布情况。

在该校园网络的 4 个校区，主校区最高建筑物为 11 层，其他各校区最高建筑物均在 8 层以下。

其中 3 个校区已有网络，网络布线已经敷设，只需要提升网络访问速度即可，主校区需要进行网络布线设计。这需要根据主校区的建筑物环境布局来确定。

（6）广域网外部接入需求分析。

主校区主干网络使用光纤接入，提供两条外部接入方式：DDN 专线接入和宽带接入。各分校区也要提供两条外部接入方式，以防止发生意外时有一定的备份功能。具体选择何种接入方式可以根据各个校区自身的情况来确定。

第3章
网络逻辑设计

本章学习目标

（1）了解和掌握网络拓扑结构的相关知识，能够进行网络拓扑结构设计。

（2）了解网络的体系结构和网络协议的相关知识。

（3）掌握 IP 地址的相关知识，能够进行网络 IP 地址设置。

本章项目任务

根据该校园网络的需求分析结果，对该校园网络进行逻辑设计。主要包括：

（1）根据该校园网络的预期规模进行网络拓扑结构设计；

（2）为该校园网络的主要通信节点设置 IP 地址和域名。

知识准备

网络工程的规划和设计可以分为两个层面：一是物理层面的设计和搭建，二是逻辑层面的设计和规划。物理层面的网络设计主要包括综合布线系统的设计和网络互连设备的选择，逻辑层面的网络设计具体涉及网络拓扑结构的设计、网络协议的选择、IP 地址的规划与域名的确定。本章将详细介绍网络逻辑层面设计的相关知识。

3.1 网络拓扑结构设计

计算机网络的拓扑结构是指网上计算机或设备与传输媒介形成的"节点"与"线"的物理构成模式。网络的节点有两类：一类是转换和交换信息的转接节点，包括节点交换机、集线器和终端控制器等；另一类是访问节点，包括计算机主机和终端等。连接在网络上的计算机、大容量的外存、高速打印机等设备均可看做是网络上的一个节点，也称为工作站。"线"则代表各种传输媒介，包括有形的和无形的。

3.1.1　常见的网络拓扑结构

计算机网络中常用的拓扑结构有总线型、星型、环型、树型、不规则型等，如图 3-1 所示。图中的黑色小圆圈代表接入网络中的计算机，而在星型拓扑结构中处于中间的圆圈通常为交换机。

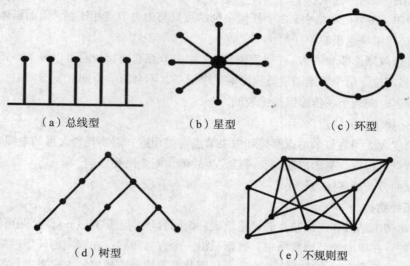

（a）总线型　　　　（b）星型　　　　（c）环型

（d）树型　　　　　（e）不规则型

图 3-1　网络拓扑结构的类型

1. 总线型拓扑结构

总线型拓扑结构采用一个信道作为传输媒体，所有站点通过相应的接口直接连到这一公共传输媒体，即总线上。任何一个站点发送的信号都沿着传输媒体传播，而且被所有其他站点接收［见图 3-1（a）］。总线型拓扑结构是一种共享通路的物理结构。在这种结构中，总线具有信息双向传输功能，普遍用于局域网的连接，总线一般采用同轴电缆或双绞线。

（1）总线拓扑结构的优点。

① 所需的电缆数量少，只需一根总线，成本比较低。

② 结构简单，易于布线，可靠性较高。

③ 易于扩充，增加或减少用户比较方便。

总线型拓扑结构安装容易，扩充或删除一个节点也很容易，不需停止网络的正常工作，节点的故障不会殃及系统。由于各个节点共用一条总线作为数据通路，信道的利用率比较高。

（2）总线拓扑结构的缺点。

① 系统范围有限。同轴电缆的工作长度一般在 2 km 以内，总线长度也有限，若需要扩展，必须使用中继器。

② 故障诊断和隔离比较困难。因为总线型拓扑结构网络不是集中控制，故障检测必须在网上各个节点进行，因此不易进行故障检测。

③ 由于各个站点共用一条总线，因此不能保证信息的及时传送。由于信道共享，连接的节点不宜过多，并且总线自身的故障可能导致系统的崩溃。

2．星型拓扑结构

星型拓扑结构是一种以中央节点为中心，把若干外围节点连接起来的辐射式互连结构。中央节点实行集中式控制，因此中央节点相当复杂，而其他各个站点的通信处理负担却很小[见图 3-1（b）]。这种结构一般适用于局域网，特别是近年的局域网大都采用这种连接方式。这种连接方式以双绞线或同轴电缆作为连接线路。星型拓扑结构安装容易、结构简单、费用低，通常以集线器（Hub）作为中央节点，便于维护和管理，但中央节点的能否正常运行对于网络系统来说是至关重要的。

（1）星型拓扑结构的优点。

① 控制简单。在星型网络中，由于任何一个站点只与中央节点相连接，因而媒体访问控制的方法很简单，访问协议也很简单。

② 容易进行故障诊断和隔离。在星型网络中，中央节点对连接线路可以一条一条地隔离开来进行故障检测和定位。单个节点的故障只影响一个设备，不会影响全网。

③ 网络延迟时间较小，传输误差比较低。

（2）星型拓扑结构的缺点。

① 电缆长度大。因为每个站点都要和中央节点直接相连，需要耗费大量的电缆。

② 中央节点负担重，易形成瓶颈，一旦发生故障，则全网受影响。

③ 各站点的分布处理能力较小。

3．环型拓扑结构

环型拓扑结构由站点和连接站点的链路组成一个闭合环［见图 3-1（c）]。环路可以是单向的，也可以是双向的。在单向的环型网络中，数据只沿一个方向传输；在双向的环型网络中，数据沿两个方向传输。由于多个站点连接在一个环上，因此需要用分布式控制方式来进行控制。每个站点都有控制发送和接收的访问逻辑。环型拓扑结构是将网络节点连接成闭合结构。信号顺着一个方向从一台设备传到另一台设备，每一台设备都配有一个收发器，信息在每台设备上的延迟时间是固定的。这种结构特别适用于实时控制的局域网系统。

（1）环型拓扑结构的优点。

① 电缆长度短。环型拓扑结构网络所需的电缆长度和总线网络相似，但比星型网络要短得多。

② 扩充容易。增加或减少工作站时，仅需简单的连接。

③ 可靠性较高，常采用双环结构的环型网。在一个节点发生故障时，网络自动将故障节点旁路，所以其具有极高的可靠性。

④ 由于是单方向传输和点对点连接，所以可以使用光纤作为传输介质。

（2）环型拓扑结构的缺点。

① 单个节点的故障会引起全网的故障。这是因为在环上的数据传输是通过接在环上的每一个节点进行的，一旦环中某一节点发生故障，就会引起全网的故障。

② 检测故障较困难。这与总线型拓扑结构相似，因为不是集中控制，故障检测须在网上各个节点上进行。

③ 环型拓扑结构的介质访问控制协议都采用令牌控制方式，因此在负载很轻时，其等待时间相对较长。

④ 由于环路是封闭的，所以增加和删除节点比较困难。

4．树型拓扑结构

树型拓扑结构是一种分级结构，是从总线型拓扑结构演变而来的，所有节点按照一定的层次关系排列起来，顶端是根，根以下带分支，每个分支还可再带子分支［见图 3-1（d）］。数据传输时，根接收信号，然后再以广播方式发送到全网。树型拓扑结构就像一棵"根"朝上的树，与总线型拓扑结构相比，主要区别在于总线拓扑结构中没有"根"。树型拓扑结构的网络一般采用同轴电缆作为传输介质，用于军事单位、政府部门等上、下界限相当严格和层次分明的部门。树型拓扑结构容易扩展、故障也容易分离处理，但整个网络对根的依赖性很大，一旦网络的根发生故障，整个系统就不能正常工作。

5．不规则型拓扑结构

不规则型拓扑的构形不规则，节点之间的连接是任意的［见图 3-1（e）］。大多数情况下，一个节点至少和两个以上的节点相连。当所有节点之间均有直达通路连接时，就成为全连通的网络拓扑结构。它的优点是不受瓶颈问题和失效问题的影响。这是由于节点之间有许多条链路相连，可以为数据流的传输选择适当的路由，一旦出现故障，信号可绕过失效的部件或过于繁忙的节点。不规则形拓扑结构虽然比较复杂，成本比较高，网络协议也较复杂，但由于它的可靠性高，在主干网中仍使用较多。

3.1.2   网络的分层设计

当网络系统规模非常庞大时，仅仅使用一种拓扑结构是不够的。这时，网络拓扑结构常常采用分层的设计方法。通常网络可以分为 3 个层次：核心层、汇聚层和接入层（见图 3-2）。核心层是整个网络系统的主干部分，而把分布在不同位置的子网连接到核心层的是汇聚层，在网络中，直接面向用户连接和访问网络的部分是接入层。

在大规模的网络系统中，常采用三层拓扑结构设计，而在中小规模的网络中，可以将核心层和汇聚层合并。对于只有几十台计算机的小型网络，可以不必采用分层拓扑结构设计。

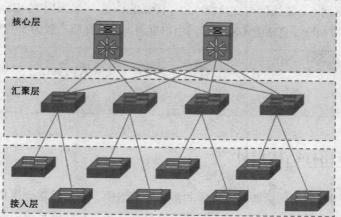

图 3-2   层次化网络拓扑结构

1．核心层设计

核心层是网络的高速主干网，主要连接全局共享服务器和建筑楼宇的配线间设备。其主要功能是提供地理上远程站点之间的广域网连接。核心层为下两层提供优化的数据传输功能。

核心层的设备主要是路由器和具有路由功能的三层交换机。由于核心层处于主干网络，而主干网络技术的选择要根据地理距离、信息流量和数据负载等来确定，核心层通常承担网络 40%～

60%的信息流，所以应该选择光纤作为核心层的传输介质。

2．汇聚层设计

汇聚层位于核心层和接入层中间，主要任务是提供与流量控制、安全及路由相关的策略。汇聚层将分布在不同位置的子网连接到核心层网络，实现路由汇聚功能。汇聚层的存在与否与网络规模大小相关。当建筑物内的网络节点较多，超过了一台交换机的端口密度，就需要增加交换机来扩充端口，这时就需要汇聚交换机。交换机之间可以采用级连或者堆叠方式来连接，然后再与汇聚交换机相连，如图 3-3 所示。

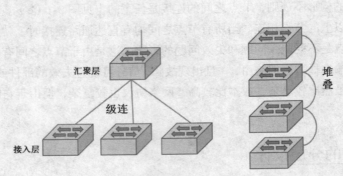

图 3-3　汇聚层与接入层相连的两种方式

汇聚层的设备选择相对比较容易一些，采用 100 ～1 000 Mbit/s 交换机即可。但汇聚层容易出现网络瓶颈，所以设计人员要对汇聚层交换机的网络流量进行预测。

3．接入层设计

接入层是直接面对终端用户的，接入层将终端用户计算机连接到网络中，为用户提供在本地网络访问互联网的能力。接入层通过接入二级交换机技术来实现连接到汇聚层。

接入层的设备有网卡、集线器与交换机（10～100Mbit/s）。一般采用 100Base-TX 快速交换式以太网，采用 10 ～100 Mbit/s 自适应传输速率到用户桌面，传输介质一般为 5 类或超 5 类双绞线。

　　在网络连接中，分别在什么情况下需要对交换机采用级连方式和堆叠方式来进行连接？

3.1.3　网络拓扑结构设计

在网络拓扑结构设计中，除非是在规模非常小的网络中，否则通常会将几种拓扑结构联合使用。当然这需要根据各种拓扑结构的特点和实际情况来选择。在网络系统内的站点可用多种方法物理连接，每种连接方式都有其优缺点。可按下面的标准来比较这些结构之间的差异。

（1）安装成本。物理连接系统站点的成本和费用、传输介质的选择和硬件接口的确定，以及初始投资和后期维修的费用。

（2）通信成本。从站点 M 发送消息到站点 N 的时间及费用。

（3）有效性。不管连接或站点是否出错，数据能被访问的程度，并且在出现故障后能够易于诊断和维修。

在一个部分连接网络中，直接连接存在于一些站点之间，因此，这种结构的安装成本要比完全连接网络小。当然，如果站点之间不直接连接，则从一个站点发送消息到另一个站点就必须通过一系列的通信链路，这将导致较高的成本。

如果通信链接出现故障，被传送的消息必须被重新发送。某些情况下，可能会找到另一条路线，这样信息才能够传达。但如果故障导致某些站点间无法连接。则一个系统就被分为几个相互之间没有任何连接的子系统，我们把这些子系统叫做分区。根据这个定义，一个子系统可由单个分区组成。

不同部分连接网络的类型包括树型、环型、星型等。它们具有不同的故障特征、安装成本和通信成本。树型网络的安装成本相对较低，然而该结构的某个连接故障将导致该网络被分割。对环型网络结构来说，分割至少要发生两个连接故障。因此，环型网络比树型网络更具有适用性，但由于消息可能不得不通过大量的连接，其分开的部分是单个站点，此类分割可视为单个站点的故障。由于每个站点与其他站点至多存在两个连接，星型网络同样具有较低的通信成本，但是，中心站点的故障将导致系统的所有站点都变为无法连接。

下面以几种不同规模的校园网络为例，说明其组网和拓扑结构设计方案。

1．小型校园网组网方案及拓扑结构

对于小型校园网络，如果整个网络信息相对流量比较大且信息点比较集中，主干网可以采用千兆以太网（也称吉比特比太网）技术。而对信息量较小、信息点比较分散的校园网采用快速以太网连接方式，其校园网络拓扑结构如图 3-4 所示。该网络中心采用 3Com 公司的高性能千兆以太网交换机 SuperStack 3 Switch 4900SX，该交换机具有高达 32 Gbit/s 的交换能力，所有端口均线速转发。SuperStack 3 Switch 4900SX 有 12 个 1000 M-SX 固定端口，一个扩展插槽。用户可以根据实际需求进行扩展，可以选择有 4 个 1000 M-SX 固定端口的模块，或者有 4 个 1000 M-LX 端口的模块，或者有 4 个 1000M-TX 端口的双绞线扩展模块。SuperStack 3 Switch 4900SX 还支持第三层交换功能，为整个网络进行路由解析。

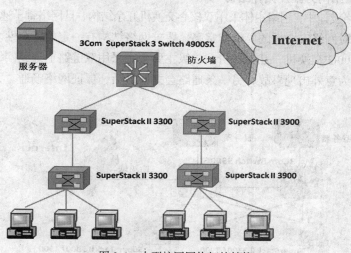

图 3-4　小型校园网络拓扑结构

在二级节点上，可以根据需要选择产品。配置 SuperStack Ⅱ 3300 或 SuperStack Ⅱ 3900，通过 1 000 Mbit/s 光纤连到网络中心。

2．中型校园网组网方案及拓扑结构

在中型校园网络组网方案中，终端用户数目相对较多，网络所涉及的应用系统也相对比较复杂，所以网络主干技术选型上采用 1 000 Mbit/s 以太网或更高的以太网。中型校园网络拓扑结构如图 3-5 所示。

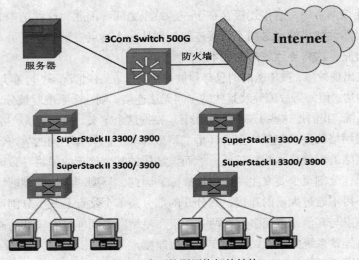

图 3-5　中型校园网络拓扑结构

在网络中心，配置 3Com 千兆以太网主打交换机 Switch 500G。该交换机是 3Com 公司的一款高性能交换机，采用无源背板设计和星型总线结构，即从引擎出发，星型向各个接口模块插槽辐射出总线，是一款不停顿的交换机。其背板带宽高达 232Gbit/s，交换引擎能力高达 48 Gbit/s 以上，并采用分布式交换结构。

在二级节点上，可以根据需要选择产品，配置 SuperStack II 3300 或 SuperStack II 3900 堆叠系统，通过 1 000 Mbit/s 光纤连到网络中心。如果要求更高的标准还可以通过使用端口捆绑技术将多个 1 000 Mbit/s 端口捆绑为逻辑上的一个端口，从而达到 2 000 Mbit/s 或更高的速率。

3. 大型校园网组网方案及拓扑结构

在大型校园网络设计中，网络主体采用双核心交换机冗余结构，且网络骨干速率为 1 000 Mbit/s。大型校园网络系统对网络安全性的要求非常高，要求网络结构有一定的冗余性。因此，在网络主体上配置 Switch 500G 交换机，互为备份。二级主要楼宇采用双链路上连到网络中心，任何时刻任意一条上通路因为意外出现事故，另一条通路会立即激活，保证网络畅通。大型校园网络拓扑结构如图 3-6 所示。

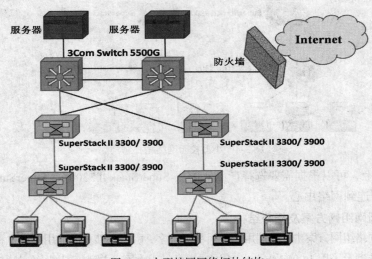

图 3-6　大型校园网络拓扑结构

3.2　计算机网络协议

3.2.1　计算机网络的层次

计算机网络根据一定的拓扑结构连接成物理网络之后，为了实现网络通信，物理网络要遵循一定的规则和协议，只有按照一定的逻辑结构体系才能够实现互连互通。最初的计算机网络存在众多的体系模型，网络之间通信互连极其困难和低效。为了解决不同体系结构网络的互连问题，国际标准化组织 ISO 于 1981 年制定了开放系统互连参考模型（Open System Interconnection Reference Model，OSI）。这个模型把网络通信的工作分为 7 层，它们由低到高分别是物理层、数据链路层、网络层、传输层、会话层、表示层和应用层，如图 3-7 所示。

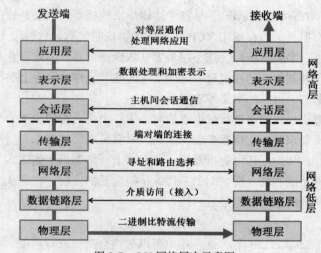

图 3-7　OSI 网络层次示意图

1. 物理层

第一层：物理层（Physical Layer），其规定通信设备的机械的、电气的、功能的和过程的特性，用以建立、维护和拆除物理链路连接，为它的上一层提供一个物理连接。在这一层，数据的单位为比特（Bit）。

物理层是 OSI 模型的最低层，也是 OSI 分层结构体系中最重要、最基础的一层，它是建立在通信介质基础上的，它直接面向传输介质，实现设备之间的物理接口，为数据链路层提供一个传输原始比特流的物理连接。通过通信介质实现二进制比特流的传输，负责从一台计算机向另一台计算机传输比特流（0 和 1）。物理层的主要设备包括中继器和集线器。

2. 数据链路层

第二层：数据链路层（Data-Link Layer），在物理层提供比特流服务的基础上，负责在两个相邻节点间的线路上，无差错地传送以帧（Frame）为单位的数据，负责建立、维持和释放数据链路的连接，向网络层提供可靠透明的数据传输服务组帧。该层的数据的单位为帧，数据帧是存放数据的有组织的逻辑结构，每一帧包括一定数量的数据和一些必要的控制信息，含有源站点和目的站点的物理地址。

数据链路层在不可靠的物理介质上提供可靠的传输。该层的作用包括：物理地址寻址、数据的成帧、流量控制、数据的检错、重发等。数据链路层的主要设备包括交换机和网桥。

3. 网络层

第三层：网络层（Network Layer），其任务就是选择合适的网间路由和交换节点，确保数据及时传送。在计算机网络中进行通信的两个计算机之间可能会经过很多个数据链路，也可能还要经过很多通信子网，网络层通过将数据链路层提供的帧组成数据包，包中封装有网络层包头，其中含有逻辑地址信息——源站点和目的站点地址的网络地址，选择合适的网络路由和交换节点，来保证数据及时地传送。网络层的数据的单位为数据包（Packet）。

网络层主要具有路由选择和中继，能够激活、终止网络连接，能够在一条数据链路上采取分时复用技术，来复用多条网络连接，此外也具有差错检测与恢复，流量控制、服务选择和网络管理等功能。路由器是网络层的主要设备。

4. 传输层

第四层：传输层（Transport Layer），是整个协议层次的核心。该层是处理信息的层，该层的数据单元也是数据包。但是，当在使用 TCP 等具体的协议时又称为数据段（Segments），在使用 UDP 协议时称为数据报（Datagrams）。这一层负责获取全部信息。因此，它必须跟踪数据单元碎片、乱序到达的数据包和其他在传输过程中可能发生的危险。传输层为上层提供端到端（最终用户到最终用户）的透明的、可靠的数据传输服务。

传输层是两台计算机经过网络进行数据通信时，第一个端到端的层次，具有缓冲作用。当网络层服务质量不能满足要求时，它将服务加以提高，以满足高层的要求；当网络层服务质量较好时，它只用很少的工作。传输层还可进行复用，即在一个网络连接上创建多个逻辑连接。传输层是介于低 3 层通信子网系统和高 3 层之间的一层，是很重要的一层，它是从发送端到接收端对数据传送进行控制的，从低层到高层的最后一层。

5. 会话层

第五层：会话层（Session Layer），这一层也可以称为会晤层或对话层，在会话层及以上的高层次中，数据传送的单位不再另外命名，统称为报文。会话层不参与具体的传输，它提供包括访问验证和会话管理在内的建立和维护应用之间通信的机制。

会话层提供的服务可使应用建立和维持会话，并能使会话获得同步。会话层使用校验点可使通信会话在通信失效时从校验点继续恢复通信。这种能力对于传送大的文件极为重要。会话层、表示层、应用层构成开放系统的高 3 层，面对应用进程提供分布处理、对话管理、信息表示、复最后的差错等。会话层同样要担负应用进程服务要求，对于运输层不能完成的那部分工作，会话层给运输层功能差距以弥补。其主要的功能是对话管理，数据流同步和重新同步。要完成这些功能，需要由大量的服务单元功能组合，已经制定的功能单元已有几十种。现将会话层主要功能介绍如下。

这个阶段是在两个会话用户之间实现有组织的，同步的数据传输，用户数据单元为 SSDU，而协议数据单元为 SPDU。会话用户之间的数据传送过程是将 SSDU 转变成 SPDU 进行的。

6. 表示层

第六层：表示层（Presentation Layer），这一层主要解决用户信息的语法表示问题。它将欲交换的数据从适合于某一用户的抽象语法，转换为适合于 OSI 系统内部使用的传送语法，即提供格式化的表示和转换数据服务。数据的压缩和解压缩、加密和解密等工作都由表示层负责。

7．应用层

第七层：应用层（Application Layer），该层为操作系统或网络应用程序提供访问网络服务的接口。应用层的协议包括 Telnet、FTP、HTTP 和 SNMP 等。

在 OSI 模型中，第一层到第三层属于低 3 层，负责创建网络通信连接的链路；第四层到第七层为高 4 层，具体负责端到端的数据通信。每层完成一定的功能，都直接为其上层提供服务，并且所有层次都互相支持，而网络通信则可以自上而下（在发送端）或者自下而上（在接收端）双向进行。并不是每一通信都需要经过 OSI 模型的全部 7 层，有的只需要双方对应的某一层即可。总体来说，双方的通信是在对等层次上进行的，不能在不对等层次上进行通信。

3.2.2 计算机网络协议

计算机网络协议（Protocol）是有关计算机网络通信的一整套规则，或者说是为完成计算机网络通信而制订的规则、约定和标准。计算机网络的运行是多个协议相互配合作用的综合结果，一套完整的计算机协议合在一起叫做"协议栈"。

国际标准化组织（ISO）和国际电报电话咨询委员会（CCITT）共同制定了开放系统互连的 7 层参考模型。计算机操作系统中的网络过程包括从应用请求（在协议栈的顶部）到网络介质（底部），OSI 参考模型把功能分成 7 个分立的层次。每一层次都有相应的网络协议，具体如图 3-8 所示。

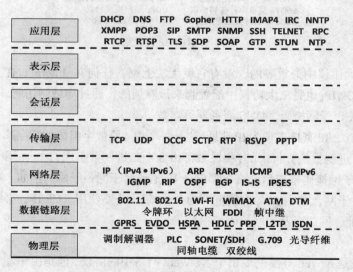

图 3-8　计算机网络协议分布

3.2.3 常用网络协议

常见的网络协议有 TCP/IP、IPX/SPX、NetBEUI。这 3 个协议也是我们常说的网络三大协议。另外还有 DECnet、FDDI、 IEEE 802 局域网和无线网络协议等。下面具体介绍几种常用的网络协议。

1. TCP/IP

TCP/IP（Transmission Control Protocol/Internet Protocol）被称为传输控制协议/互连协议，又叫网络通信协议，是 Internet 最基本的协议，也是 Internet 国际互联网络的基础，是使用最广泛的网络协议。TCP/IP 是一个协议族，包括 TCP、IP、UDP、ICMP、RIP、TELNET、FTP、SMTP、ARP、TFTP 等许多协议，这些协议被一起统称为 TCP/IP，如图 3-9 所示。TCP/IP 中最重要的是网络层的 IP 和传输层的 TCP。TCP/IP 定义了电子设备（如计算机）如何连入 Internet，以及数据如何在它们之间传输的标准。TCP/IP 是一个 4 层的分层体系结构。高层为传输控制协议，它负责聚集信息或把文件拆分成更小的包。底层是网际协议，它处理每个包的地址部分，使这些数据包正确地到达目的地。

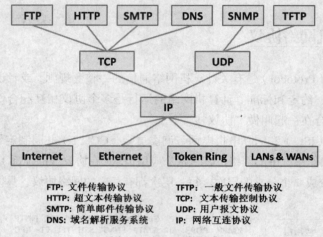

图 3-9 TCP/IP 协议集

TCP/IP 是三大协议中最重要的，没有它就无法上网，任何和 Internet 有关的操作都离不开 TCP/IP。同时，TCP/IP 也是三大协议中配置起来最麻烦的，通过局域网访问 Internet，就要详细设置 IP 地址、网关、子网掩码、DNS 服务器等参数。

对用户而言，TCP/IP 直接表现为 IP 地址，这是一个由 4 段数字组成的数字串，如 202.118.120.3。这 4 段数字是由二进制数换算得来的，每段数都由 8 个二进制数组成，因此每段数字的范围为 0～255。TCP/IP 通过子网掩码来表示网络上哪部分 IP 地址属于同一子网。例如，地址 202.118.120.X 的计算机属于同一子网，其中 X 的取值范围为 1～254。若要使用 TCP/IP，必须首先对网络节点设置有关的 IP 地址、网关以及子网掩码等参数。

2. IPX/SPX

IPX/SPX 本来是 Novell 开发的专用于 NetWare 网络中的协议，但是由于现在大部分可以联机的游戏都支持 IPX/SPX 协议，所以 IPX/SPX 协议也变得常用。虽然这些游戏通过 TCP/IP 也能联机，但是通过 IPX/SPX 协议会更加方便省事，不需要任何设置。

IPX（Internet Work Packet Exchange）是一个专用的协议簇，它主要由 Novell NetWare 操作系统使用。IPX 是 IPX 协议簇中的第三层协议。SPX（Sequenced Packet Exchange Protocol）是 Novell 早期传输层协议，为 Novell NetWare 网络提供分组发送服务。在局域网中用得比较多的网络协议是 IPX/SPX。

3. NetBEUI

NetBEUI（NetBios Enhanced User Interface）是 NetBIOS 协议的增强版本，曾被许多操作系统

采用，如 Windows for Workgroup、Windows 9x 系列、Windows NT 等。NetBEUI 协议是一种短小精悍、通信效率高的广播型协议，安装后不需要设置，特别适合于在"网上邻居"传送数据。所以建议除了 TCP/IP 之外，局域网的计算机最好也安上 NetBEUI 协议。

NetBEUI 缺乏路由和网络层寻址功能，这既是其最大的优点，也是其最大的缺点。因为它不需要附加的网络地址和网络层头尾，所以传输速率很快并很有效，适用于只有单个网络或整个环境都桥接起来的小工作组环境。

因为不支持路由，所以 NetBEUI 永远不会成为企业网络的主要协议。NetBEUI 帧中唯一的地址是数据链路层媒体访问控制（MAC）地址，该地址标识了网卡，但没有标识网络。路由器根据网络地址将帧转发到最终目的地，而 NetBEUI 帧完全缺乏该信息。

网桥负责按照数据链路层地址在网络之间转发通信，但有很多缺点。因为所有的广播通信都必须转发到每个网络中，所以网桥的扩展性不好。NetBEUI 特别包括了广播通信的记数并依赖它来解决命名冲突。

4．DECnet 协议

DECnet 是一种基于数字网络体系结构（Digital Network Architecture，DNA）的较为全面的分层网络体系结构，它支持大量的所有者和标准协议。当前使用较为广泛的两种 DECnet 版本分别为 DECnet Phase IV 和 DECnet Phase V。

DECnet Phase IV DNA 类似于 OSI 参考模型，同样采用了分层结构，只是它被分为 8 层。DECnet Phase IV DNA 规定了上面 4 层提供用户交互服务、网络管理能力、文件传输和会话管理等功能。上面 4 层分别为：用户层（User Layer）、网络管理层（Network Management layer）、网络应用层（Network Application Layer）和会话控制层（Session Control Layer）。DECnet Phase V（可以表示为 DECnet Plus 或 DECnet/OSI）的分层模式可以实现 3 种协议组：OSI、DECnet 和 TCP/IP。DECnet plus 遵循 OSI 参考模型并支持众多的标准。OSI 协议提供了与 DECnet Phase IV 的向下兼容且支持多个所有者数字协议。此外，DECnet Plus 还支持应用层、表示层及会话层的各功能，它支持低层 TCP/IP，并能够实现在 TCP 传输协议上的 DECnet 流量传输。

5．FDDI

FDDI（Fiber Distributed Data Interface）是于 80 年代中期发展起来一项局域网技术，它提供的高速数据通信能力要高于当时的以太网（10 Mbit/s）和令牌网（4 Mbit/s 或 16 Mbit/s）的能力。FDDI 标准由 ANSI X3T9.5 标准委员会制定，为繁忙网络上的高容量输入输出提供了一种访问方法。FDDI 技术同 IBM 的 Tokenring 技术相似，并具有 LAN 和 Tokenring 所缺乏的管理、控制和可靠性措施，FDDI 支持长达 2km 的多模光纤。FDDI 网络的主要缺点是价格同前面所介绍的"快速以太网"相比贵许多，且因为它只支持光缆和 5 类双绞线，所以使用环境受到限制，从以太网升级更是面临大量移植问题。

随着快速以太网和吉比特网技术的发展，FDDI 使用的越来越少了。因为 FDDI 使用的通信介质是光纤，它比快速以太网及现在的 100 Mbit/s 令牌网传输介质要贵许多，然而 FDDI 最常见的应用只是提供对网络服务器的快速访问，所以 FDDI 技术并没有得到充分的认可和广泛的应用。

6．IEEE 802 局域网协议

IEEE（Institute of Electrical and Electronics Engineers）制定的 IEEE 802 规范定义了网卡如何访问传输介质（如光缆、双绞线、无线等），以及在传输介质上传输数据的方法，还定义了传输信息的网络设备之间连接建立、维护和拆除的途径。遵循 IEEE 802 标准的产品包括网卡、桥接器、

路由器以及其他一些用来建立局域网的组件。

7. 无线网络协议

IEEE 802.11 是 IEEE 最初制定的一个无线局域网标准，主要用于解决办公室局域网和校园网中用户与用户终端的无线接入，业务主要限于数据存取，速率最高只能达到 2Mbit/s。由于它在速率和传输距离上都不能满足人们的需要，因此，IEEE 又相继推出了 IEEE 802.11a 和 IEEE 802.11b 两个新标准，前者已经成为目前的主流标准，而后者也被很多厂商看好。

（1）802.11a。

802.11a 标准是已在办公室、学校、家庭、宾馆、机场等众多场合得到广泛应用的 802.11b 无线联网标准的后续标准。它工作在 5 GHzU-NII 频带，物理层速率可达 54 Mbit/s，传输层可达 25 Mbit/s，可提供 25 Mbit/s 的无线 ATM 接口和 10 Mbit/s 的以太网无线帧结构接口，以及 TDD/TDMA 的空中接口，支持语音、数据、图像业务。

（2）802.11b。

802.11b 采用 2.4GHz 直接序列扩频，最大数据传输速率为 11Mbit/s，无须直线传播。动态速率转换在射频情况变差时，可将数据传输速率降低为 5.5 Mbit/s、2 Mbit/s 和 1 Mbit/s。使用范围在室外为 300m，在办公环境中最长为 100m。IEEE 802.11b 使用与以太网类似的连接协议和数据包确认，以提供可靠的数据传送和网络带宽的有效使用。

> Bluetooth（蓝牙）是一种短距的无线通信技术，透过芯片上的无线接收器，配有蓝牙技术的电子产品能够在 10m 的距离内彼此相通，传输速度可以达到 10Mbit/s。不过 Bluetooth 产品致命的缺陷是任何蓝牙产品都离不开 Bluetooth 芯片，而 Bluetooth 芯片较难生产，并且难于全面测试，这是制约蓝牙产品发展的瓶颈。而 IEEE 802.11b 协议的崛起又抢走了 Bluetooth 的大量客户，所以目前，人们比较趋于一致的看法是：IEEE 802.11b 和 Bluetooth 虽属同类技术，但 IEEE 802.11b 的支持者更多。

3.2.4 网络协议的选择

具体选择哪种网络协议主要取决于网络组建的规模和网络的兼容性，以及协议是否简单易操作，这样更有利于网络的管理。而且还要注意，如果重新安装操作系统或在网络上又增加了一些计算机，那么就需要重新安装其网络协议，这样才能使其正常享用网络上的资源。网络协议的选择需要遵循以下原则。

1. 网络协议的选择要符合其特点

每种网络协议都有其独特的优势，但也有一定的限制。如果网络需要用路由器连接，那么就不能采用 NetBEUI 协议，而是采用 TCP/IP 或者 NetWare。但是如果网络组建的目的主要是共享，那么 NetBEUI 协议就是不错的选择。如果从 NetWare 迁移到 Windows 2000，或者两个平台共享时就可以选择 IPX/SPX 及其兼容的协议。但是从高效、可扩展性等方面考虑，TCP/IP 还是比较理想的选择。

2. 注意选择网络协议的版本

即使是相同的协议，不同的版本所需要的环境也可能不一样，为了保证其协议能应用到用户所需要的网络环境中，需要注意其版本。

3．注意所选协议的一致性

如果两台计算机通过不同的协议进行通信时，可能造成许多不利的影响，这也会影响到网络的稳定和安全，所以要尽量保持协议的统一。

4．尽量不要选择多种网络协议

除非特殊情况否则选择一种网络协议就足够了，尽量不要选择多种协议。因为协议也会占用部分资源，而且过多的协议还会使计算机的网络性能下降，同时也不方便管理。

3.3　IP 地址规划和域名确定

计算机网络就是用物理链路将各个孤立的工作站和主机相连组成数据链路从而达到资源共享和通信的目的。在 Internet 上，每一个节点都依靠唯一的 IP 地址互相区分和相互联系，因此，为网络中的每一个节点确定域名和网络地址是非常重要的。

3.3.1　IP 地址和域名

1．IP 地址和网络域名

网络是基于 TCP/IP 进行通信和连接的，TCP/IP 让复杂的物理网络看起来像一个单一的、无缝连接的系统，让全球范围内的不同硬件结构、不同操作系统、不同网络系统互连起来。TCP/IP 为网络上的每一台主机设定一个唯一标识的、固定的 IP 地址，从而实现网络互连互通，同时也区别网络上成千上万个用户和计算机。由于 IP 地址是数字标识，使用时难以记忆和书写，因此在 IP 地址的基础上又发展出一种符号化的地址方案来代替数字型的 IP 地址。每一个符号化的地址都与特定的 IP 地址对应，这样网络上的资源访问起来就容易得多了。这个与网络上的数字型 IP 地址相对应的字符型地址，就被称为网络域名。

域（Domain）是域名空间的一棵子树，这个域的名字是子树顶部节点的域名，而且一个域本身还可以再划分为多个子域（Subdomian），每个域都有一个域名（Domain Name），域名由点（.）分隔的标号序列表示。例如，"www.hrbnu.cn"表示中国（cn）哈尔滨师范大学的 WWW 服务器（www），"mail.hrbnu.edu.cn"表示中国（cn）教育科研网（edu）哈尔滨师范大学（hrbnu）的邮件服务器（mail）。

域名可分为几种级别，包括顶级域名、二级域名和三级域名等。

顶级域名又分为国家顶级域名和国际顶级域名等两类。国家顶级域名，目前 200 多个国家都按照 ISO3166 国家代码分配了顶级域名。例如，中国大陆地区是 CN，美国是 US，日本是 JP 等；国际顶级域名。例如，表示工商企业的.com，表示网络提供商的.net，表示非营利组织的.org 等。为加强域名管理，Internet 协会、Internet 分址机构及世界知识产权组织（WIPO）等国际组织经过广泛协商，在原来 3 个国际通用顶级域名的基础上，新增加了 7 个国际通用顶级域名：firm（公司企业）、store（销售公司或企业）、web（突出 WWW 活动的单位）、arts（突出文化、娱乐活动的单位）、rec（突出消遣、娱乐活动的单位）、info（提供信息服务的单位）、nom（个人），并在世界范围内选择新的注册机构来受理域名注册申请。

二级域名是指顶级域名之下的域名，在国际顶级域名下，它是指域名注册人的网上名称，如 ibm、yahoo、microsoft 等；在国家顶级域名下，它是表示注册企业类别的符号，如 com、edu、gov、 net 等。我国在国际互联网络信息中心（Inter NIC）正式注册并运行的顶级域名是 CN，这也是我国的一级域名。在顶级域名之下，我国的二级域名又分为类别域名和行政区域名两类。类别域名共 6 个，包括用于科研机构的 ac；用于工商金融企业的 com；用于教育机构的 edu；用于政府部门的 gov；用于互联网络信息中心和运行中心的 net；用于非营利组织的 org。而行政区域名有 34 个，分别对应于我国各省、自治区和直辖市。

三级域名使用字母（A～Z，a～z）（大小写不区分）、数字（0～9）和连接符（－）组成，各级域名之间用实点（.）连接，三级域名的长度不能超过 20 个字符。

2. 从 IPv4 到 IPv6

现在的 IP 地址设计方案都是遵循 IPv4 的编址标准。IPv4 是由互联网之父——文顿·瑟夫创建的互联网通信协议，从而让全球的计算机可以互相连接起来。IPv4 地址为 32 比特（bit），通常用 4 个点分十进制数表示。但是随着互联网用户的不断增加，IPv4 地址逐渐趋于耗尽和枯竭。互联网名称与数字地址分配机构（ICANN）曾预计，IPv4 地址会在 2011 年 8 月耗尽。对此有专家认为，如今世界各国对于物联网发展的强调，以及各种智能终端的普及是 IPv4 地址加速枯竭的重要原因，而唯一的解决途径是更换新一代 IP：IPv6。

IPv6（Internet Protocol Version 6）是 IETF 设计的用于替代现行版本 IP（IPv4）的下一代 IP 协议。IPv6 地址的长度为 128 位，也就是说可以有 2^{128} 的 IP 地址，相当于 10 的后面有 38 个 0；如此庞大的地址空间，足以保证地球上每个人都拥有一个或多个 IP 地址。IPv6 地址有几种表示格式，第一种格式是将 IPv6 的 128 位地址按每 16 位划分为一段，每段被转换为一个 4 位十六进制数，并用冒号隔开，这种表示法叫冒号十六进制表示法，如 2007：1000：0001：0000：0000：0000：0000：1231。

这种格式会有许多个 0，可以将不必要的 0 去掉。而且，如果地址中出现一个或多个连续 16bit 为 0 时，可以用"::"（两个冒号）来表示，但是一个 IPv6 地址只能有一个"::"。于是，以上地址可以表示为 2007：1000：1::1231。为了简化 IPv6 的地址表示，只要保证数值不变，也可以将前面的 0 省略。如 1010：0000：0000：0080：0008：0800：200C：117A 可以简写为 1010：0：0：80：8：800：200C：117A。IPv6 还有一种针对 IP 过渡机制的特殊表示法。这种表示法中，IPv6 地址的第一部分使用十六进制表示，而 IPv6 地址部分仍然使用十进制格式，如：：201.168.10.1。

可以说，IPv6 是能够无限制地增加 IP 地址数量、拥有巨大网址空间和卓越网络安全性能等特点的新一代互联网协议。

3.3.2 IP 地址的表示和分类

1. IP 地址的表示

网络协议 IP 是 TCP/IP 参考模型的网络层协议。TCP/IP 规定，IP 地址是一个 32 位二进制数的地址，由 4 个 8 位字段组成，每个字段之间用点号隔开。IP 地址可以用二进制表示，也可以用十进制表示。例如，11001010 01110111 00000010 11000111，用十进制可以转换为 202.119.2.199。一个 IP 地址由网络地址和主机地址两部分组成，如图 3-10 所示。网络地址用来标识互联网中一个特定的物理网络；主机地址用来标识某一个网络中的一台特定主机。整个 Internet 上的每个计算机都依靠各自唯一的 IP 地址来标识。

网络地址（网络标志）	主机地址（主机标志）

图 3-10　IP 地址的表示

2．IP 地址的分类

为了适应不同规模的网络需求，IP 协议将 IP 地址分为五类，分别以 A、B、C、D、E 来表示。如何识别一个 IP 地址的属性，只需从点分法的最左一个十进制数就可以判断其归属，如图 3-11 所示。例如，1～126 属于 A 类地址，128～191 属于 B 类地址，192～223 属于 C 类地址，224～239 属于 D 类地址，D 类地址为多播地址。除了以上 4 类地址外，还有 E 类地址，但暂未使用。

A类	0		网络号（7位）		主机号（24位）	
B类	1	0	网络号（14位）		主机号（16位）	
C类	1	1	0	网络号（21位）	主机号（8位）	
D类	1	1	1	0	组播地址	
E类	1	1	1	1	0	保留

图 3-11　IP 地址的分类示意图

3.3.3　公用地址和专用地址

在网络地址中，有专用 IP 地址和公用 IP 地址之分，下面分别来介绍这些术语。

1．公用 IP 地址

所谓"公用地址"就是大家都可以使用的地址，因为是大家都可以使用，为了避免同时使用而发生冲突，所以这类地址通常需要由专门的机构向申请用户统一提供。如果用户与 Internet 是直接（路由）连接的，则必须使用公用地址。如果用户与 Interne 是间接（代理的或转换的）连接的，则可以使用公用地址，也可以使用专用地址。如果 Intranet 没有以任何方式连接到 Internet，则可以使用任何单播 IPv4 地址。但是，如果 Intranet 曾直接连接到 Internet，则应当使用专用地址，以防止网络重新编号。

2．专用地址

在 IP 地址空间中，有一些 IP 地址被定义为专用地址，这样的地址不能分配给 Internet 的设备，只能在企业内部使用，因此也被称为私有地址，这些地址不会与公用地址空间重叠。RFC 1918 解释文档为专用地址空间定义了以下地址前缀。

（1）10.0.0.0/8（10.0.0.0，255.0.0.0）：允许 10.0.0.1 ～ 10.255.255.254 范围内的有效 IPv4 单播地址。地址前缀 10.0.0.0/8 有 24 个主机位，共有 2^{24} 个地址。

（2）172.16.0.0/12（172.16.0.0，255.240.0.0）：允许 172.16.0.1～172.31.255.254 范围内的有效 IPv4 单播地址。地址前缀 172.16.0.0/12 有 20 个主机位，在一个专用组织内，任何一种编址方案都可以使用这些主机位，共有 2^{20} 个地址。

（3）192.168.0.0/16（192.168.0.0，255.255.0.0）：允许 192.168.0.1～192.168.255.254 范围内的

有效 IPv4 单播地址。地址前缀 192.168.0.0/16 有 16 个主机位，在一个专用组织内，任何一种编址方案都可以使用这些主机位，共有 2^{16} 个地址。

> 除专用地址外，还有自动专用地址之说。在运行 Windows Server 2003 或 Windows XP 操作系统的计算机上配置一个接口，以便让该接口自动获取一个 IPv4 地址配置。如果计算机没有联系到动态主机配置协议（DHCP）服务器，则计算机会使用其备用配置，备用配置可以通过"Internet 协议（TCP/IP）"组件的属性对话框中的"备用配置"选项卡来指定。选中了"备用配置"选项卡上的"自动专用 IP 地址"选项时，如果找不到 DHCP 服务器，则 Windows 的 TCP/IP 组件就会使用自动专用 IP 地址（APIPA）。TCP/IP 组件从地址前缀 169.254.0.0/16 中随机选择一个 IPv4 地址，并分配一个子网掩码 255.255.0.0。ICANN 保留了此地址前缀，因而此地址前缀在 Internet 上是不可访问的。

3. 特殊 IP 地址

（1）组播地址。

在 IP 地址空间中，有的 IP 地址是不能给设备分配的，有的 IP 地址不能用在公网，有的 IP 地址只能在本机使用。

（2）受限广播地址。

IP 地址的二进制数全为 1，也即 255.255.255.255，则这个地址用于定义整个互联网。

（3）直接广播地址。

网络中最后一个地址为直接广播地址，也即主机号（HostID）全为 1 的地址。主机使用广播地址把一个 IP 数据报发送到本地网段的所有设备上，路由器会转发这种数据报到特定网络中的所有主机上。

（4）IP 地址是 0.0.0.0。

这个 IP 地址在 IP 数据报中只能用作源 IP 地址，这发生在当设备启动时但又不知道自己 IP 地址的情况下。该地址被称为未指定的 IPv4 地址，用来表示地址缺失。

（5）环回地址。

127 网段的所有地址都称为环回地址，主要用来测试网络协议是否工作正常。

3.3.4　IP 地址规划与配置

根据 IP 编制特点，为网络中所有参与通信的实体或者网络设备分配合适的 IP 地址，从而连接互联网。在网络中，由于 IP 地址资源紧张，为了避免不必要的浪费，引入了子网的概念，利用子网掩码将网络划分为一些子网段。下面介绍如何划分子网和设置子网掩码。

1. 子网配置

（1）子网划分。

子网可以按照场点和部门个数来划分，也可以按照每个场点或者部门最大的主机数划分。现实中，经常将两种方式结合使用。

子网划分采用从主机地址最高位借位的方式，从而变为子网地址，剩余的主机位数则仍是主机的地址位。子网地址在 IP 地址中的表示如图 3-12 所示。

| 网络地址（网络标志） | 子网地址 | 主机地址（主机标志） |

图 3-12　子网地址在 IP 地址中的表示

划分子网的具体步骤如下。

① 决定子网借用的主机位数，并确定子网掩码。

主机地址借位数：N。

主机地址借位后剩下的位数：M。

主机地址位数：$M+N$。

子网数：2^N。

子网所能容纳的主机数量：2^M-2。

根据子网数 2^N 来确定 M、N，从而确定子网中可以容纳的主机数量 2^M-2，然后确定子网掩码。

子网掩码的诞生是为了辨别出哪个网络是子网，从而让网络设备知道一个网络 IP 地址中，哪一部分是网络地址，哪一部分是子网地址。子网掩码的编制格式与 IP 地址一样，在子网掩码中，对应网络地址与子网的部分是 1，而对应于 IP 地址中的主机部分的子网掩码是 0。如果将子网掩码地址和 IP 地址作"与"运算，那么 IP 地址的主机部分将会丢弃，剩下的是网络地址和子网地址。

一般默认子网掩码：A 类子网掩码为 255.0.0.0；B 类子网掩码为 255.255.0.0；C 类子网掩码为 255.255.255.0。

子网掩码的格式：A 类子网掩码为 255.M.0.0；B 类子网掩码为 255.255.M.0；C 类子网掩码为 255.255.255.M。

② 确定所有子网的网络地址和直接广播地址。

③ 对每个子网列出其 IP 地址范围。

（2）子网划分与确定子网掩码实例。

如果分配给某一个网络 C 类地址 202.119.2.0，网络中总共有 200 台主机，划分为 4 个子网，如何对其进行子网划分？

划分为 4 个子网，2N = 4，要向主机位借位 N = 2 位，22 = 4；4 个子网中各 50 台主机。主机位数原来为 8 位，现在剩下 M = 8-2 = 6 位。主机最大容纳数 2M-2=26-2 = 64-2 = 62 > 50 台，由于一般一个网段中，第一个 IP 地址用来定义主机，最后一个地址用于广播，所以减去 2，所以可行。

根据上面的子网划分，可以确定子网 IP 地址的配置情况。具体参见表 3-1。

表 3-1　　　　　　　　　　　　　　　　子网 IP 地址配置表

子网	子网掩码	网络地址	主机 IP 地址范围
子网 1	00	00 000001～00 111110	202.119.2.0 ～ 202.119.2.62
子网 2	01	01 000001～01 111110	202.119.2.65 ～ 202.119.2.126
子网 3	10	10 000001～10 111110	202.119.2.129 ～ 202.119.2.190
子网 4	11	11 000001～11 111110	202.119.2.193 ～ 202.119.2.255

注：子网全为 0 的，用于定义本主机，子网全为 1 的用于广播。

2．IP 地址分配方式

网络 IP 地址分配方式有静态分配 IP 地址和动态分配 IP 地址。下面简单介绍 IP 地址的分配。

（1）静态分配 IP 地址。

静态分配 IP 地址是只给网络中的每台计算机分配一个固定公用的 IP 地址。采取静态分配 IP，网络中的 IP 地址可能不够分配。如果 IP 地址数量足够大，大于网络中计算机数量就可以使用，或者网络中存在特殊的路由器或者服务器时，也可以采用。

（2）动态分配 IP 地址。

如果网络中的有多台计算机不会同时上网，就可以动态分配 IP 地址。当然如果计算机数量太大，这种方式也有局限性。

（3）网络地址转换。

有一种情况需要特别注意，如果网络没有以任何方式连接到 Internet，则可以使用任何 IP 地址。但如果网络需要连接到 Internet，就应当使用公用地址或专用地址转换技术，以防止非法 IP 地址暴露在公网之上。

为了让使用专用 IP 地址的计算机能够访问 Internet，必须使用网络地址转换（NAT）和路由。NAT 能够把使用专用 IP 地址的客户端计算机连接到使用公共 IP 地址的 Internet。这需要有两个接口（或网络适配器）来隔离本地网络（使用专用 IP 地址）和 Internet（使用公共 IP 地址）。这两个接口是必需的，因为两个网络之间的请求必须通过路由器服务或设备进行传送。当路由器接收到请求时，它在两个接口之间转发这些请求。NAT 服务帮助把 IP 地址从源网络到目标网络转换成正确的合法地址。

在 IP 地址分配方式中，还有一种方式是代理服务器分配 IP 地址，请问使用代理服务器分配 IP 的原理是什么？上面所介绍的都是在公用 IP 地址中的分配方式，那么在专用 IP 地址中又是如何进行分配的？

3．IP 地址配置方法

IP 地址的获得可以通过手工配置 TCP/IP 选项或者使用动态主机配置协议（DHCP）自动获取。客户端还需要配置的项目包括子网掩码、网关地址、DNS 地址等。以 Windows 操作系统来看，Windows 为 TCP/IP 客户端提供了几种配置 IP 地址的方法，用于满足用户对网络的不同需求。具体采用哪种 IP 地址分配方式，可由网络管理员根据网络规模和网络应用等具体情况而定。

（1）手工分配。

手工设置 IP 地址是最常用的一种分配方式。在进行手工设置时，需要为网络中的每一台计算机分别设置 4 项 IP 地址信息（IP 地址、子网掩码、默认网关和 DNS 服务器地址）。在通常情况下，手工设置 IP 地址被用于设置网络服务器和计算机数量较少的小型网络。

手工设置的 IP 地址为静态 IP 地址，在没有重新配置之前，计算机将一直拥有该 IP 地址。因此，既可以据此访问网络内的某台计算机，也可以据此判断计算机是否已经开机并接入网络。不过，默认网关必须是计算机所在的网段中的 IP 地址，而不能填写其他网段中的 IP 地址。

（2）自动分配。

动态主机配置协议（Dynamic Host Configuration Protocol，DHCP）提供了自动的 TCP/IP 配置。DHCP 服务器为其客户端提供 IP 地址、子网掩码和默认网关地址等各种配置。网络中的计算机可以通过 DHCP 服务器自动获取 IP 地址信息。DHCP 服务器维护着一个容纳了许多 IP 地址的地址池。DHCP 是 Windows 默认采用的地址分配方式。

在默认情况下，Windows 操作系统使用 DHCP 请求来获得 IP 地址的分配。所以，如果选择 DHCP 来分配和管理 IP 地址，网络管理工作将会轻松很多，而且可以很方便地配置客户机，用户所要做的就是维护好一台 DHCP 服务器。

3.4　实践项目

3.4.1　项目任务介绍

该校园网络建设的需求明确之后,接下来要针对网络需求分析的情况来进行网络的逻辑设计,内容包括设计网络拓扑结构、规划网络域名空间和分配 IP 地址。

3.4.2　项目目的

通过实践项目,掌握网络的逻辑设计,学会网络拓扑结构的设计和网络 IP 地址的规划。

3.4.3　操作步骤

1.　网络拓扑结构的分析和规划

根据前面对该校所进行的需求分析和该校的实际情况,该校园网络拓扑结构采取分层的方式进行设计,从核心层、汇聚层和接入层角度来进行设计。该校园网以校园网络中心机房和图书馆的主机房作为两个中心节点,从而向外辐射连接,与校内的各个部门和单位等主要节点组成主干网络,而其他校区也作为主节点连接校区内的其他汇聚节点,然后与主校区的中心节点连接。

该校园网络主干网络的拓扑结构图如图 3-13 所示。

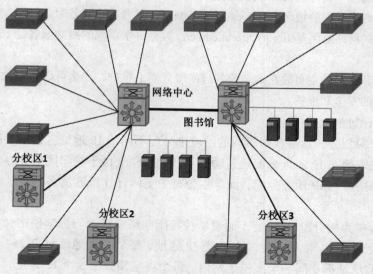

图 3-13　校园网络拓扑结构图

(1)接入层设计。

在各个办公楼和教学楼中,每层组建一个虚拟局域网,连接到一台二层交换机上,然后每幢教学楼再连接到汇聚层交换机上。

在学生寝室楼中，每一层也组建一个虚拟局域网，连接到一台二层交换机上，然后每幢寝室楼的局域网络再连接到汇聚层交换机上。

图书馆按照不同的电子阅览室组建虚拟局域网，然后向上连接到核心交换机上。

（2）汇聚层设计。

汇聚层按照教学楼、办公楼和学生寝室楼分布，为每一个虚拟局域网之间选择路由，使它们能够相互通信，以及在相互间设置访问控制。另外，汇聚层对所有虚拟局域网所使用的私有地址都能进行地址转换，使局域网中每台计算机都能将其内部私有地址转化为合法的 IP 地址，访问外部网络。

（3）核心层设计。

核心层位于学校网络中心机房，使用三层交换机将资源服务器、图书馆服务器以及其他各部门交换机聚合连接到网络中心。

2．网络域名分配

（1）首先申请域名。

该校园网络要向域名申请机构提出申请，在中国国内主要向中国教育与科研计算机网的网络中心申请，也可以向中国互联网络信息中心申请。此外，也有许多其他的域名申请机构。假设该校园网络向中国教育科研与计算机网的网络中心申请的域名为 hrbnu，则该网络的全名为 hrbnu.edu.cn。在此基础上设置 DNS 域名服务器的域名为 dns.hrbnu.edu.cn，电子邮箱服务器域名为 em.hrbnu.edu.cn，Web 信息浏览服务器域名为 www.hrbnu.edu.cn，文件传输服务器域名为 ftp.hrbnu.edu.cn，它们都分别对应相应的服务器主机的 IP 地址。

（2）校园网络管理中心分配域名。

如果各个学院、系部的主页由校园网络中心负责统一管理，那么学校各个二级学院、系部等部门的网络域名就由学校网络管理中心统一分配和提供。

例如，教育科学学院的域名为 educationalcollege，图书馆的域名为 library。

那么图书馆的网站域名是 library.hrbnu.edu.cn，教育科学学院的网站域名是 educationalcollege. hrbnu.edu.cn。

如果各学院和系部的主页放在本单位各自的服务器上维护，那么可以申请独立域名，但是要自行负责服务器的安全和维护。

3．网络 IP 地址的规划

首先进行子网划分，然后根据不同的网段来分配不同的 IP 地址。根据上网计算机数量的多少来确定是采取静态 IP 地址分配还是动态 IP 地址分配。由于校园网络各办公楼中计算机数量有限，所以采用静态 IP 地址分配，而学生公寓中上网计算机数量多，所以采用动态分配 IP 地址的方式。

以学生宿舍楼为例分配 IP 地址。假设学校校园网络管理中心为学校宿舍楼分配 IP 地址，每幢宿舍楼假设有 6 层，每层分配一个 C 类 IP 地址，每个 C 类地址对应 254 个连续可用的主机 IP 地址，这些地址都在同一个虚拟子网内。每个寝室预分配 5 个 IP 地址，每层楼不会超过50 个寝室，学生寝室子网掩码统一为 255.255.255.0。其起始 IP 地址的选择方法为以本宿舍楼的 IP 地址为基础，在其第 3 段加上本寝室所在的楼层号，第 4 段的计算方法是本寝室所在的房间号乘以 5。

例如，学生第 4 公寓的 IP 地址是 192.168.200.0，网关地址是 192.168.200.1，那么该公寓中 213 寝室的 IP 地址设置方法是 213 寝室的楼层 2，在 192.168.200.0 的第 3 段数字 200 上加 2，成为 192.168.202.0。然后再在 192.168.202.0 的第 4 段 0 上加 13 乘以 5，成为 192.168.202.65。因此寝室 213 的 IP 地址范围是 192.168.202.65～192.168.202.69。

第4章

网络物理布线工程设计

本章学习目标

（1）了解综合布线系统的含义和特点。

（2）掌握综合布线系统的系统构成。

（3）能够进行综合布线系统的规划和设计。

（4）了解网络中心机房的规划和设计。

本章项目任务

该校园网络的逻辑设计已经完成，接下来请根据校园网络的物理布局来为该校园网络设计适合的综合布线系统。

知识准备

计算机网络良好运行的基础是布线系统，而网络建设时的结构设计、工程质量、认证测试和良好的文档管理是保证网络健康的关键，可以说"健康的网络从布线开始"。因为物理网络的设计是网络工程的基础，它实际上也是网络综合布线系统的设计。综合布线涉及计算机技术、通信技术、控制技术和建筑技术等。本章将介绍综合布线系统的含义、特点以及设计实现的相关知识。

4.1 综合布线系统概述

4.1.1 综合布线系统及其特点

综合布线系统（Premises Distribution System，PDS）是一个模块化、灵活性极高的建筑物或建筑群内部的信息传输系统，被称为建筑物内的"信息高速公路"，它既能够保证语音、数据、图像、通信设备和交换设备与其他信息管理系统相互连接，也能保证这些设备与外部通信网络相连接。它包括建筑物连接到外部网络电信局线路上的接线点与工作区的语音数据终端之间的所有线缆及其相关联的布线部件。综合布线系统是一种集成化通用传输系统，它是集成化网络系统实现的基础。我们常说的智能大厦和智能化小区都是与综合布线系统紧密相连的。

目前网络工程中常用的布线方式包括有线通信线路布线和无线通信线路布线两种。有线通信线路布线是利用双绞线、同轴电缆、光纤来充当传输导体。而无线通信线路布线是利用卫星、微波和红外线来充当传输导体。综合布线系统由传输介质、线路管理硬件（如配线架、连接器、插座、插头、适配器）、传输子线路和电气保护设备等硬件组成。这些部件被用来构建各种子系统，它们都有各自的具体用途，不仅易于实施，而且能随通信需求的变化而平稳过渡到更先进的布线技术。

综合布线系统不同于传统的布线方式。在传统布线系统中，由于使用多个子系统独立布线，并采用不同的传输媒介，这就给建筑物从设计到今后的管理带来一系列的隐患。主要表现在以下方面。

（1）在线路路由上，各专业设计之间有过多的牵制，这使得设施管道的结构错综复杂，需要多次将图纸进行汇总才能定出一个有效的方案。

（2）在布线过程中，重复施工会造成材料和人员的浪费。

（3）各弱电系统相互独立、互不兼容，给用户带来极大的不便。

（4）设备的改变、移动都始终无法改变原有的布线，无法适应不同用户的需求，因此就要求用户对布线系统进行重新设计施工，结果造成不必要的浪费和损失。

传统的布线系统难于维护和管理，同时在扩展时容易给原建筑物的美观造成影响。因此，原有的布线方式不具备开放性、兼容性和灵活性。

传统布线系统与结构化综合布线系统的比较如下表 4-1 所示。

表 4-1　　　　　　　　传统布线系统与结构化综合布线系统的比较

项目	传统布线系统	结构化综合布线系统
传输介质	使用专用的电话线	使用双绞线传输
	计算机及网络使用同轴电缆	使用单一的传输介质
	计算机线与电话线不能互用	电话线与计算机线可互用
	计算机和电话插座不能互用	单一插座可接一部电话机和一个终端
不同系统的处理方式	线路无法共用也无法通用	从配线架到墙上插座完全统一，适合不同计算机主机和电话系统使用
	移动电话和计算机时必须重新布线	提供 IBM、DEC、HP 等系统以及以太网的连接
	计算机终端机、电话机和其他网络设备的插座不能互用	计算机终端机、电话机和其他网络设备的插座可互用且完全相同
	移动计算机设备、电话设备不方便	移动计算机设备、电话设备十分方便

概括起来，综合布线与传统的布线系统相比具有以下几个方面优点。

1. 结构清晰，便于管理维护

传统的布线方法是将各种不同介质和设施的布线分别进行设计和施工，造成了难以管理、布线成本高、功能不足和不适应发展需要的结果。结构化综合布线针对这些缺点采取了标准化的统一材料、统一设计、统一布线、统一安装施工，最终结构清晰，便于集中管理。结构化综合布线系统的所有布线部件均采用积木式的标准件和模块化设计。因此，部件方便更换，便于排除障碍，并且采用集中的管理方式，有利于分析、检查、测试和维修，有利于节约维护费用以及提高工作效率。

2．兼容性好，留有发展空间

传统的布线方式需要使用不同的电缆、电线、连接设备和其他器材，技术性能差别较大，难以彼此通用，相互不能兼容。综合布线系统具有综合所有系统且互相兼容的特点，采用光缆或高质量的布线部件和连接硬件，能够使不同生产厂家终端设备传输信号的需要得到满足。

3．灵活性高，适应性强

在传统的布线系统中，若要改变终端设备的位置和数量，需要敷设新的线缆和安装新的设备，并且在施工中还有可能发生传送信号中断或质量下降的情况，增加工程投资和施工时间。而综合布线系统中任何信息点都能与不同类型的终端设备进行连接，当设备数量和位置发生变化时，只需采用简单的插接工序即可，极其方便，灵活性高、适应性强，且节省工程投资。

4．投入低，可靠性高，便于扩充

综合布线系统采用冗余和星型结构的布线方式，各条线路各自独立，在改建或扩建时相互间不会产生影响，这样既提高了设备的工作能力又便于用户扩充。虽然综合布线所用线材比传统布线的线材稍贵些，但在统一布线的情况下，可统一安排线路走向，统一施工，这样就可以减少用料和施工费用。

5．技术先进，经济合理

综合布线系统各部分均采用高质量材料和标准化部件，并按照标准进行施工和进行严格检测，保证系统技术性能优良可靠，能够满足目前和今后的通信需要。总地来说，采用综合布线系统虽然初次投资较多，但从总体上看符合技术先进、经济合理的要求。

智能大厦也称为智能建筑物，它的实现是与综合布线系统密不可分的。综合布线系统可以满足智能大厦的各项综合服务，可以传输数字、语言、图像、文字等多种信号，并且支持各类设备的集成化信息传输系统，所以可以说，如果一座建筑物没有结构化的综合布线系统，就不能称其为智能大厦。

4.1.2 综合布线系统的构成

综合布线系统采用开放式的网络拓扑结构，能够支持语音、数据、图像、多媒体业务等信息的传递。通常一个完整的综合布线系统采用模块化和分层星型拓扑结构设计，由工作区子系统、配线子系统、干线子系统、建筑群子系统、设备间子系统和管理子系统等6个部分构成（如图4-1所示）。

工作区子系统：由配线子系统的信息插座模块（TO）延伸到终端设备处的连接线缆及适配器组成。一个独立的需要设置终端设备的区域适宜划分为一个工作区子系统。

配线子系统：由工作区的信息插座模块、信息插座模块至楼层配线设备（FD）的配线电缆或光缆、楼层配线设备及设备线缆和跳线等组成的系统。

干线子系统：由设备间至电信间的干线电缆和光缆、安装在设备间的建筑物配线设备（BD）及设备线缆和跳线组成的系统。

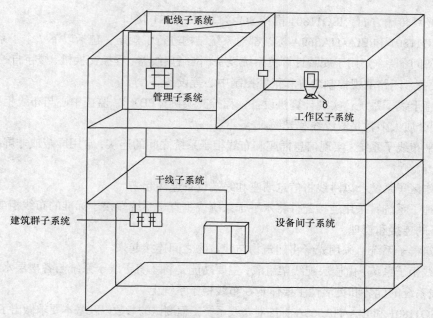

图 4-1　综合布线系统子系统构成

建筑群子系统：将一座建筑物中的线缆延伸到另一座建筑物的布线部分，由建筑群配线设备（CD）、建筑物之间的干线电缆或光缆、设备、线缆、跳线等组成。

设备间子系统：在每幢建筑物的适当地点进行网络管理和信息交换的场地就是设备间。设备建筑要安装建筑物配线设备。

进线间：建筑物外部通信和信息管线的入口部分，并可作为入口设施和建筑群配线设备的安装场地。

管理子系统：对工作区、电信间、设备间、进线间的配线设备、线缆、信息插座模块等设施按一定的模式进行标识和记录。

4.1.3　综合布线系统设计标准

对于布线系统的选择有两个常用标准：ISO11801 标准和 EIA/TIA568A 标准。ISO11801 标准是由国际标准化组织所颁布的布线系统国际标准，EIA/TIA568A 标准是由美国电子工业协会和电气工业协会颁布的布线系统国家标准。

这两个标准在规范布线系统设计原理方面是一致的，而在适用的范围和技术指标方面有所区别。总体来说，这两个标准规范了布线系统设计的 4 个方面要求。

（1）系统设计时所选择的传输介质需符合标准规定，而两个标准对传输介质的适用范围有所区别。ISO11801 标准适用于屏蔽系统和非屏蔽系统，还适用于光纤布线系统，而 EIA/TIA568A 标准却只适用于非屏蔽系统和光纤布线系统。

（2）系统的端接配件与所选择的传输介质必须匹配，同时接口必须一致。ISO11801 标准和 EIA/TIA-568A 标准有如下区别。

① ISO11801 标准规定了 3 类双绞线不能与类型不相符的端接设备相连接，以免造成阻抗不匹配。

② ISO11801 标准强调了屏蔽系统的优点而 EIA/TIA568A 标准则没有强调。

③ 在光纤传输方面，ISO11801 推荐 SC 接口优先于 ST 接口。

（3）ISO11801 和 EIA/TIA568A 标准都对系统结构进行了规定，包括以下 7 个子系统。

① 设备间子系统：用于安装计算机系统设备、网络集线器、程控交换机、楼宇自控中心设备、音响输出设备、闭路电视控制装置和报警控制中心等设备。

② 垂直干线子系统：实现计算机设备、程控交换机（PBX）、监控中心与布线柜子系统间的连接，常用介质大多数是双绞线和光缆。

③ 水平布线子系统：实现信息插座和布线柜子系统之间的连接，常用屏蔽或非屏蔽 8 芯双绞线来实现。

④ 工作区子系统：以跳线将信息墙座和终端设备连接起来。

⑤ 管理子系统：采用连接配件将水平子系统或垂直子系统端接于标准的布线柜或布线架上，实现与设备的连接和管理。

⑥ 建筑群子系统：采用光纤将建筑物与建筑物之间连接起来。

⑦ 布线柜子系统：由楼层配线架组成，主要功能是将垂直干线子系统与各楼层水平子系统相连接，布线系统的优势和灵活性主要体现在布线柜子系统上。

（4）ISO11801 和 EIA/TIA568A 标准对布线系统工程测试的参数以及基本要求做出了规定，但针对双绞线测试的具体参数，两个标准有着较大的差别，并且这些差别对布线系统工程有重要影响。

4.1.4 综合布线系统的设计等级

综合布线工程设计需要根据实际需要，选择适当的配置来进行综合布线。一般包含 3 种布线系统等级：基本型、增强型和综合型。这 3 种等级的综合布线系统都支持语音、数据服务，能够随着工程的需要转向更高功能的类型。可以从增强型升迁为综合性，也可以从基本型升迁为综合性。它们主要区别是支持语音和数据服务的方式不同、移动和重新布局时实施链路管理的灵活性不同。

1. 基本型

基本型综合布线系统适用于综合布线系统中配置标准较低的场合，用铜芯电缆组网。

基本型综合布线系统的基本配置如下。

（1）每个工作区有一个信息插座。

（2）每个工作区的配线电缆为 4 对双绞线，引至楼层配线架。

（3）完全采用夹接式交接硬件。

（4）每个工作区的干线电缆（即楼层配线架至设备间总配线架电线）按照 24 个信息插座配置至少 2 对双绞线进行布线。

基本型综合布线系统的基本特点如下。

（1）能支持所有语音和数据的应用，是一种富有价格竞争力的综合布线方案。

（2）应用于语音、语音/数据或高速数据。

（3）便于技术人员管理。

（4）采用气体放电管式过压保护和能够自恢复的过流保护。

（5）能支持多种计算机系统数据的传输。

2. 增强型

增强型综合布线系统适用于综合布线系统中中等配置标准的场合，使用铜芯电缆组网。

增强型综合布线系统基本配置如下。

（1）每个工作区有两个或两个以上信息插座。

（2）每个工作区的配线电缆为两条独立的 4 对双绞线，引至楼层配线架。

（3）采用夹接式（110A 系列）或接插式（110P 系列）交接硬件。

（4）每个工作区的干线电缆（即楼层配线架至设备间总配线架）至少有 3 对双绞线。

增强型综合布线系统不仅具有增强功能，而且还可提供发展余地。它支持语音和数据应用，并可按需要利用端子板进行管理。

增强型综合布线系统具有以下特点。

（1）每个工作区有两个信息插座，不仅机动灵活，而且功能齐全。

（2）任何一个信息插座都可提供语音和高速数据应用。

（3）可统一色标，按需要可利用端子板进行管理。

（4）是一种能为多个数据设备创造部门环境服务的经济有效的综合布线方案。

（5）采用气体放电管式过压保护和能够自恢复的过流保护。

3．综合型

综合型布线系统适用于综合布线系统中配置标准较高的场合，用光缆和铜芯电缆混合组网。

综合型布线系统的基本配置如下。

（1）在基本型和增强型综合布线系统的基础上增设光缆系统。

（2）在每个基本型工作区的干线电缆中至少有 2 对双绞线。

（3）在每个增强型工作区的干线电缆中至少有 3 对双绞线。

综合型布线系统的主要特点是引入光缆，能适用于规模较大的智能大厦，其余与基本型和增强型相同。

4.1.5　综合布线系统的设计流程

在进行综合布线系统设计之前，设计人员应该对网络工程的需求进行详细的分析。明确用户所需的服务器数量以及安装的具体位置，明确网络操作系统以及所选择的网络数据库管理软件，了解网络布线的范围和空间布局，也要知道网络的拓扑结构、网络服务范围和通信类型等。然后才开始进行综合布线系统设计。在进行具体布线设计时，要做好以下工作。

（1）了解和掌握建筑物或建筑群内用户的通信需求。

（2）了解和掌握物业管理用户对弱电系统设备布线的要求。

（3）了解弱电系统布线时的水平与垂直通道、各设备机房位置等建筑环境。

（4）根据以上分析决定适合本建筑物或建筑群的设计方案和介质及相关连接硬件。

（5）设计建筑物或建筑群中各个层面的平面布置图和系统图。

（6）根据所设计的布线系统列出需要的材料清单。

4.1.6　综合布线系统的设计原则

1．实用性和灵活性

结构化布线系统设计的实用性表现在不仅能够适应现今技术的发展，还要能够适应将来的技术发展，并且能够实现数据、语音、图像的传输。

布线系统的设计要能够达到灵活应用的要求，即任一信息点均能够连接不同类型的设备，如计算机、打印机、终端或电话、传真机等；计算机网络应能够随意划分网段，并且能够动态分配网络内部资源。

2. 模块化和扩充性

设计布线系统时，除敷设在建筑内的线缆以外，其余所有的接插件都应是积木式的标准件，方便管理和使用。

布线系统的设计需要具有可扩充性，以便将来有更大的发展时，可以很容易将设备扩充进去，使系统具有良好的可升级性。

3. 经济性和先进性

布线系统在满足应用要求的基础上，要能够降低造价。要尽量能够根据用户的需求，制订出多个方案进行对比，最终采用性价比最合理的方案。

要尽量采用国际上比较先进成熟的技术，将系统的设计建立在一个高起点上，系统只有采用具有国际先进水平的体系结构和选用设备，才能够具有发展潜力和上升趋势。

4. 开放性和高速性

布线系统要能够使网络中心机房通过网络获得更多的信息，保证系统能够与国内、国外网络畅通互连。选用的软、硬件平台，应具有一定开放性和通用性，并且能够与当今大多数主流软、硬件系统相互兼容，实现跨平台操作。

布线系统要能够处理和传输多媒体信息，采取 6 类双绞线或光缆组成网络，尽量提高网络的吞吐量。同时，应采用 Client/Server 结构模式，以减轻网络通信资源的开销。

5. 可靠性和安全性

布线系统要具有足够的可靠性，冗余、后援存储能力和容错能力。要保证系统具有一定的故障分析和排除能力，这样才能够保证系统长期稳定的运行。

布线系统要具有牢靠的安全防范措施，保证计算机网络能通过防火墙有效地阻止非授权人员的访问，并能抵抗病毒的攻击。

4.2 综合布线系统的设计

我国根据上述原则，将结构化综合布线系统划分为 6 个子系统，分别是工作区子系统、配线子系统、干线子系统、设备间子系统、管理子系统和建筑群子系统（如图 4-1 所示）。接下来介绍这 6 个子系统及其设计。

4.2.1 工作区子系统设计

在综合布线中，有一个相对独立的、需要设置终端设备的区域，该区域被称为工作区。工作区应由配线（水平）布线系统的信息插座（TO）延伸到工作区终端设备处的连接电缆以及适配器组成，如图 4-2 所示。

1. 工作区子系统设计思路

（1）工作区的服务面积在 5～10m²，依此进行估算。

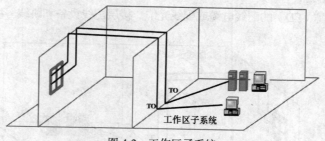

图 4-2　工作区子系统

（2）明确工作区子系统的规模性，即确定在系统中需要多少个信息插座，同时还要为将来的扩充留有一定的余地。

（3）系统中信息插座应具有开放性，而与应用无关。

（4）工作区子系统的信息插座必须符合相关标准。

（5）工作区子系统的布线长度有一定的要求并且要选用符合要求的适配器。

2．工作区子系统设计步骤

（1）确定设计等级。工作区信息点的数量，主要涉及综合布线的设计等级问题。在定位之前，必须分析系统目前与未来的需求。

（2）确定工作区的大小。根据建筑平面图估算出每个楼层的工作区面积，然后把所有楼层的工作区面积相加得出整个建筑的工作区面积。

（3）确定信息插座的数量。

（4）确定信息插座的类型。用户可以根据实际需要选用不同插座安装方式。通常情况下，新建筑物采用嵌入式信息插座，现有的建筑物则采用表面安装式信息插座。

（5）确定相应连接件的数量。连接件主要包括墙盒、面板和盖板。在基本型配置中，每个信息插座配置一个墙盒或地盒、一个面板、一个半盖板。在增强型和综合型配置中，每两个信息插座共用一个墙盒或地盒、一个面板。

3．工作区适配器的选用

工作区适配器的选用应该符合以下规定。

（1）连接插座应与连接电缆的插头匹配，不同的插座与插头间应加适配器。

（2）在单一信息插座上进行两项服务时，应用"Y"型适配器。

（3）当开通 ISDN 业务时，应采用网络终端或终端适配器。

（4）在连接使用不同信号的数/模转换或数据速率转换等相应的装置时，宜采用适配器。

（5）针对不同网络规程的兼容性，可采用协议转换适配器。

（6）各种不同的终端设备或适配器的安装应在信息插座之外的工作区的适当位置。

4．工作区子系统的设计要求

（1）从 RJ-45 插座到设备间的连线所用的双绞线，一般不要超过 5m。

（2）RJ-45 插座应安装在墙壁上或不易碰到的地方，插座距离地面应在 30cm 以上。

（3）插座和插头（与双绞线）不要接错。

4.2.2　配线子系统设计

配线子系统又称为水平子系统，它是整个布线系统的一部分，主要由工作区的信息插座、信息插座至楼层配线设备（FD）的配线电缆或配线光缆、楼层配线设备和跳线等组成，如图 4-3 所示。

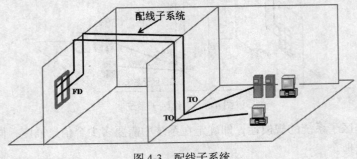

图 4-3　配线子系统

1．配线子系统设计思路

从用户工作区的信息插座开始，水平布线系统在交叉处相连接，或在小型通信系统中的任何一处进行互连，如远程（卫星）通信接线间、干线接线间或设备间。在设备间中，当终端设备位于同一楼层时，水平干线子系统将在干线接线间或远程（卫星）通信接线间的交叉连接处相连接。在水平干线子系统的设计中，综合布线的设计者必须具有较全面的通信介质设施方面的知识，用以向用户提供完善而又经济的设计。

2．配线子系统设计步骤

（1）根据建筑物的结构及用途等确定布线路由，确定配线子系统路由的设计方案。对新建的综合布线系统工程设计进行研究，在施工设计图完成以后，按照施工图设计配线子系统的走线方案。档次高的建筑物一般都有吊顶，水平走线可在吊顶内进行。对于一般的建筑物，配线子系统采用地板管道布线的方法布线。

（2）确定信息插座的数量和类型。

信息插座数量和类型的确定在介绍工作区子系统设计时已经介绍过，在此不再重复。

（3）确定水平线缆的类型。

综合布线的设计原则是向用户提供能够支持语音和数据传输的通道。按照配线子系统对线缆及长度的要求，在水平区段楼层交接间处到工作区的信息插座之间，应优先选择 4 对双绞线电缆。电缆类型的选择由布线环境决定，根据现场对电磁兼容性的要求，选用屏蔽电缆或非屏蔽电缆，并且分别有阻燃、非阻燃类的实心和非实心电缆。

（4）确定水平线缆的长度。

3．配线子系统的设计要求

（1）配线子系统一般使用双绞线。

（2）长度一般应不超过 90m。

（3）用线必须走线槽或在天花板吊顶内布线，尽量不走地面的线槽。

（4）用 3 类双绞线的传输速率为 16Mbit/s，用 5 类双绞线可传输速率为 100Mbit/s。

（5）确定布线方法和线缆的走向。

（6）确定与服务接线间距离最近的 I/O 位置。

（7）确定与服务接线间距离最远的 I/O 位置。

（8）计算水平区所需线缆的长度。

4.2.3　垂直子系统的设计

垂直子系统又称为垂直干线子系统。垂直子系统由设备间的建筑物配线设备（BD）和跳线以及设备间至各楼层交接间的干线电缆组成，如图 4-4 所示。

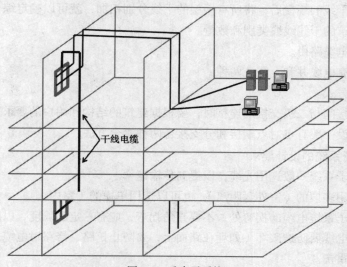

干线电缆

图 4-4　垂直子系统

1．垂直子系统设计思想

（1）在确定垂直干线子系统所需的电缆总对数前，必须先确定电缆中语音和数据信号共享的原则。

（2）垂直干线子系统应选择干线电缆较短、安全和经济的路由。

（3）垂直干线电缆可采用点对点端接，也可采用分支递减端接。点对点端接是最简单、最直接的接合方法，大楼配线间的每根干线电缆可直接延伸到指定的楼层和交接间。分支递减端接是指用一根干线电缆来支持若干交接间或若干楼层的通信容量，经过电缆接头保护箱分出若干小电缆，将它们分别延伸到每个交接间或每个楼层，并端接于目的地处的连接硬件。

（4）在设备间与计算机机房和交换机机房处于不同地点的情况下，需要将语音电缆连接至交换机机房，数据电缆连接至计算机机房，并且应在设计中选取不同的干线电缆或干线电缆的不同部分来分别满足语音和数据传输的需要。必要时，可采用光缆系统。

（5）综合布线垂直干线子系统布线的最大距离有如下要求：从楼层配线架到大楼配线架之间的最大距离不能超过 500m，从楼层配线架到建筑群配线架之间的最大距离不能超过 2 000 m。

（6）垂直干线子系统的拓扑结构采用星型拓扑结构。

2．干线子系统的设计步骤

（1）确定垂直干线子系统规模。

确定垂直干线子系统的规模，主要是根据所要服务的可用楼层空间来确定干线通道和交接间的数目。如果给定楼层所要服务的所有终端设备都在交接间 75m 的范围之内，则采用单干线接线系统。否则采用双通道干线子系统，或经分支电缆与楼层交接间相连接的二级交接间。

（2）确定每层楼的干线。

根据配线子系统所有的语音、数据和图像等信息插座需求以及交接间线缆集合方式，确定每层楼的干线线缆的类型和数量。对于基本型，每个工作区可选定 2 对双绞线缆；对于增强型，每个工作区可选定 3 对双绞线线缆和 0.2 芯光缆；对于综合型，每个工作区可选定 4 对双绞线线缆和 0.2 芯光缆。当用途不明确时，应按 4 对线模块化系数来规划干线的规模。在每个工作区内，光纤增强型和综合型可按 0.2 芯计算。

（3）确定整座建筑的干线。

在确定各楼层干线的规模后，将所有楼层的干线分别相加，就可以确定综合布线系统工程的设计，明确整座建筑的干线线缆类别和数量。

（4）确定干线电缆路由。

干线电缆路由有电缆井和电缆孔两种。

（5）确定接合方式。

在确定楼层交接间与二级交接间连接时，要根据建筑的结构和用户的要求来选择适宜的接合方法。干线电缆敷设一般有点对点端接和分支接合两种接合方法。

3．垂直干线子系统的设计要求

（1）垂直干线子系统一般选用光缆，以提高传输速率。

（2）光缆可选用多模的（室外远距离），也可以选用单模的（室内）。

（3）垂直干线子系统电缆的拐弯处，不要直角拐弯，应有一定的弧度，以防光缆受损。

（4）垂直干线电缆要防遭破坏（如埋在路面上，要防止挖路、修路对电缆造成危害）。

（5）电缆要防雷击。

（6）确定每层楼的干线要求和防雷电的设施。

（7）要配备满足整栋大楼干线要求和防雷击的设施。

4.2.4　设备间子系统的设计

设备间子系统又称为设备子系统。设备间是指可以对每一幢大楼的适当地点设置电信设备和计算机网络设备以及建筑物配线设备，从而进行网络管理的场所，如图 4-5 所示。

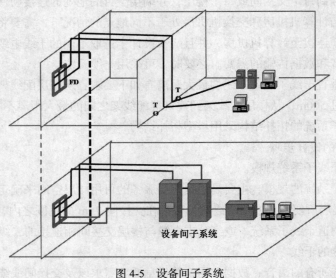

图 4-5　设备间子系统

1．设备间子系统设计思路

（1）应用色标来区别设备间内所有总配线设备中的各类用途的配线区。

（2）设备间的位置及大小应根据设备数量、规模、最佳网络中心等因素进行综合考虑确定。

（3）建筑物的综合布线系统与外部通信网连接时，应遵循相应的接口标准，预留出安装相应接入设备的位置。

（4）设备间主要用于安装总配线设备、电话、计算机等各种主机设备及其进线，保安设备不属于综合布线设计的范围，但可将其合装在一起。当分别设置时，考虑到设备电缆长度的限制，安装总配线架的设备间与安装程控交换机及计算机主机的设备间的距离不宜太远。

2．设备间的位置确定

确定设备间的位置时应遵循以下要求。

（1）应设置在低层且靠近服务电梯的位置，以便装运笨重设备。

（2）尽量位于干线综合体的中间位置，以使干线路由最短，并使其尽可能靠近建筑物电缆引入区和网络接口。

（3）选择环境好、安全、易于维护的地方，尽量远离强振动源和噪声源，避开强电磁场的干扰，远离有害气体源以及腐蚀、易燃、易爆物。

3．设备间子系统的设计步骤

（1）选择和确定主布线场的硬件规模。

主布线场是用来端接来自电话局和公用系统设备、建筑主干线子系统和建筑群子系统的线路。对于规模较小的交连场安装时，只要把不同颜色场一个挨一个地安装在一起即可。对于较大的交连场，可以把一个颜色的场一分为二，布在另一个颜色的场的两边。但即使采用了这种方法，有时一个更大的场线路也无法进行管理，这时就需要进行设备间的中继场/辅助场设计。

（2）选择和确定中继场/辅助场。

为了便于线路管理和未来的扩充，应认真考虑安排设备间的中继场/辅助场的位置。在设计交连场时，其间应留出一定的空间，以便容纳未来的交连硬件。根据用户需求，要在相邻的墙面上安装中继场/辅助场。中继场/辅助场规模的设计，应根据用户从电信局的进线对数和数据网络类型的具体情况而定。

（3）确定设备间各硬件的安置地点。

4．设备间系统的设计要求

（1）设备间要有足够的空间来保障设备的存放。

（2）设备间要有良好的工作环境（温度、湿度）。

（3）设备间应按机房建设标准设计。

4.2.5　管理子系统的设计

管理子系统是对设备间、交接间和工作区的配线设备、线缆、信息插座等设施，按一定的模式进行标识和记录的系统，如图 4-6 所示。管理子系统具有连接水平—主干、连接主干布线系统和连接楼设备三大应用，它的系统设计包括管理交接方案、管理连接硬件和管理标记。

1．管理子系统的设计思路

（1）一般情况下，管理子系统宜采用单点管理双交连，交连场的结构取决于工作区、综合布线系统的规模和所选用的硬件。在管理规模大、较复杂、有二级交接间的管理点时，才设置双点管理双交连。在管理点，宜根据应用环境用标记插入条来标出各个端接场。

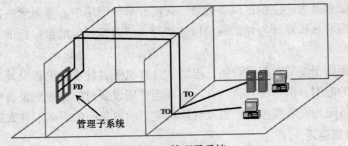

图 4-6　管理子系统

（2）交接区应有良好的标记系统，如建筑物名称、建筑物位置、区号、起始点和功能等标记。

（3）设备间、交换间的配线设备宜采用统一的色标来区别各类用途的配线区。

2．管理子系统的色场管理

在每个管理区中，实现线路管理的方法是采用色标标记，即在配线架上，将来自不同方向或具有不同应用功能的设备的线路集中布放并规定不同颜色，标记不同颜色的区域称为色标场。设备间、配线间、二级交接间常用的色标规定如下。

（1）设备间。

绿色：用于标记网络接口的进线侧，即来自电信局的输入中继线或网络接口的设备侧。

紫色：用于标记来自系统公用设备（交换机或网络设备）的连接线。

黄色：用于标记交换机和其他各种引出线。

白色：用于标记干线电缆和建筑群电缆。

蓝色：用于标记从设备间至工作区或用户终端的连接。

橙色：用于标记网络接口或多路复用器引来的线路。

灰色：用于标记端接连接干线到计算机机房或其他设备间的电缆。

棕色：用于标记建筑群干线电缆。

（2）配线间。

白色：用于标记来自设备间的干线电缆端接点。

蓝色：用于标记连接配线间到工作区的线路。

灰色：用于标记至二级交接间的连接电缆。

橙色：用于标记来自配线间的多路复用器的输出线路。

紫色：用于标记来自系统公用设备如分组交换型集线器的线路。

（3）二级交接间。

白色：用于标记来自设备间的干线电缆的点对点端接。

蓝色：用于标记连接配线间输入/输出服务的站线路。

灰色：用于标记来自配线间的连接电缆端接。

橙色：用于标记来自配线间的多路复用器的输出线路。

紫色：用于标记来自系统公用设备如分组交换型集线器的线路。

3．管理子系统的设计步骤

（1）根据客户需求和实际的情况决定线路模块化系数。基本型综合布线系统设计应采用 2 对线，增强型采用 3 对线。

（2）确定语音和数据线路要端接的电缆线总对数。

（3）根据系统的具体情况决定采用何种交接硬件。

（4）确定管理接线间需交接硬件的墙面位置，并且画出详细的墙面结构图。

（5）绘制出整个布线系统以及所有子系统的详细施工图。

（6）做出综合布线系统插入标记。

4．管理子系统的设计要求

（1）配线架的配线对数可由管理的信息点数决定。

（2）利用配线架的跳线功能，可使布线系统灵活、具有多功能。

（3）配线架一般由光配线盒和铜配线架组成。

（4）管理间子系统应有足够的空间放置配线架和网络设备（Hub、交换器等）。

（5）有 Hub、交换器的地方要配有专用稳压电源。

（6）保持一定的温度和湿度，保养好设备。

4.2.6　建筑群子系统设计

建筑群子系统由连接各建筑物间的综合布线线缆、建筑群配线设备（CD）和跳线等组成，如图 4-7 所示。

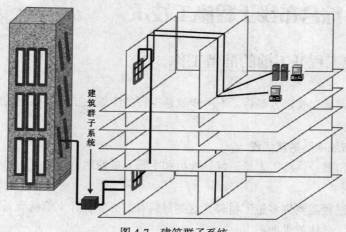

图 4-7　建筑群子系统

1．建筑群子系统的设计思路

（1）建筑物之间的线缆应采用地下管道或电缆沟的敷设方式，而且要符合相关规范的规定。

（2）建筑群干线电缆、光缆以及公用网和专用网电缆、光缆进入建筑物时，都应设置引入设备，并在适当位置终端转换为室内电缆、光缆。引入的设备还应包括必要的保护装置，安装应符合相关规定。

（3）建筑群或建筑物的干线电缆、主干光缆布线的交接次数不应多于两次。从楼层配线架到建筑群配线架之间只应通过一个建筑群配线架。

2．建筑群子系统的设计步骤

（1）了解敷设现场的特点。设计前应收集或绘制整个建筑群的总平面布置图，从而确定整个工地的大小、地界和建筑物的数量。

（2）确定线缆系统的一般参数。在总平面图上确定好起点位置、端接点位置、每个端接点所需的线缆对数和所涉及的建筑物楼层数及面积。

（3）确定建筑物的线缆入口。对于现有建筑应实地查清各个入口管道的位置和数量，对于未建起来的建筑，应根据选定的线缆布线路程标出入口管道的位置，选定入口管道的规格、长度和材料。

（4）确定明显障碍物的位置。包括土壤类型、线缆的布线方法、地下公用设施的位置和线缆路由中沿线各个障碍物的位置或地理条件。

（5）确定主线缆路由和备用线缆路由。

（6）选择所需线缆的类型和线规。包括电缆长度、最终的线路结构图，在平面上标出所定路由的位置。

（7）确定每种选择方案的劳务费用。包括劳务成本和电缆总成本。

（8）选择最经济、最实用的设计方案。在比较各种方案的总成本之后，从中选择出成本较低的最优方案。

传统的布线系统目前在我国部分建筑中还依然存在，错综复杂的布线系统无法适应新技术的发展要求。未来的发展需要我们不断寻求更合理、更优化、弹性强、稳定性和扩展性好的布线技术，只有这样才能够满足当前及未来的要求。

4.3 综合布线工程施工技术

4.3.1 布线工程开工前的准备工作

网络工程经过调研、确定方案后，下一步就是工程的实施。工程实施前的准备工作包括以下几点。

1．设计综合布线实际的施工图

确定布线走向位置，供施工人员、督导人员和主管人员使用。

2．备料

网络工程施工过程需要许多施工材料，这些材料有的必须在开工前就准备好，有的可以在开工过程中进行备料。具体要求如下。

（1）光缆、双绞线、插座、信息模块、服务器、稳压电源、集线器等落实购货厂商，并确定提货日期。

（2）不同规格的塑料槽板、PVC防火管、蛇皮管、自攻螺丝等布线用料就位。

（3）如果集线器是集中供电，则准备好导线、铁管和制定好电器设备等安全措施（供电线路必须按民用建筑标准规范进行）。

（4）制订施工进度表（要留有适当的余地，施工过程中意想不到的事情随时可能发生，并要求立即协调）。

3．工程实施

工程单位批准，并派专人配合施工后，工程即可开始实施。

4.3.2   施工过程中的注意事项

施工过程中的注意事项如下。

（1）施工现场督导人员要认真负责，及时处理施工进程中出现的各种情况，协调处理各方意见。

（2）如果工程施工遇到不可预见的问题，应及时向工程单位汇报，并提出解决办法供客户单位当场研究解决，以免影响工程进度。

（3）对工程单位计划不周的问题，要及时妥善解决。

（4）对工程单位新增加的点要及时在施工图中反映出来。

（5）对部分场地或工段及时进行阶段性检查验收，确保工程质量。

（6）检查施工进度是否与工程进度表一致，相差太远应及时调整施工进度（指工程未能按时按量完成）。

在制订工程进度表时，要留有余地，还要考虑其他工程施工时可能对本工程带来的影响，避免出现不能按时完工、交工的问题。

4.3.3   工程测试

综合布线完成后要进行的下一步工作就是测试。测试的目的是检测整个线路是否正常，为整个联调（路由器、交换机、服务器、工作站等）做准备，所要测试的内容如下。

（1）工作间到设备间的连通状况。

（2）主干线的连通状况。

（3）信息传输速率、衰减率、距离接线图、近端串扰。

4.3.4   工程施工结束时的注意事项

工程施工结束后，不可以一走了之，要负责始终。注意事项如下。

（1）清理现场，保持现场清洁、美观。

（2）对墙洞、竖井等交接处要进行修补。

（3）将各种剩余材料汇总，并把剩余材料集中放置，登记其还可使用的数量。

（4）总结文档。包括开工报告、布线工程图、施工过程报告、线路测试报告、使用材料报告和信息点位置图。

4.4   综合布线系统的测试

整个布线系统的测试工作直接关系到日后网络的应用。有关资料显示，90%以上的网络故障来自布线，在建设一个网络时，应该对施工后的布线进行测试和认证。布线系统测试的最终目的是要通过先进的手段来认证布线系统是否全部能达到标准的要求。当某个线路因为有故障而不能达到标准时，需要能进行有效的故障分析，迅速地定位故障。

4.4.1　对测试环境的要求

测试现场应满足的条件有：无强磁场干扰，被测试系统须是无源网络，测试时应断开与之相连的有源、无源通信设备，测试现场的温度在 20～30℃，湿度在 30%～85%RH，当测试环境温度超出上述范围时，应对测试仪中的标准参数进行修正。

4.4.2　主要测试参数及常见故障分析

为保证布线工程质量，需要对布线工程进行认证测试。测试需按照国家制定的相应标准对链路的物理性能进行检测。一般要进行衰减（Attenuation）、近端串扰（NEXT）、回波损耗（Return Loss）、衰减对串扰比（Attenuation Crosstalk Rate，ACR）、线图（Wire Map）、电缆长度（Length）等项目的测试。常见的故障分析如下。

（1）线图故障：主要表现为线对的反接、错对、串绕。反接和错对在测试中一般很容易被测试出来，测试技术也比较简单。而线对的串绕是一般的测试所不能发现的，因为线对没有保证 T568A 或 T568B 实现 12、36、54、78 线对的双绞，造成线对之间的串扰过大，使网络性能下降或造成设备死锁。

（2）电缆接线图故障：主要表现为实际中电缆开路、短路等。线缆在开路、短路点的阻抗变化较大，会对测试信号引起不同的变化。

（3）电缆长度故障：实际长度过长、设备连线及跨接线的总长过长，或实际的绞线过长。每一个链路长度都应在管理系统中记录。

（4）近端串扰故障：是因为近端连接点出现故障，或是远端连接点短路、串对、链路线缆和接插件性能出现问题而造成的。近端的串扰大多发生在信号源附近。

（5）衰减较大故障：主要是长度过长、温度过高、连线点不好等问题，也可能是线缆端接质量问题。

（6）标签错误：综合布线系统信息端口、各配线区内双绞线与配线连接硬件交接处应标有清晰、永久性的编号，这对今后的使用和维护很重要。这类错误主要是标签编号不正确、不规范，或标签的介质不防水、不防撕、不防火、不防霉。

4.4.3　传输线缆的测试方法

目前常用的线缆有铜缆和光缆。铜缆和光缆线路的质量将直接影响到整个布线系统的质量。在测试铜缆时，将测试仪表的始端线接在工作区的信息端口，而末端线接在楼层配线架上，被测对象为信息口到配线架的水平连接。将 DSP-4000 的测试端接在配线架的信息端口上，另一端接在工作区的信息端口，如果铜缆的性能指标有一个不符合标准，则该铜缆测试不合格。

光缆及其系统的基本测试方法大体上都是一样的。进行测试前对光缆连接器插头、插座进行洁净处理，测试仪设置衰减量阈值；将测试仪接在光缆布线线路的两端，操作测试仪在 850～1 300nm 波长下进行双向衰减测试；在两个波长下不同方向的线路衰减测试中，若有一个参数不合格，即可认为光缆线路不合格。对光缆线路长度测试中，如有断点，可以根据 TDX 数字测试技术实现对布线故障时域分析，并指示端点的位置。

4.5　网络中心机房的设计

在网络建设中，网络机房是非常重要的部分。网络机房的规划和实施是集建筑、电气、网络等多种专业技术于一体的，必须从使用、系统管理和维护、设备安全和防范等多个方面考虑。

4.5.1　网络机房及其功能

网络机房也称为网络中心机房，通常是指在一个物理空间内实现对数据信息的集中处理、存储、传输、交换、管理，而计算机设备、服务器设备、网络设备、通信设备、存储设备等通常被认为是数据中心的关键设备（图 4-8 所示是网络中心机房的整体概况图）。随着计算机技术的发展和广泛应用，如何确保计算机设备的正常运行，怎样给计算机网络操作人员提供良好的工作环境，都变得越来越重要。计算机设备不同于其他的机器设备，不同计算机系统运行的环境要求也不相同。网络机房环境除了必须满足计算机设备的温度、湿度和空气洁净度，供电电源质量、接地和电磁场等技术要求之外，还必须满足一定的照明度、空气新鲜度和流动速度以及噪声要求。此外，机房的安全性和保密性也很重要。

图 4-8　网络机房整体概况

网络机房只有满足计算机系统和工作人员对湿度、温度、洁净度、风速度、噪声、振动、照明、电源质量、电磁场强度、防火、防雷、防盗、接地、屏蔽等的要求，才能使计算机系统可靠稳定地运行。因此，必须为计算机系统寻求和建立能够充分发挥其功能、延长机器寿命，以及确保工作人员的身心健康，并满足其各项要求的合适的场地，即网络机房。所以要求网络机房具有以下功能。

（1）为工作人员提供统一的操作维护平台。

（2）对建筑内所有智能化相关硬件设备进行监控。

（3）统一供给管理中心服务器、监视器及其他各个子系统相关的硬件设备所需的电源。

（4）对各信号进行切换、处理及备份。

（5）输出各类控制信号。

（6）接收各类信号并显示和处理。

（7）内部通信联络。

在网络建设中，网络机房和计算机机房经常被混淆。网络机房又称为中心机房，它是集建筑、电气、网络等多种专业技术于一体的，必须从使用、系统管理和维护、设备安全和防范等多个方面考虑。而计算机机房又称为多媒体教室，是指专为课堂教学设计的，利用多媒体技术实现教师机和学生机之间的屏幕和声音的交互切换，并拥有强大的多媒体演示教学功能的计算机教室。

4.5.2 网络机房工程的组成

近年来，随着信息技术的迅猛发展，计算机设备只有稳定、可靠地运行才能发挥其效益，而计算机设备的稳定、可靠运行要依靠网络机房里的环境条件，包括机房的相对湿度、温度、噪声、洁净度、振动、承重、电磁屏蔽、防静电、不间断供配电、安保、防雷、防火、防漏水等条件和控制的精度，由此可见，网络机房的设计及其施工尤为重要。

网络机房工程是一项涉及空调及新风技术、供配电技术、自动检测与控制技术、抗干扰技术、综合布线及弱电技术、净化、消防、建筑、装修等多种专业的综合性工程，如图 4-9 所示。

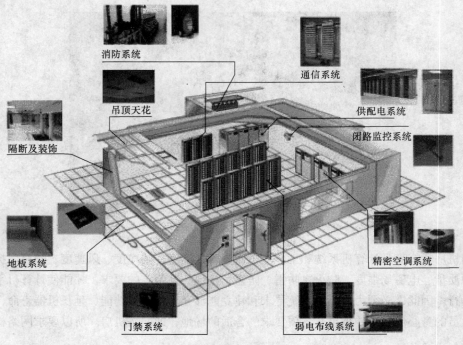

图 4-9　网络机房工程

1．装潢工程

（1）墙面工程。

机房内墙装饰常用铝塑板、彩钢板、 ICI 等做饰面。基层要做防潮处理，也可做屏蔽、保温隔热处理，从而创建一个舒适美观的环境。其中，保温材料须根据饰面结构选用。

（2）隔断及门窗工程。

机房顶棚装修大多采用吊顶方式。吊顶上部可安装强电、弱电、线槽和通风管道，在吊顶面层上可安装嵌入式灯具、各类风口及消防报警探测器等，吊顶必须防止灰尘下落。机房吊顶可采用微孔金属铝天花板，其具有吸音、隔热、防尘、透气等功能。天花板上部应做防尘、保温处理。

（3）地面工程。

机房地面工程通常采用防静电活动地板。地板的可拆卸特点可以方便对地板下管槽及线缆进行施工和检修。地板敷设高度宜为 200～350 mm，选择时要考虑承载要求、静电防护标准和耐用性。地表面一般需要做防尘防潮处理。若地板下空间要作为空调风库，还必须对地面进行保温处理，以免温差而结露。

2. 供配电系统

机房供配电系统包括机房主设备（计算机主机、服务器、网络及通信设备、安全监控设备等）、辅助设备（机房动力设备、空调、照明设备等）供配电系统。由于机房的重要性和设备供电要求，需要设计备用供电系统，备用供电系统通常是发电机和 UPS 电源系统。

（1）动力配电系统。

机房动力配电系统一般采用"市电+发电机"供电的双路切换供电方式，以保障设备对电源可靠性的要求。动力配电实施须选择合适的电缆、线槽和插座，注意接地、防火等问题。插座应分别设 UPS、市电插座，须做明显标志和防水处理。

（2）UPS 电源系统。

由于机房设备对供电电源质量的特殊要求，须采用 UPS 不间断电源进行供电，同时具有延时供电备用作用。图 4-10 所示的是网络机房的电源系统。

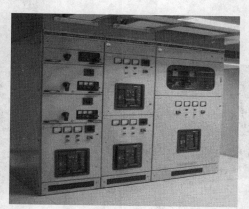

图 4-10　电源系统

（3）配电柜系统。

机房供配电系统的设计体现及规范通常采用配电柜系统来实现，通过低压配电柜系统来保证整个机房供配电系统安全、科学地运行。

（4）照明配电系统。

机房照明多选用多格栅、无眩光灯具，同时考虑应急照明，以及照明的整体与局部控制设计，以方便机房工作需要且节约能源。

（5）防雷接地系统。

防雷一般分为防直击雷和感应雷。防直击雷由大楼的避雷针来实现，机房防雷是为了防范感应雷电通过电源线或信息线损害机房设备，实施时一般采用在电源输入端和各类信号线接入端安装相应的防雷器，以保障机房的正常运行。

机房接地分为直流地、防雷地、交流工作地和安全保护地4类。一般宜采用综合接地方案，分别引电缆至共用地桩上，综合接地电阻应小于1Ω。

3. 空调系统

（1）精密空调系统。

为了保证主机房区域重要设备稳定、可靠地运行，需要采用恒温、恒湿的精密空调系统。通常情况下，机房应选用风冷型专用精密空调，采用下送上回的送风方式，将温度、湿度、空气洁净度控制在计算机设备要求的范围内。机房辅助区域根据情况也可以选用普通空调。图4-11所示的是网络中心机房的空调系统。

（2）新风系统。

为了保证给机房工作人员足够的新鲜空气以及机房对外的正压差，需要设计机房新风系统。新风风量的设计需要根据空调循环风量来确定。风管及风口的设计需要配合精密空调系统和机房室内结构来设计和施工。另外，新风机进风管上设计有电动隔离闸，它和消防讯号实现联动互锁。

4. 消防工程

（1）气体消防系统。

机房消防一般采用七氟丙烷气体自动灭火系统，根据机房设置的防区设计一套组合分配系统（有管网），对各防区采用全淹没方式来灭火。按一定的应用条件，也可以选用无管网灭火装置。图4-12所示的是机房消防系统。

图4-11　空调系统

图4-12　消防系统

（2）火灾报警系统。

机房火灾报警系统由消防控制箱、烟感、温感、报警器等联网组成。同时保持与消防中心的联动。

5. 弱电系统

（1）综合布线系统。

机房布线被认为是通信网络的系统神经中枢，所有弱电布线系统在这里汇集。要设计出有特色的布线就需要注意规划和标识各种通信线缆路径，充分考虑到线槽、信息点设置在未来的扩展，还要注意机柜信息点、格局变化的使用特点。

（2）视频监控系统。

机房闭路电视监控系统（CCTV）主要用于记录机房中发生的所有事件，保障机房运行的安全。监控系统一般多采用数字硬盘录像机来对机房进行 24 小时不间断监视。

（3）门禁管理系统。

由于机房的重要，为避免人为因素影响机房的正常运行，必须严格控制出入机房的人员、时间和权限。机房门禁系统可以使用非接触式 IC 智能卡管理系统。

（4）漏水检测系统。

防水是机房工程的重要项目之一。由于机房的排水系统或空调系统的温差造成的漏水和冷凝水，会严重影响机房设备的正常运行甚至使设备瘫痪。因此，施工时除做防水处理外，还必须安装漏水检测系统。

（5）KVM 设备控制系统。

机房有应用系统、各平台的主机、服务器、管理工作站等多种设备，采用 KVM 设备控制系统可以方便管理人员巡检设备，并满足机房的运行温度和洁净度的要求。把中心机房中各系统的 IT 设备放在同一个管理平台之上，实现了系统管理员在机房外对系统的运行状况进行管理，使机房管理更具效率性和科学性。

（6）机房动力及环境设备监控系统。

机房工程是一个多专业系统的综合性工程，随着信息技术的发展，机房的重要性备受关注，对机房运行的管理要求更是日益提高。为了提高对机房环境及动力设备等系统的运行状况的把控，需要建立一套机房动力及环境设备集中监控系统，以满足机房管理的高要求。通过该系统可以实现对动力配电系统、UPS 主机及电池、精密空调系统、新风系统、消防系统、温度、湿度、漏水检测系统以及门禁系统进行检测，并能集中视频图像监控系统，从而行成一个集中管理平台，对机房环境及动力设备进行全方位、集中管理。

4.5.3　网络机房的设计要求

1．网络机房的场地规划

（1）场地尽量选择园区中心地带。

网络中心机房的场地尽量选择布线系统的中心地带，这样可以减少电缆的长度，降低成本。若在多层建筑中，可以考虑垂直排列网络机房，以简化网络主干的设计。网络机房中的计算机系统设备线路不要与空调线路平行，尽量选择垂直角度设计。

（2）机房所在建筑具有防雷功能。

网络机房的所在建筑应该具有防雷功能，因为机房中的很多电缆都来自室外引入，这容易遭受雷击，所以对机房建筑进行防雷设计十分必要。这既可以保护建筑本身，也可以保护网络本身。

（3）机房电源系统和照明的合理布置。

机房的电源应该能够提供稳定可靠的电源，要选用耐燃、铜芯、屏蔽的电缆。此外也要选择合理的照明灯具和空间颜色，使机房得到合理的照明。

2．机房环境的要求

（1）避免安装在阳光直射、太冷、太热或潮湿的环境中（温度范围为 0～40℃，湿度范围在 60%以上）。

（2）避免安装在经常震动、灰尘多或者接触水和油的地方。

（3）避免靠近高频机器或电子焊接器以及收音机和手机天线（包括短波）等设备。

（4）提供弱电专用地线系统，对地阻抗必须小于 3Ω。

（5）北方城市尽量安装防静电地板。

3．机房的装修

（1）尽量在采光、防尘和隔音的条件下营造合理的工作环境。

（2）吊顶和墙面装修材料和构架应符合消防防火要求，使用阻燃型材料。

（3）机房地板优先使用耐磨防静电贴面的防静电地板，这样不会出现长时间使用变形和退色现象。

（4）地板净空高度要保证在 10～50 cm。

（5）房间要综合考虑照明灯具、空调和湿度设备的配置，从而实现防尘和隔音。

4．机房的设计高度和空间

机房的高度和空间应该考虑敷设地板以及吊顶装修后的净高。

（1）地板净高一般为 10～50 cm，因为机房多采用下进线方式，所以地板下要敷设走线槽和通风设备。

（2）机房净高应该在 3.2～3.3 m，因为房顶需要安装灯具和消防设备，此外，吊顶装修还会减少一部分高度。

（3）大型机房要进行整体设计和规划。因为大型机房地板下应设有送风孔道，所以需要进行整体设计规划。

（4）中心机房要多预留一部分设备空间，以便将来扩大业务和进一步发展的需要。

（5）机房设备一般按照机柜间与操作间隔离的原则来进行安装。

5．机房的消防和防雷措施

（1）机房要根据防火级别设置确定机房的设计方案，建筑物内要首先具备常规的消防栓和消防通道。

（2）要按照机房面积和设备分部装设烟雾/温度检测装置、自动报警警铃和指示灯、自动/手动灭火器材。

（3）机房火灾报警要求有监控点以便于进行监控。

（4）在机房防雷设计中，机电工程禁止直接使用建筑接地线和电源接地线作为系统设备的地线。

6．机房的布线方法

机房的布线分为电源线布线和网络线布线。

电源线的布线方法是分组点接。使用标准电源套线，每隔 1.5m 左右接入一只 20A 的 3 芯国际插座（墙上嵌入的独立插座）作为一个点，再将上述多孔插座接入这个点。另外，每一组由一个空气开关控制，整个网络机房可分为 4～6 组。

网络线的布线方法首先要考虑对集线器、交换机采用何种方法管理，现在一般将集线器、交换机摆放在服务器或者主机旁边，这样大大方便了管理，降低了网络故障率。

电源线和网络线的布线是整个网络机房安装的第一步，它是日后维护保障的基础，需要给予足够的重视。

4.5.4　网络机房设计原则

网络机房工程的规划与建设需要进行多方面的考虑，这样才能确保机房的建设既能适应学校当前的经费需要，又能满足学校教学的需要和今后的发展。

1．实用性和先进性

采用先进成熟的技术和设备满足高速的数据与需要。这可以使整个系统在一段时期内保证技术的先进和良好的发展潜力，以符合未来业务发展和技术升级的需要。

2．安全可靠性

为保证各项业务的应用，网络必须具有高可靠性，绝不能出现单点故障。要对机房布局、结构设计、设备选型、日常维护等各个方面进行高可靠性的设计和建设。对关键设备在可靠性的基础上还要采用硬件备份、冗余等技术。对于提高计算机机房的安全可靠性，可采用能提供较强管理机制控制手段和事故监控与安全保密技术的相关软件技术。

3．灵活性与可扩展性

网络机房必须具有良好的灵活性与可扩展性。从机房业务不断深入发展的需要出发，机房应该有扩大设备容量、提高用户数量和质量等功能。另外，还应具备提供技术升级、设备更新的灵活性，支持多种网络传输、多种物理接口等功能。

4．可管理性

随着业务的不断发展，具有复杂性的机房的管理任务日益繁重。因此，必须建立一套全面、完善的机房管理和监控系统。采用先进的管理监控设备和软件，实现对整个机房的运行状况进行实时、集中的管理监控，同时实时灯光、语音报警、实时事件记录等功能可以快速确定故障，简化管理人员的维护工作，为机房安全、可靠地运行提供了最有力的保障。

4.6　网络中心电源选择

供电电源的好坏直接关系到计算机网络能否安全运行，所以计算机网络对供电电源的质量也提出了较高的要求。不间断电源（Uninterruptible Power Supply，UPS）作为能够提供持续、稳定、不间断的电源供应的重要外部设备，由此应运而生。

4.6.1　UPS 的功能

UPS 顾名思义，就是一台这样的机器，它在市电停止供应时，能保持一段供电时间，使人们有时间存盘，然后可以从容地关闭机器。

UPS 主要由主机及蓄电池、电池柜等组成，分为在线式、后备式及在线互动式几种。根据频率分为高频机和工频机两种，它在机器有电工作时，就将交流电整流，并储存在自己的电源中，一旦停止供电，就能提供电源，使用电设备维持一段工作时间，保持时间可能是 10 分钟、半小时等，延迟时间一般由蓄电池的容量决定。UPS 具有以下一些功能。

（1）提供高可靠性不间断供电，保证动力的连续性。

（2）实现电网稳压、净化功能，消除电网波动、污染。

（3）具有电池管理功能，延长电池使用寿命。

（4）具有智能监控功能，有效解决电源维护功能。

4.6.2　UPS 工作原理

1. 后备式 UPS

后备式 UPS 又称为非在线式（Off-Line）UPS，它是"备援"性质的 UPS，既直接供电给用电设备，又同时为电池充电，一旦供电品质不稳或停电了，供电回路会自动切断，电池的直流电会被转换成交流电接手供电的任务，直到市电恢复正常，UPS 只有在市电停电时才会介入供电，不过从直流电转换的交流电是方波，只限于供电给电容型负载，如计算机和监视器。

后备式 UPS 平时处于蓄电池充电状态，在停电时逆变器紧急切换到工作状态，将电池提供的直流电转变为稳定的交流电输出，因此，后备式 UPS 也被称为离线式 UPS。后备式 UPS 的优点是运行效率高、噪声低、价格相对便宜，主要适用于市电波动不大，对供电质量要求不高的场合，如家庭。然而这种 UPS 存在一个切换时间问题，因此不适合用在关键性的供电不能中断的场所。后备式 UPS 一般只能持续供电几分钟到几十分钟，主要是让用户有时间备份数据，并尽快结束手头工作，其价格也较低。对不是太关键的计算机应用，比如个人家庭，就可配小功率的后备式 UPS。

2. 在线式 UPS

在线式（On-Line）UPS 一直使其逆变器处于工作状态，它首先通过电路将外部交流电转变为直流电，再通过高质量的逆变器将直流电转换为高质量的正弦波交流电输出给计算机。在线式 UPS 的运作模式为市电和用电设备是隔离的，市电不会直接供电给用电设备，而是到了 UPS 就被转换成直流电，再分两路，一路为电池充电，另一路则转回交流电，供电给用电设备，市电供电品质不稳或停电时，电池从充电转为供电，直到市电恢复正常才转回充电，UPS 在用电的整个过程是全程介入的。

在线式 UPS 的优点是输出的波形和市电一样是正弦波，而且纯净无杂讯，不受市电不稳定的影响，可供电给电感型负载，如电风扇，只要在 UPS 输出功率足够的前提下，可以供电给任何使用市电的设备。

在线式 UPS 在供电状况下的主要功能是稳压及防止电波干扰。在停电时则使用备用直流电源（蓄电池组）给逆变器供电。由于逆变器一直在工作，因此不存在切换时间问题，适用于对电源有严格要求的场合。在线式 UPS 的优点是供电持续长，一般为几个小时，也有十几个小时的，它的主要功能是可以让用户在停电时可像平常一样工作，所以该类 UPS 价格较高。这种在线式 UPS 比较适用于交通、银行、证券、通信、医疗、工业控制等一般不允许出现停电现象的行业。

3. 在线互动式 UPS 电源

在线互动式（Line-Interactive）UPS 是一种智能化的 UPS，所谓在线互动式 UPS，是指在输入市电正常时，UPS 的逆变器处于反向工作（即整流工作），给电池组充电；在市电异常时逆变器立刻转为逆变工作状态，将电池组电能转换为交流电输出，因此在线互动式 UPS 也有转换时间。

在线互动式 UPS 的基本运作方式和离线式 UPS 一样，不同之处在于在线互动式虽不像在线式全程介入供电，但随时都在监视市电的供电状况，本身具备升压和减压补偿电路，在市电供电状况不理想时，即时校正，减少不必要的"Battery Mode"切换，延长电池寿命。

在线互动式 UPS 的保护功能较强，逆变器输出电压波形较好，一般为正弦波，而其最大的优点是具有较强的软件功能，可以方便地上网，进行 UPS 的远程控制和智能化管理。可自动侦测外部输入电压是否处于正常范围之内，如有偏差可由稳压电路升压或降压，提供比较稳定的正弦波输出电压。而且它与计算机之间可以通过数据接口（如 RS-232 串口）进行数据通信，通过监控软件，用户可直接从计算机屏幕上监控电源及 UPS 状况，可以简化、方便管理工作，并可提高计算机系统的可靠性。这种 UPS 集中了后备式 UPS 效率高和在线式 UPS 供电质量高的优点，但其稳频性能不是十分理想，不适合作长延时的 UPS 电源。

4.6.3　UPS 的选购

UPS 在网络系统中是必不可少的设备，那么如何来选购 UPS 呢？选购 UPS 时可以遵循以下要点。

1. 根据 UPS 功率进行选择

许多用户在确定 UPS 功率时，往往将其确定为与负载的功率相同或略大。受资金的限制和对 UPS 不甚了解，往往根据目前机房设备的容量来选择 UPS 的功率。实际上这样选择是不明智的。一般来说，UPS 的功率大小由负载功率和负载类型决定。

一般情况下 UPS 的功率是负载功率除以 0.8，但为了保障 UPS 最佳工作状态，一般是除以 0.6。

负载类型，如果是一般的计算机选用后备式 UPS 就足够了；如果数据比较重要或一些高端的 UPS 应用就得选用在线式 UPS；如果是感性负载（如打印机、复印机）那么要选择工频［指工业上用的交流电源的频率，单位赫兹（Hz）］UPS。

我们建议用户从以下几个方面来确定 UPS 的功率。

（1）UPS 作为基础供电设备，最重要的是可靠性。一般而言，大功率 UPS 的 MTBF（平均无故障时间）要远远高于小功率 UPS。因此，从可靠性考虑，应选择功率大一些的 UPS。

（2）高性能的 UPS 在负载 20% 时，其效率已超过 90%，不会有更大的能源损耗。

（3）从增容角度考虑，大功率 UPS 的正常使用时间一般在 5～10 年，随着综合业务的增加，负载功率增加是必然的。功率一次到位，从长远看可减少重复投资。

（4）如果无特殊行业标准要求，建议按如下方案考虑：UPS 功率是负载的两倍；后备满载供电时间不少于 30min。

2. 根据 UPS 电源的延时时长来选择

在线式 UPS 具有较长的延时工作时间，其功率器件的容量和散热设计都具有充分的保障。所以如果需要长延时的 UPS，在线式 UPS 是首选，而后备式 UPS 则延时较短。

3. 根据后备时间来选择 UPS

大功率的 UPS 一旦后备时间超长，容易造成系统电池损坏，带来系统的不稳定。因此，在追求功率大的同时也要考虑后备时间长短的因素。

4.7　实践项目

4.7.1　项目任务介绍

在该校园网络需求明确之后，设计者需要确定网络的拓扑结构、网络组网方案和设备选型，接下来就要综合分析各种方案，然后进入综合布线系统设计阶段。设计该校园网络的综合布线系统，通常有专门的机构通过招投标的方式来承接网络工程的布线系统布设。但是作为网络工程设计的一个重要环节，读者还需要大致掌握网络工程布线系统的设计。

4.7.2　项目目的

通过实践项目，读者可以了解和掌握网络综合布线系统的一般过程和设计思路，能够进行简单的布线工程规划设计。

4.7.3　操作步骤

1．网络用户需求分析
首先要根据校园网络的设计需求，了解校园网综合布线系统的需求。具体考虑以下几方面。
（1）明确该校园网主要信息点的分布。
（2）明确校园网络提供的服务。
（3）明确数据传输速率和交流电压的需求。
（4）明确建筑物防雷和保护情况。

2．布线方式及介质选型
在明确综合布线需求以后，要根据网络拓扑结构确定布线方式，然后进行网络传输介质和相关设备的选型。该布线方式采用集中式与分布式相结合的方式，即由主配线间连接子配线间，子配线间连接各信息点。介质全部采用 Lucent（朗讯）SYSTIMAX SCS 系列布线产品。工作区内采用超 5 类非屏蔽双绞线进行敷设，各个楼内的每层分支子配线间至楼内总配线间采用室内光纤。具体包括信息点产品型号的选型、UTP 电缆和配线架选型、光缆和光纤跳线及配线盒选型。

（1）工作区子系统。
工作区子系统由各办公区内的信息插座至终端设备之间的连接电缆构成。该工作区包括固定于室内适当位置的超 5 类 RJ-45 信息插座、网卡和用户连接网络设备的超 5 类 4 对非屏蔽双绞线。信息插座一般在明装的墙上，距地面 30 cm 以上。

（2）水平子系统。
水平子系统由信息插座以及信息插座到楼层配线设备的配线电缆或光缆组成。该系统中包括校园网的主干网以及各楼楼层间的布线，主要干线采用 62.5/125 标准，室外采用 12/8/6 芯多模光纤，这种光纤带宽可以达到 1 000Mbit/s 以上。

（3）设备间子系统。
设备间子系统是综合布线系统与各类应用系统进行连接的配线间，由连接垂直主干系统以及各类系统组成，如计算机主机、远程交换机等的配线架通过跳线实现各个系统的连接。在该子系统中包括网络系统中的服务器、主交换机、网络系统的 UPS、机房内的工作站、打印机等设备。这些设备可以直接连接到交换机或者集线器上。假设该校园网络工程选择 24 口超 5 类数据配线架、塑胶理线器、RJ-45 超 5 类跳线、光纤配线架、ST 光纤配适器、ST/SC 光纤跳线和主机柜等产品。

（4）管理子系统。

管理子系统包括图书馆、教学楼、实验楼、校办公室、院系办公室和学生寝室等管理区，这些管理区子系统都位于各自所在楼层的网络间内。各网络间配置标准机柜，柜内安装配线架、光纤连接器以及交换机等设备。这里采用水平干线电缆连接各信息点和网络间的机柜配线架，并且采用跳线与交换机相连，而网络间与主机机房之间用光纤连接。

（5）垂直布线子系统。

垂直布线子系统采用超 5 类 4 对非屏蔽双绞线电缆，垂直布线从网络中心机房和各楼网络间的配线架上引出，通过桥架与超 5 类 RJ-45 信息插座相连接。进入房间的线缆要封装在固定在墙壁上的 PVC 槽内。

（6）建筑群子系统。

建筑物子系统由连接各建筑物的线缆组成，所有室外光缆埋在地下，放在地下管道里。光缆的两端用热固定方法与 ST 头相连，各 ST 头端接在光线连接器的耦合器上。数据传输选用室外 4 芯多模光纤。

3．工程施工

网络工程经过调研、确定方案后，下一步就是工程的实施。对工程实施的准备工作要求做到以下几点。

（1）设计综合布线实际的施工图。

（2）备料。具体要求如下。

光缆、双绞线、插座、信息模块、服务器、稳压电源、集线器等落实购货厂商，并确定提货日期；不同规格的塑料槽板、PVC 防火管、蛇皮管、自攻螺丝等布线用料就位；制订施工进度表。

（3）工程单位批准，并派专人配合施工后，工程即可开始实施。

4．工程测试验收

综合布线完成后要进行的下一步工作就是测试。主要测试以下内容。

（1）工作间到设备间的连通状况。

（2）主干线的连通状况。

（3）信息传输速率、衰减率、距离接线图、近端串扰。

5．工程施工结束

工程施工结束后，要做好以下工作。

（1）清理现场，保持现场清洁、美观。

（2）对墙洞、竖井等交接处进行修补。

（3）将各种剩余材料汇总，并把剩余材料集中放置，登记其还可使用的数量。

（4）书写总结文档。

第5章

组网技术及网络硬件设备选择

本章学习目标

（1）了解常见的网络组网技术及其适用范围。

（2）了解各种网络互连设备的功能和特点。

（3）能够根据需要选择合适的交换机和路由器组建网络。

本章项目任务

（1）选择和确定适合校园网络建设的组网技术。

（2）根据网络设计方案和所选的组网技术，选择网络互连设备来组建校园网络。

知识准备

组建计算机网络最基础的工作是物理网络的组建。物理网络可以包括广域网接入技术、传输网和局域网组网技术 3 个层次的网络建设。其中，局域网的组建是网络系统集成的关键。采用什么样的组网技术，选择何种网络互连设备，是实现物理网络互连互通的基础和关键工作。本章将介绍常见的网络组网技术和网络互连设备及其特点，希望读者通过学习能够根据组网需求，采用合适的组网技术和网络互连设备来组建一个网络。

5.1 网络组网技术

组网技术就是局域网组建技术，局域网的组建方式按照介质访问控制方式的不同，可以分为两种：一种是共享介质局域网（Shared LAN），另一种是交换局域网（Switched LAN）。

传统的局域网技术是建立在"共享介质"基础上。共享介质组网方式的工作原理是网络中所有节点共享一条公共通信传输介质（如图 5-1 所示）。当局域网的规模不断扩大，节点数不断增加时，每个节点平均能分到的带宽将越来越少。网络通信负荷就会加重，冲突和重发现象将大量发生，网络效率急剧下降，网络传输延迟增长，网络服务质量下降。为了克服网络规模和网络性能之间的矛盾，人们提出将"共享介质方式"改为"交换方式"，这推动了"交换局域网"技术的发展。

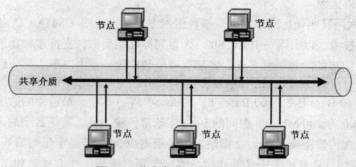

图 5-1　共享介质局域网工作原理

　　交换局域网从根本上改变了"共享介质"的工作方式。交换局域网工作原理是以交换机为核心设备，与多个端口之间建立多条并发连接通道，允许多对站点同时并发传输通信，每个站点可以独占传输通道和带宽，由此来解决共享介质局域网所带来的问题，从而增加网络带宽，改善局域网的性能与服务质量。交换以太网以数据链路层的数据帧为数据交换单位，把以太网交换机作为构成网络的基础，可以与不同标准的局域网互连，能够与以太网、快速以太网完全兼容，实现无缝连接。图 5-2 所示的是交换局域网的工作原理。

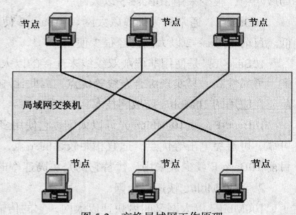

图 5-2　交换局域网工作原理

　　共享介质局域网的组网方式主要包括：以太网、令牌环网和 FDDI。交换局域网的组网方式主要包括：交换以太网、ATM 异步传输模式以及在此基础上的虚拟局域网 VLAN。其中，以太网、FDDI、ATM、令牌环网等是我们常见的组网技术，它们在拓扑结构、传输介质、传输速率、数据格式等多方面都有许多不同。其中应用最广泛的当属以太网———种总线结构的局域网，它是目前发展迅速也非常经济的局域网。这里对以太网、FDDI 和 ATM 异步传输模式等进行介绍。

5.1.1　以太网组网技术

　　以太网（Ethernet）指的是由 Xerox 公司创建并由 Xerox、Intel 和 DEC 公司联合开发的基带局域网规范，是局域网采用的最通用的通信协议标准。以太网是一种非常灵活和简便的、使用广泛的、应用总线拓扑结构的组网技术，它可以使用多种物理介质，是目前国内外应用最为广泛的一种网络。以太网基于 CSMA/CD（载波监听多路访问及冲突检测）机制，采用总线控制技术及退避算法，通过共享介质方式实现计算机之间的通信。当一个站点要发送信号时，先侦听总线以确定总线介质上是否存在其他站点信号的发送。如果介质空闲则可以发送，否则要等一个随机时间后重新侦听，然后再发送。以太网按其传输速率又分成 10 Mbit/s、100 Mbit/s、1 000 Mbit/s 和万兆以太网。

1．10 Mbit/s 以太网

10 Mbit/s 以太网又叫做标准以太网，该种组网方式是指使用 CSMA/CD 技术，传输速度为 10Mbit/s 的以太网技术。以太网与 IEEE 802·3 系列标准相类似，支持多种物理层介质和配置方式，是由一组协议组成的。每一种实现方案都有一个名称代号，由以下 3 部分组成。

<数据传输率（Mbit/s）><信号方式><最大段长度（百米）或介质类型>

如 10Base-5、10 Base E-2、100 Base -T、10Base-F 等。其中，最前面的数字指传输速率，如 10 为 10 Mbit/s，100 为 100 Mbit/s。中间的 Base 指基带传输，最后若是数字的话，表示最大传输距离，如 5 是指最大传输距离 500m，2 指最大传输距离 200m。若是字母则第一个表示介质类型，如 T 表示采用双绞线，F 表示采用光纤介质，第二个字母表示工作方式，如 X 表示全双工方式工作。

常见的以太网有以下 4 种。

10Base-5：通常称为粗缆以太网。由于目前高速交换以太网技术被广泛应用，所以在新建的局域网中，很少采用 10Base-5 以太网。

10Base-2：通常称为细缆以太网。10Base-2 使用 50Ω 细同轴电缆，它的建网费用比 10Base-5 低。目前 10Base-2 以太网已经很少使用。

10Base-T：是使用非屏蔽双绞线来连接的以太网。双绞线以太网系统具有技术简单、价格低廉、可靠性高、易实现综合布线等优点，因此比 10Base-5 和 10Base-2 技术有更大的优势，是目前还在应用的 10Mbit/s 局域网技术。

10Base-F：是 10 Mbit/s 光纤以太网，它使用多模光纤作为传输介质，具有传输距离长、安全可靠、可避免电击等优点，适宜相距较远的站点，常用于建筑物之间的连接，构建园区主干网。目前 10Base-F 较少被采用，代替它的是更高速率的光纤以太网。

2．100 Mbit/s 快速以太网

100Mbit/s 以太网又叫做快速以太网，它的传输速率比标准以太网快 10 倍，数据传输速率达到了 100Mbit/s。快速以太网保留了标准以太网的所有特性，包括相同的数据帧格式、介质访问控制方式和组网方法，只是将每个比特的发送时间由 100 ns 缩短到 10 ns。

常见的快速以太网组网方式包括以下几种。

100 Base -TX 是 5 类非屏蔽双绞线方案，它是真正由 10Base-T 派生出来的。100 Base -TX 类似于 10Base-T，但它使用的是 2 对非屏蔽双绞线（UTP）或 150Ω 屏蔽双绞线（STP）。100Base-TX 是目前使用最广泛的快速以太网介质标准。100 Base -TX 使用的 2 对双绞线中，一对用于发送数据，另一对用于接收数据。由于发送和接收都有独立的通道，所以 100Base-TX 支持全双工操作。

100Base-TX 的硬件系统由以下几部分组成：带内置收发器、支持 IEEE 802.3u 标准的网卡、5 类非屏蔽双绞线或 150Ω 屏蔽双绞线、8 针 RJ-45 连接器、100Base-TX 集线器（Hub）。有两类 100Base-TX 集线器：Ⅰ类和Ⅱ类。Ⅰ类集线器在输入和输出端口上可以对线路信号重新编码，所以Ⅰ类集线器可以连接使用不同编码技术的介质标准，如 100Base-TX 和 100Base-T4。Ⅱ类集线器的端口没有这种功能，它只是简单地将输入信号转发给其他端口，所以Ⅱ类集线器只能连接使用相同编码方案的介质标准，如 100Base-TX 和 100Base-FX。

100Base-TX 的组网规则如下。

（1）各网络站点须通过 Hub（100M）连入网络中。

（2）传输介质用 5 类非屏蔽双绞线或 150Ω 屏蔽双绞线。

（3）双绞线与网卡或与 Hub 之间的连接，使用 8 针 RJ-45 标准连接器。

（4）网络站点与 Hub 之间的最大距离为 100 m。

（5）在一个冲突域中只能连接一个Ⅰ类 Hub，网络的最大直径（站点—Hub—站点）为 200 m。如果使用Ⅱ类 Hub，最多可以级联两个Ⅱ类 Hub，网络的最大直径（站点—Hub—Hub—站点）为 205 m。

100Base-FX 是光纤介质快速以太网标准，它采用与 100Base-TX 相同的数据链路层和物理层标准协议。它支持全双工通信方式，传输速率可达 200Mbit/s。

100Base-FX 的硬件系统包括单模或多模光纤及其介质连接部件、集线器、网卡等部件。用多模光纤时，当站点与站点不经 Hub 而直接连接，且工作在半双工方式时，两点之间的最大传输距离仅有 412 m；当站点与 Hub 连接，且工作在全双工方式时，站点与 Hub 之间的最大传输距离为 2 km。若使用单模光纤作为媒体，在全双工的情况下，最大传输距离可达 10 km。

100Base-T4 是 3 类非屏蔽双绞线方案，该方案使用 4 对 3 类（或 4 类、5 类）非屏蔽双绞线作为传输介质。它能够在 3 类 UTP 上提供 100Mbit/s 的传输速率。双绞线段的最大长度为 100 m。目前这种技术没有得到广泛的应用。100Base-T4 的硬件系统与组网规则与 100Base-TX 相同。

3．1 000Mbit/s 千兆以太网

1 000Mbit/s 以太网，又称为千兆以太网，也称为吉比特以太网，1998 年 2 月，IEEE 802 委员会正式批准了千兆以太网标准 IEEE 802.3z。千兆以太网的传输速率比快速以太网快 10 倍，数据传输率达到 1 000Mbit/s。千兆以太网保留着标准以太网的所有特征（相同的数据帧格式、相同的介质访问控制方式、相同的组网方法），只是将标准以太网每个比特的发送时间由 100ns 降低到 1ns。

IEEE 802.3z 千兆以太网标准定义了 3 种介质标准，其中两种是光纤介质标准，包括 1 000Base-SX 和 1 000Base-LX；另一种是铜线介质标准，称为 1 000Base-CX。

1 000Base-SX 是一种在收发器上使用短波激光作为信号源的媒体技术。这种收发器上配置了激光波长为 770～860 nm（一般为 800 nm）的光纤激光传输器，不支持单模光纤，仅支持 62.5μm 和 50μm 两种多模光纤。对于 62.5μm 多模光纤，全双工模式下最大传输距离为 275m，对于 50μm 多模光纤，全双工模式下最大传输距离为 550 m。1 000Base-SX 标准规定连接光缆所使用的连接器是 SC 标准光纤连接器。

1 000Base-LX 是一种在收发器上使用长波激光作为信号源的媒体技术。这种收发器上配置了激光波长为 1 270～1 355nm（一般为 1 300nm）的光纤激光传输器，它可以驱动多模光纤和单模光纤。使用的光纤规格为 62.5μm 和 50μm 的多模光纤，9μm 的单模光纤。对于多模光纤，在全双工模式下，最长的传输距离为 550m；对于单模光纤，在全双工模式下，最长的传输距离可达 5km。连接光缆所使用的是 SC 标准光纤连接器。

1 000Base-CX 是使用铜缆的两种千兆以太网技术之一。1 000Base-CX 的传输介质是一种短距离屏蔽铜缆，最长距离达 25m，这种屏蔽电缆是一种特殊规格高质量的 TW 型带屏蔽的铜缆。连接这种电缆的端口上配置 9 针的 D 型连接器。1 000Base-CX 的短距离铜缆适用于交换机间的短距离连接，特别适用于千兆主干交换机与主服务器的短距离连接。

IEEE 802.3 委员会公布的第二个铜线标准 IEEE 802.3ab，即 1 000Base-T 物理层标准。1 000Base-T 是使用 5 类非屏蔽双绞线的千兆以太网标准。1 000Base-T 标准使用 4 对 5 类非屏蔽双绞线，其最长传输距离为 100m，网络直径可达 200m。因此，1 000Base-T 能与 10Base-T、100Base-T 完全兼容，它们都使用 5 类 UTP 作为介质，从中心设备到站点的最大距离都是 100 m，这使得千兆以太网应用于桌面系统成为现实。

4．万兆以太网

万兆以太网也被称为十吉比特以太网，是一种数据传输速率高达 10Gbit/s、通信距离可延伸 40 km 的以太网。它是在以太网的基础上发展起来的，因此，万兆以太网和千兆以太网一样，在本质上仍是以太网，只是在速度和距离方面有了显著的提高。万兆以太网是一种只适用于全双工通信方式，并且只能使用光纤作为介质的技术，所以它不需使用冲突检测和载波监听多路访问协议，这就意味着万兆以太网不再使用 CSMA/CD。

10Gbit/s 以太网的 OSI 参考模型和 IEEE 802 层次结构仍与标准以太网相同，即 OSI 层次结构包括了数据链路层的一部分和物理层的全部，IEEE 802 层次结构包括 MAC 子层和物理层，但各层所具有的功能与标准以太网相比差别较大，特别是物理层更具有明显的特点。

在体系结构中定义了 10GBase-X、10GBase-R 和 10GBase-W 三种类型的物理层结构。

① 10GBase-X 是一种与使用光缆的 1 000BaseX 相对应的物理层结构，在 PCS 子层中使用 8B/10B 编码，为了保证获得 10Gbit/s 数据传输率，利用稀疏波分复用技术（CWDM）在 1 300 nm 波长附近每隔约 25 nm 间隔配置了 4 个激光发送器，形成 4 个发送器/接收器对。为了保证每个发送器/接收器对的数据流速度为 2.5Gbit/s，每个发送器/接收器对必须在 3.125Gbit/s 下工作。

② 10GBase-R 是在 PCS 子层中使用 64B/66B 编码的物理层结构，为了获得 10Gbit/s 的数据传输率，其时钟速率必须配置在 10.3 Gbit/s。

③ 10GBase-W 是一种工作在广域网方式下的物理层结构，在 PCS 子层中采用了 64B/66B 编码，定义的广域网方式为 SONET OC-192，因此其数据流的传输率必须与 OC-192 兼容，即为 9.686 Gbit/s，则其时钟速率为 9.953 Gbit/s。

（1）万兆以太网的技术特点。

万兆以太网与传统的以太网比较具有以下几方面的特点。

① MAC 子层和物理层实现 10 Gbit/s 传输速率；MAC 子层的帧格式不变，并保留 IEEE 802.3 标准的最小和最大帧长度。

② 不支持共享型，只支持全双工，即只可能实现全双工交换型 10 Gbit/s 以太网，因此 10 Gbit/s 以太网介质的传输距离不会受到标准以太网 CSMA/CD 机理制约，而仅仅取决于介质上信号传输的有效性。

③ 支持星型局域网拓扑结构，采用点到点连接和结构化布线技术。在物理层上分别定义了局域网和广域网两种系列，并定义了适应局域网和广域网的数据传输机制。不能使用双绞线，只支持多模和单模光纤，并提供连接距离的物理层技术规范。

（2）万兆以太网在局域网中的应用。

万兆以太网在局域网中通常用于组成主干网。例如，利用 10 Gbit/s 以太网实现交换机到交换机、交换机到服务器以及城域网和广域网的连接。图 5-3 中所示主干线路使用 10 Gbit/s 以太网，校园 A、校园 B、数据中心和服务器群之间用 10Gbit/s 以太网交换机的模块分别连接。

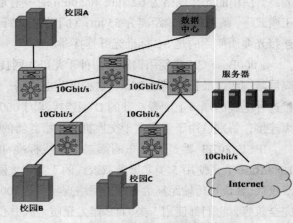

图 5-3　10Gbit/s 以太局域网应用

5.1.2　FDDI 组网技术

光纤分布式数据接口（Fiber Distributed Data Interface，FDDI）组网技术是在令牌环网的基础上发展起来的，它是一个技术规范，描述了一个以光纤作为传输介质的高速（100Mbit/s）令牌环网。FDDI 为各种网络提供高速连接。

1．FDDI 的拓扑结构

FDDI 是使用双环结构的令牌传递系统，如图 5-4 所示。FDDI 网络的网络信息流量由类似的两条流组成，两条流以相反的方向绕着两个互逆环流动。其中一个环叫主环（Primary Ring），逆时钟传送数据，另一个环叫从环（Secondary Ring），顺时钟传送数据。

通常情况下，网络数据信息只在主环上流动，如果主环发生故障，FDDI 自动重新配置网络，信息可以沿反方向流到从环上。

双环拓扑结构的优点之一是冗余，一个环用于信息传送，另一个环用于备份。如果出现问题，主环断路，从环替代。若两者同时在一点断路，如起火或电缆管道故障，两个环可连成单一的环（见图 5-5），长度为原来的两倍。

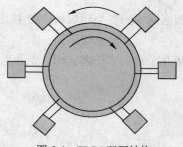

图 5-4　FDDI 双环结构

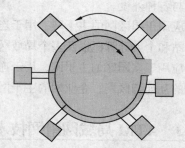

图 5-5　故障时双环连成单环

2．FDDI 的工作原理

FDDI 采用令牌传递的方法实现对介质的访问控制。这一点与令牌环类似。不同的是，在令牌环中，数据帧在环路上绕行一周回到发送站点后，发送节点才释放令牌，在此期间，环路上的其他节点无法获得令牌，不能发送数据。所以，在令牌环网中，环路上只有一个数据帧在流动。在 FDDI 中，发送数据的站点在截获令牌后，可以发送一个或多个数据帧，当数据发送完毕，或规定时间用完，则立即释放令牌，而不管发出的数据帧是否绕行一周回到发送站点。这样，在数据帧还没有回到发送它的站点且被清除之前，其他站点就有可能截获令牌，并且发送数据帧。所以，在 FDDI 的环路中可能同时有多个站点发出的数据帧在流动。这样提高了信道的利用率，增加了网络系统的吞吐量。

在正常情况下，FDDI 中主要存在以下一些操作。

（1）传递令牌。在没有数据传送时，令牌一直在环路中绕行。如果某个站点没有数据要发送，则转发令牌。

（2）发送数据。如果某个站点需要发送数据，当令牌传到该站点时，不转发令牌，而是发送数据。可以一次发送多个数据帧。当数据发送完毕或到达时，则停止发送，并立即释放令牌。

（3）转发数据帧。每个站点监听经过的数据帧，如果不属于自己，则转发出去。

（4）接收数据帧。当站点发现经过的数据帧属于自己，就复制下来，然后转发出去。

（5）清除数据帧。发送站点与其他站点一样，随时监听经过的帧，发现是自己发出的帧就停止转发。

3．FDDI 的特点

FDDI 作为高速局域网介质访问控制标准，与 IEEE 802.5 标准相似，具有如下特点：

（1）使用基于 IEEE 802.5 的单令牌的环网介质访问控制 MAC 协议；

（2）使用 IEEE 802.2LLC 协议，与符合 IEEE 802 标准的局域网兼容；

（3）数据传输速率为 100Mbit/s，联网节点数不多于 1 000，环路长度为 200 km；

（4）可以使用双环结构，具有容错能力；

（5）可以使用多模或单模光纤；

（6）具有动态分配带宽的能力，能支持同步和异步数据传输。

4．FDDI 的应用环境

（1）应用于计算机机房网络中的后端网络，用于计算机机房中大型计算机与高速外设之间的连接，以及对可靠性、传输速度与系统容错要求较高的环境。

（2）应用于办公室或建筑物群的主干网中的前端网络，用于连接大量的小型机、工作站、个人计算机与各种外设。

（3）应用于园区网的主干网，用于连接分布在各种园区网中的各个建筑物中的小型机、服务器、工作站和个人计算机以及多个局域网。

（4）应用于多园区的主干网，用于连接地理位置相距几千米的多个园区网、企业网，成为一个区域性的互连园区网、企业网的主干网。

5.1.3　ATM 局域网组网技术

1．ATM 技术概述

异步传输模式（Asynchronous Transfer Mode，ATM）是一种快速分组交换技术，它以信元为信息传输和交换的基本单位，是一种面向连接的数据交换技术。ATM 是将分组交换与线路交换优点相结合的数据交换技术。1988 年，ATM 被正式推荐为宽带综合业务数据网 B-ISDN 的信息传输模式。

在数据通信中，数据交换方式主要包括线路交换和存储转发交换两种方式。其中，"存储转发交换"又分为"报文交换"和"分组交换"。

线路交换也叫电路交换，是指在数据发送前，先在发送方和接收方之间建立一系列直接连通链路。在数据传输时，在网络中寻找一条临时通路供两端的用户通信，这条临时通路一旦建立就成为通信双方之间的临时专用通路，该通道不受外来干扰，通信结束后，在一定的指令下拆除连接，然后释放信道。

报文交换作为一种存储转发交换方式，它不要求为通信双方预先建立一条专用数据通路，也不存在建立线路和拆除线路的过程。在这种交换中，需要把传输的数据组成一定大小的报文，并附有目的地址，以报文为单位经过公共交换网传输。网络中的节点计算机接收和存储各个节点发来的数据报文，待该报文的目的地址线路有空闲时，再将报文转发出去。一个报文可能要通过多个中间节点（交换分局）存储转发后才能达到目的站。

分组交换原理与报文交换类似，但它规定了交换设备处理和传输的数据长度（称之为分组）。它可将长报文分成若干个小分组进行传输，且不同站点的数据分组可以交织在同一线路上传输，提高了线路的利用率。

分组交换主要采用"数据报"和"虚电路"两种方法来管理分组流。在数据报中，每个数据包被独立地处理，就像在报文交换中每个报文被独立地处理那样，每个节点根据一个路由选择算法，为每个数据包选择一条路径，使它们的目的地相同。在虚线路中，数据在传送以前，发送和接收双方在网络中建立起一条逻辑上的连接。但它并不是像电路交换中那样有一条专用的物理通路，该路径上各个节点都有缓冲装置，服从于这条逻辑线路的安排。

ATM 是快速分组交换技术和虚线路交换技术的结合，它集两者优点于一体来实现数据传输和通信。数据报、信元和虚线路是 ATM 中非常重要的几个概念。

2．ATM 的工作原理

ATM 的基本思想是 ATM 信元是固定长度的分组，共有 53 个字节，分为 2 个部分。前面 5 个字节为信头，主要完成寻址的功能。后面的 48 个字节为信息段，用来装载来自不同用户、不同业务的有用信息。语音、数据、图像等所有的数字信息都要经过切割，封装成统一格式的信元在网中进行传递，并在接收端恢复成所需格式。

ATM 的接入网方式包括可以与支持 ATM 协议的路由器或装有 ATM 卡的主机网络直接相连，或者与 ATM 子网直接相连。

ATM 网络在需要发送数据之前，先在通信双方之间建立连接，该连接可以是永久性的，也可以是动态建立的，一条物理链路上可以存在多条虚连接，这些虚连接可以同时承载多种业务，如语音、图像、文件传输等。这种虚连接以异步分时多路复用技术来共享链路带宽，并根据各自需要来发送信息。建立的链路，在通信结束后再由信令拆除连接。但它摒弃了电路交换中采用的同步时分复用，改用异步时分复用，收发双方的时钟可以不同，可以更有效地利用带宽。

由于 ATM 技术简化了交换过程，去除了不必要的数据校验，采用易于处理的固定信元格式，所以 ATM 交换速率大大高于传统的数据网，如 x.25、DDN、帧中继等。另外，对于如此高速的数据网，ATM 网络采用了一些有效的业务流量监控机制，对网上用户数据进行实时监控，把网络拥塞发生的可能性降到最小。

3．ATM 技术特点

ATM 能够以非常快的速度传输各种各样的信息，它采用的方法是将数据划分为多个等大小的信元并给这些信元附上一个头以保证每一个信元能够发送到目的地。这种 ATM 信元结构能够传输声音、图像、视频以及数据等多种信息。由于 ATM 是一个基于交换的技术，所以它能够很容易地伸缩。当通信负载增加或者当网络大量增加时，只要给网络添加更多的 ATM 交换机就可以了。

ATM 物理链接对许多电缆类型都能够进行操作，包括类型 3、4 和 5UTP、STP、同轴电缆以及多模式和单模式的光纤电缆。ATM 是一个用于数据、语音、视频以及多媒体应用程序的高速网络传输方法，包括一个接口和一个协议，该协议能够在一个常规的传输信道上在比特率不变及变化的通信量之间进行切换。

ATM 技术具有如下特点：

（1）实现网络传输有连接服务，实现服务质量保证；

（2）交换吞吐量大、带宽利用率高；

（3）具有灵活的组网拓扑结构和负载平衡能力，伸缩性、可靠性极高；

（4）ATM 是现今唯一可同时应用于局域网、广域网两种网络应用领域的网络技术，它将局域网与广域网技术统一。

ATM 组网技术的不足之处是协议过于复杂和设备昂贵带来的相对较高的建网成本。

4．ATM 局域网分类

ATM 局域网又分为交换局域网和虚拟局域网。

交换局域网的核心部件是局域网交换机。局域网交换机一般有多个端口，每个端口可以直接和网络中的一般节点连接，也可以和集线器连接。

虚拟局域网是建立在局域网交换机或 ATM 交换机的基础上的，以软件方式来实现逻辑工作组的划分与管理，逻辑工作组的节点组成不受物理位置的限制。逻辑工作组将网络上的节点按工作性质与需要划分而得到，一个逻辑工作组就是一个虚拟网络。构成虚拟局域网的条件是所有用户终端都连接到支持虚拟局域网的交换机端口上。

5．虚拟局域网

虚拟局域网（Virtual Local Area Network，VLAN）是一种将局域网设备从逻辑上划分成一个个网段，从而实现虚拟工作组的新兴数据交换技术。VLAN 技术的出现，使得管理员根据实际应用需求，把同一物理局域网内的不同用户逻辑地划分成不同的广播域，每一个 VLAN 都包含一组有着相同需求的计算机工作站，与物理上形成的 LAN 有着相同的属性。由于它是从逻辑上划分，而不是从物理上划分，所以同一个 VLAN 内的各个工作站没有限制在同一个物理范围中，即这些工作站可以在不同的物理 LAN 网段上。图 5-6 是一个虚拟局域网的示意图。

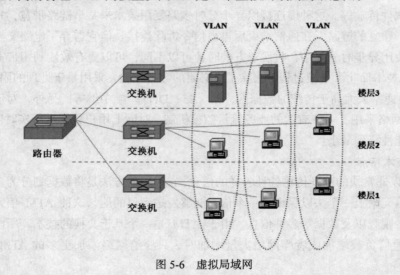

图 5-6　虚拟局域网

（1）VLAN 的优点

① 能够防范广播风暴。

虚拟局域网可以限制网络上的广播，将网络划分为多个 VLAN，可减少参与广播风暴的设备数量。VLAN 分段可以防止广播风暴波及整个网络。VLAN 可以提供建立防火墙的机制，防止交换网络的过量广播。使用 VLAN，可以将某个交换端口或用户划归到某一个特定的 VLAN 组，该 VLAN 组可以在一个交换网中或跨接多个交换机，在一个 VLAN 中的广播不会送到 VLAN 之外。同样，相邻的端口不会收到其他 VLAN 产生的广播。这样可以减少广播流量，释放带宽给用户应用，减少广播的产生。

② 能够增强网络安全性。

通过划分 VLAN 可以增强局域网的安全性，可以将含有敏感数据的用户组与网络的其余部分隔离，从而降低泄露机密信息的可能性。不同 VLAN 内的报文在传输时是相互隔离的，即一个 VLAN 内的用户不能和其他 VLAN 内的用户直接通信，如果不同 VLAN 要进行通信，则需要通过路由器或三层交换机等三层设备。

③ 能够降低成本，提高性能。

通过 VLAN 可以降低高昂的网络升级成本，提高现有带宽和上行链路的利用率。而将平面网络划分为多个逻辑工作组（广播域）可以减少网络上不必要的流量并提高性能。

④ 增加网络连接的灵活性。

借助 VLAN 技术，能将不同地点、不同网络的不同用户组合在一起，形成一个虚拟的网络环境，就像使用本地 LAN 一样方便、灵活、有效。

（2）VLAN 的划分方法

虚拟局域网可以有以下 6 种划分方法，具体方法如下。

① 根据端口划分 VLAN。

根据端口划分 VLAN 是最常用的划分方法。这种划分方法是利用交换机的端口来划分 VLAN 成员。被设定的端口都在同一个广播域中。例如，一个交换机的 1、2、3、4、5 端口被定义为虚拟网 A，同一交换机的 6、7、8 端口组成虚拟网 B。这样就可以允许各端口之间的通信，并允许共享型网络的升级。但是，这种划分模式将虚拟网限制在了一台交换机上。第二代端口 VLAN 技术允许跨越多个交换机的多个不同端口划分 VLAN，不同交换机上的若干端口可以组成同一个虚拟网。

根据端口划分方法的优点是以交换机端口来划分网络成员，其配置过程简单明了。从目前来看，这种根据端口来划分 VLAN 的方式仍然是最常用的一种方式，可以适用于任何规模的网络。其缺点是当某个用户离开了原来的端口，到了一个新的交换机的端口时，需要进行重新定义。

② 根据 MAC 地址划分 VLAN。

根据每个主机的 MAC 地址来划分，即对每个 MAC 地址的主机都配置它属于的组，它的实现就是每一块网卡都对应唯一的 MAC 地址。这种划分方法允许用户从一个物理位置移动到另一个物理位置时，自动保留其所属的 VLAN 成员身份。

根据 MAC 地址划分的最大优点就是当用户物理位置移动时，即从一个交换机换到其他交换机时，VLAN 不用重新配置，所以，可以认为这种划分方法是基于用户的 VLAN。这种方法的缺点是初始化时，所有的用户都必须进行配置，如果有几百个甚至上千个用户的话，配置的工作量是非常大的。而且这种划分方法也导致了交换机执行效率的降低，因为在每一个交换机的端口都可能存在很多个 VLAN 组的成员，这样就无法限制广播风暴。

③ 根据网络层划分 VLAN。

根据网络层划分 VLAN 的方法是根据每个主机的网络层地址或协议类型来划分的。虽然这种划分方法是根据网络地址，如 IP 地址，但它不是路由，与网络层的路由毫无关系。这种方法的优点是用户的物理位置改变了，不需要重新配置所属的 VLAN，而且可以根据协议类型来划分 VLAN，这对网络管理者来说很重要。这种方法不需要附加的帧标签来识别 VLAN，这样可以减少网络的通信量。其缺点是效率低，因为检查每一个数据包的网络层地址是需要消耗处理时间的，一般的交换机芯片都可以自动检查网络上数据包的以太网帧头，但要让芯片能检查 IP 帧头，需要更高的技术，同时也更费时。

④ 根据 IP 组播划分 VLAN。

IP 组播实际上也是一种 VLAN 的定义，即认为一个组播组就是一个 VLAN，根据 IP 组播划分 VLAN 的方法将 VLAN 扩大到了广域网，因此，这种方法具有更大的灵活性，而且也很容易通过路由器进行扩展。由于这种方法效率不高，所以不适合局域网。

⑤ 基于规则划分 VLAN。

基于规则划分方法是最灵活的 VLAN 划分方法，也称为基于策略的 VLAN，具有自动配置的能力，能够把相关的用户连成一体，在逻辑划分上称为"关系网络"。网络管理员只需在网管软件中确定划分 VLAN 的规则（或属性），当一个站点加入网络中时，将会被"感知"，并被自动地包含进正确的 VLAN 中。同时，对站点的移动和改变也可自动识别和跟踪。采用这种方法，整个网络可以非常方便地通过路由器扩展网络规模。该种划分方法能够实现多种分配方法，可以从交换机端口、MAC 地址、IP 地址、网络层协议等方面进行划分。网络管理员可以根据自己的管理模式和需求来决定选择哪种类型的 VLAN。

⑥ 按用户定义、非用户授权划分 VLAN。

基于用户定义、非用户授权来划分 VLAN 是指为了适应特别的 VLAN，根据具体的网络用户的特别要求来定义和设计 VLAN，而且可以让非 VLAN 群体用户访问 VLAN，但是需要提供用户密码，在得到 VLAN 管理的认证后才可以加入一个 VLAN。

　　虚拟局域网中的划分方法有 6 种，在这 6 种划分 VLAN 的方式中，基于端口的 VLAN 划分方式是建立在物理层上的划分；基于 MAC 地址划分方式是建立在数据链路层上的划分的；而基于网络层和 IP 广播划分的方式则是建立在第三层网络层上划分的。

5.1.4　无线局域网组网技术

1．无线局域网概述

无线局域网是指以无线电波、红外线来代替有线局域网中的传输介质进行数据传输的局域网，它不用像前面所介绍的有线局域网那样为了网络连接而要敷设物理传输介质，摆脱了有线传输介质的束缚，使网络的移动和接入变得更加自由和灵活。

当前，无线局域网应用得越来越广泛，其标准是 IEEE 802 委员会于 1997 年公布的 802.11 无线局域网标准。无线局域网的协议标准 IEEE 802.11 定义的物理层传输介质主要有 3 种：跳频扩频、直接序列扩频和红外技术。由于 IEEE 802.11 标准在传输速率和传输距离上都不能满足人们的需要，于是 IEEE 802.11 标准提出了一系列高速度的无线局域网，目前流行的主要有 IEEE 802.11b、IEEE 802.11a 和 IEEE 802.11g 等。

2．无线局域网组成及设备

组建无线局域网的设备主要包括无线网卡、无线访问接入点、无线网桥和天线，几乎所有的无线网络产品都自含无线发射/接收功能。

（1）无线网卡。

无线网卡就是不通过有线连接，采用无线信号进行连接的网卡。无线网卡的作用、功能与普通计算机网卡一样，是用来连接到局域网上的。它只是一个信号收发的设备，只有在找到与 Internet 的连接出口时才能实现与 Internet 的连接，所有无线网卡只能局限在已布有无线局域网的范围内。

无线网卡按照接口的不同可以分多种：台式机专用的 PCI 接口无线网卡、笔记本计算机专用的 PCMICA 接口网卡和 USB 无线网卡。USB 无线网卡不管是台式机用户还是笔记本电脑，只要安装了驱动程序，都可以使用。在选择时要注意的是，只有采用 USB2.0 接口的无线网卡才能满足 IEEE 802.11g 或 IEEE 802.11g+的需求。

与无线网卡容易发生混淆的是无线上网卡。无线上网卡的作用、功能相当于有线的调制解调器，也就是俗称的"猫"。它可以在无线电话信号覆盖的任何地方，利用手机的 SIM 卡连接到 Internet 上。无线上网卡有 PCMCIA、USB、CF/SD 等接口类型，主要分为 GPRS 和 CDMA 两种。其速度会受到墙壁等各种障碍物以及其他无线信号如手机、微波炉等的干扰。

无线网卡和无线上网卡外观很像，但功用却大不一样。

无线网卡只能局限在无线局域网覆盖的范围内。如果要在无线局域网覆盖的范围以外，通过无线广域网实现无线上网功能，计算机就要在拥有无线网卡的基础上，同时配置无线上网卡。由于手机信号覆盖范围大于无线局域网的环境，所以无线上网卡对地域方面的依赖性减少。

无线网卡主要在无线局域网内用于局域网连接，要有无线路由或无线 AP 这样的接入设备才可以使用，而无线上网卡就像普通的 56K Modem 一样用在手机信号可以覆盖的任何地方进行 Internet 接入。

可以说，无线网卡和无线上网卡虽然都能实现无线功能，但实现的方式和途径是完全不同的。

（2）无线访问接入点。

无线访问节点（Access Point，AP）也叫会话点或存取桥接器，它不仅包含单纯性无线接入点（无线 AP），也同样是无线路由器（含无线网关、无线网桥）等类设备的统称。但随着无线路由器的普及，我们一般将无线 AP 理解为单纯性无线 AP，用以区别无线路由器。

无线 AP 主要提供无线工作站对有线局域网和有线局域网对无线工作站的访问，在无线 AP 覆盖范围内的无线工作站可以通过该无线 AP 进行相互通信。无线 AP 就是一个无线的交换机，仅仅提供一个无线信号发射的功能。无线 AP 的工作原理是将网络信号通过有线介质传送过来，经过无线 AP 的编译，将电信号转换成为无线电信号发送出来，形成无线网的覆盖。根据不同的功率，其可以实现不同程度、不同范围的网络覆盖，一般无线 AP 的最大覆盖距离可达 300 m。多数单纯性无线 AP 本身不具备路由功能，包括 DNS、DHCP、Firewall 在内的服务器功能都必须有独立的路由或是计算机来完成。目前大多数的无线 AP 都支持多用户（30～100 台计算机）接入、数据加密、多速率发送等功能，在家庭、办公室内，一个无线 AP 便可实现所有计算机的无线接入。

（3）无线网桥。

无线网桥就是无线网络的桥接，它可在两个或多个网络之间搭起通信的桥梁（无线网桥亦是无线 AP 的一个分支）。独立的网络段通常位于不同的建筑物内，相距几百米到几十千米，所以需要无线网桥。根据协议不同，无线网桥又可以分为 2.4 GHz 频段的 802.11b 和 802.11G 无线网桥，以及采用 5.8 GHz 频段的 802.11a 无线网桥。无线网桥有 4 种工作方式：无线覆盖、点对点、点对多点、中继连接。特别适用于城市中的近距离、远距离通信。它有两种接入方式：IP 接口接入和 IP+E1 双接口接入。

在无高大障碍物的条件下，无线网桥的作用距离取决于环境和天线。无线网桥通常用于室外，主要用于连接两个网络，无线网桥的使用需要两个以上才可以工作，不像无线 AP 可以单独使用。无线网桥功率大、传输距离远（最大可达约 50km）、抗干扰能力强、不自带天线，一般配备抛物面天线实现长距离的点对点连接。

（4）无线路由器。

无线路由器（Wireless Router）是带有无线覆盖功能的路由器，它主要应用于用户上网和无线覆盖。市场上流行的无线路由器一般都支持专线 XDSL、Cable、动态 XDSL、PPTP4 种接入方式，它还具有其他一些网络管理的功能，如 DHCP 服务、NAT 防火墙、MAC 地址过滤等功能。

无线路由器好比是将单纯性无线 AP 和宽带路由器合二为一的扩展型产品，它不仅具备单纯性无线 AP 的所有功能，如支持 DHCP 客户端、支持 VPN、防火墙、支持 WEP 加密等，而且还包括了网络地址转换（NAT）功能，可支持局域网用户的网络连接共享，可实现家庭无线网络中的 Internet 连接共享，实现 ADSL 和小区宽带的无线共享接入。无线路由器可以与所有与以太网连接的 ADSL Modem 或 Cable Modem 直接相连，也可以在使用时通过交换机/集线器、宽带路由器等局域网方式再接入。其内置有简单的虚拟拨号软件，可以存储用户名和密码拨号上网，可以实现为拨号接入 Internet 的 ADSL、CM 等提供自动拨号功能，而无须手动拨号或占用一台计算机做服务器使用。此外，无线路由器一般还具备相对更完善的安全防护功能。

3．无线局域网的组网

无线局域网的组网模式有无中心组网（无基站网络）和有中心组网（有基站网络）。无线局域网的主要设备包括无线网卡、无线访问接入点、无线集线器和无线网桥，几乎所有的无线网络产品中都自带无线发射/接收功能，其通常是一机多用。

（1）无中心网络。

无中心网络也称为对等网络或者 AD-hoc 网络，它覆盖的服务区称为 IBSS。对等网络用于一台无线工作站和另一台或多台其他无线工作站的直接通信，该网络无法接入有线网络中，只能独立使用。该结构相当于有线网络中的多机（一般最多是 3 台机）直接通过网卡互连，中间没有集中接入设备［没有无线接入点（AP）］，信号是直接在两个通信端点对点传输的。这就是最简单的无线局域网结构，如图 5-7 所示。

由于对等结构无线网络通信中没有一个信号交换设备，网络通信效率较低，仅适用于计算机无线互连数量较少的情况下（通常是在 5 台以内）。而且，由于这一模式没有中心管理单元，所以这种网络在可管理性和扩展性方面受到一定的限制，连接性能也不是很好。而且各无线节点之间只能单点通信，不能实现交换连接。无中心的对等无线网络通常只适用于临时的无线应用环境，如小型会议室、SOHO 家庭无线网络等。

（2）有中心网络。

有中心网络也称为结构化网络，它是基于无线 AP 的结构模式，由无线工作站、无线 AP 以及 DSS 构成，覆盖的区域分为 BSS 和 ESS。无线 AP 也称无线访问点或无线 Hub，用于在无线工作站和有线网络之间接收、缓存和转发数据。无线 AP 通常能覆盖几十至几百用户，覆盖半径达到上百米，有中心无线局域网络的拓扑结构如图 5-8 所示。

图 5-7　无中心无线网络拓扑结构　　　　　图 5-8　有中心无线网络拓扑结构

　　这种结构其实与有线网络中的星型交换模式差不多，也属于集中式结构类型，其中的无线 AP相当于有线网络中的交换机，起着集中连接和数据交换的作用。在这种无线网络结构中，需要在每台主机上安装无线网卡，还需要一个 AP 接入设备，这个 AP 设备就是用于集中连接所有无线节点并进行集中管理的。当然，一般的无线 AP 还提供了一个有线以太网接口，用于与有线网络、工作站和路由设备的连接。

　　这种网络结构模式的特点主要表现在网络易于扩展、便于集中管理、能提供用户身份验证等优势，另外，数据传输性能也明显高于 Ad-Hoc 对等结构。在这种 AP 网络中，AP 和无线网卡还可针对具体的网络环境调整网络连接速率，以发挥相应网络环境下的最佳连接性能。有中心网络的无线局域网不仅可以应用于独立的无线局域网中，如小型办公室无线网络、SOHO 家庭无线网络，也可以组建成庞大的无线局域网系统。

5.2　服务器技术

　　在网络的组建中，按照计算机网络的层次划分，每一个层次需要不同的互连设备来支撑。服务器在网络中处于核心主导地位，服务器在应用层上影响着整个网络的性能，对网络起着全局的影响。下面介绍服务器的相关知识。

5.2.1　服务器概述

　　服务器（Server）是网络上一种为客户端计算机提供网络服务和共享资源的高性能的计算机。网络服务器是局域网的核心，它拥有大量可共享的硬件资源（如大容量的磁盘、高速打印机、高性能绘图仪等贵重的外围设备）和软件资源（如数据库、信息、文件系统、应用软件等），并具有管理这些资源和协调网络用户访问资源的能力。图 5-9 所示的是两款服务器，分别是 HP 的机架式服务器、IBM 的刀片式服务器和它们的塔式服务器。

（a）HP Proliant DL288 G6 机架式服务器　　　　（b）IBM BladeCenter HX5 刀片式服务器

（c）IBM 和 HP 塔式服务器

图 5-9　服务器

1. 服务器的分类与作用

根据服务器在网络中应用的层次，将服务器分为入门级、工作组级、部门级和企业级服务器。

（1）入门级服务器。这是最基础、最低档的服务器。入门级服务器的配置一般与 PC 差不多，包含的服务器特性不多，通常最多只能连接 20 台左右的有限终端，其稳定性、可扩展性以及容错冗余性能较差，仅仅适用于没有大型数据库数据交换、网络流量不大、无须长期不间断开机的小型网络用户。

（2）工作组级服务器。此类服务器比入门级高一档次，但仍属于低档服务器。它只能连接一个工作组（50 台左右）的用户，网络规模较小，稳定性不高。和入门级服务器相比，性能有所提高，功能有所增强，有一定的可扩展性，但不能满足大型数据库系统的应用。目前，国内有些院校的网络中心选择使用这样的服务器进行校园网络管理。

（3）部门级服务器。这是中档服务器，一般都支持双 CPU 以上的对称处理器结构，硬件配置比较完备，可连接 100 个左右的计算机用户，适用于对处理速度和系统可靠性要求高一些的中小型网络。其硬件配置相对较高，可靠性高于工作组级服务器，价格也较高。这是高等院校普遍选择使用的网络服务器。

（4）企业级服务器。这是高档服务器，采用 4 个以上 CPU 的对称处理器结构，具有独立的双 PCI 通道和内存扩展板设计，具有高内存带宽、大容量热插拔硬盘和热插拔电源、超强的数据处理能力和群集性能等。该类服务器适用于联网计算机在数百台以上、对处理速度和数据安全要求非常高的大型网络。

2. 服务器与 PC、小型机和工作站的区别

（1）服务器与 PC 的区别。

服务器是采用基于 PC 的体系结构（Intel Architecture 32 位总线），适用 Intel 或与其兼容的处

理器芯片的高性能计算机，所以服务器和 PC 具有极高的亲和性。有些时候可以将 PC 作为服务器使用，但这两者是有区别的。

在 CPU 处理能力方面，由于服务器要将其数据、硬件通过网络共享，在运行网络应用程序时要处理大量的数据。因此要求 CPU 具有很强的处理能力。大多数 IA 架构的服务器采用多 CPU 对称处理技术，多颗 CPU 共同进行数据运算，大大提高了服务器的计算能力，满足学校的教学、多媒体应用方面的需求。而 PC 基本上都配置的是单颗 CPU，所以 PC 在数据处理能力上比起服务器当然要差许多了。如果用 PC 充当服务器，在多媒体教学中会经常发生死机、停滞或启动很慢等现象。

在安全可靠性方面，由于服务器是网络中的核心设备，因此它必须具备高可靠性、安全性。采用专用的 ECC 内存、RAID 技术、热插拔技术、冗余电源、冗余风扇等方法使服务器具备容错能力、安全保护能力。

在扩展性方面。服务器具备较多的扩展插槽、较多的驱动器支架及较大容量的硬盘、较强的内存扩展能力，具有数量高达 8 个之多的内存插槽，最高支持 16 GB 的内存，这样的扩充能力是 PC 无可比拟的。这也使得用户网络在扩充后，服务器也能满足新的需求。

在可管理性方面，从软、硬件的设计上，服务器具备较完善的管理能力。多数服务器在主板上集成了各种传感器，用于检测服务器上的各种硬件设备，同时配合相应的管理软件，可以远程监测服务器，从而使网络管理员对服务器系统进行及时有效的管理。有的管理软件可以远程监测服务器主板上的传感器记录的信号，对服务器进行远程的监测和资源分配。而 PC 由于其应用场合较为简单，所以没有较完善的硬件管理系统。对于缺乏专业技术人员的用户来说，选用可管理性强的服务器可以免去许多烦恼。

（2）服务器与小型机的区别。

小型机是指运行原理类似于 PC（个人计算机）和服务器，但性能及用途又与它们截然不同的一种高性能计算机，它是 20 世纪 70 年代由 DEC（数字设备公司）公司首先开发的一种高性能计算产品。在英文里服务器和小型机都叫 Server，小型机是国内的习惯称呼。服务器和小型机的主要区别体现在以下几方面。

体系结构不同。小型机具有区别 PC 及其服务器的特有体系结构，还有各制造厂自己的专利技术，有的还采用小型机专用处理器，不同品牌的小型机架构大不相同。例如，美国 Sun、日本 Fujitsu（富士通）等公司的小型机是基于 SPARC 处理器架构的，而美国 HP 公司的则基于 PA – RISC 架构，Compaq 公司则基于 Alpha 架构。而 PC 服务器主要指基于 Intel 处理器的架构，是一个通用开放的系统。

I/O 总线不相同。例如，Fujitsu 是 PCI，Sun 是 SBUS，这就意味着各公司小型机上的插卡，如网卡、显示卡、SCSI 卡等可能也是专用的。

操作系统不相同。小型机的操作系统一般是基于 UNIX 的，像 Sun、Fujitsu 是用 Sun Solaris，HP 是用 HP – UNIX，IBM 是 AIX，等等，所以小型机是封闭专用的计算机系统。虽然小型机的价格是 PC 服务器的好几倍，但由于 UNIX 操作系统的安全性、可靠性和专用服务器的高速运算能力，仍然有许多用户选择使用。

可以说，小型机仅仅是低价格、小规模的大型计算机，典型的小型机运行 UNIX、MPE、VEM 等专用的操作系统。它们比大型机价格低，却几乎有同样的处理能力。

（3）服务器与工作站的区别。

工作站是一种高档的微型计算机，通常配有高分辨率的大屏幕显示器及容量很大的内存储器和外存储器，并且具有较强的信息处理功能和高性能的图形、图像处理功能以及联网功能。工作站是一种以个人计算机和分布式网络计算为基础，主要面向专业应用领域，具备强大的数据运算与图形、图像处理能力，为满足工程设计、动画制作、科学研究、软件开发、金融管理、信息服务、模拟仿真等专业领域而设计开发的高性能计算机。

工作站与服务器的硬件基本上是一样的，但应用则不同。工作站用于大型计算，图像、图形渲染功能强大。服务器主要用于网络共享。服务器作为网络的节点，存储、处理网络上80％的数据、信息，因此也被称为网络的灵魂。做一个形象的比喻：服务器就像是邮局的交换机，而微机、笔记本、PDA、手机等固定或移动的网络终端，就如散落在家庭、各种办公场所、公共场所等处的电话机。我们与外界日常的生活、工作中的电话交流、沟通，必须经过交换机，才能到达目标电话；同样如此，网络终端设备如家庭、企业中的微机上网，获取资讯，与外界沟通、娱乐等，也必须经过服务器，因此也可以说是服务器在"组织"和"领导"这些设备。

5.2.2　服务器的性能和配置

服务器从应用的角度来划分，其技术配置规格大体可以分为性能敏感型、空间敏感型和低价位稳定型。

性能敏感型服务器对性能和处理反应速度的要求较高，常常用来作为门户型网站、在线游戏网站以及防火墙系统的服务器。

空间敏感型服务器对服务器的存储空间要求大，如FTP服务器、在线视频、电子邮件服务器等。而数据库服务器则对性能和存储都有一定要求，这要根据情况而定，根据用户多少、用户额定存储空间大小以及访问的频繁度来决定服务器的性能和配置。

低价位稳定型服务器对服务器的处理速度、数据存储要求不高，但是对稳定性、安全性的要求都比较高。一般常用于企业网站和普通论坛网站以及DNS和代理服务器等。

下面我们对常见的服务器的性能和配置要求进行简要说明。

1．Web服务器

Web服务器即WWW服务器，是性能敏感型服务器，对服务器硬件平台的要求取决于访问的频繁度及Web服务器支持的服务复杂程度，即调用的CGI程序对系统资源的耗费程度。另外，不同软件厂商提供的Web服务器、同一Web服务器的不同版本对资源的耗费以及本身的性能也不一样。因此，Web服务器的配置首先应确定服务器软件。目前，Internet上较为流行的两种Web服务器软件是Apache和微软的IIS，IIS主要定位于小型的Internet环境，运行于Windows NT/2000/XP/2003 Server平台，而Apache则有多种平台版本：Windows、Linux、UNIX版本。从性能上来比较，Apache+PHP相对于Windows NT+IIS运行ASP要稍强，Apache略占优势。现有的版本已能在高性能的主机上一秒钟内处理10 000次以上的操作（响应一次请求为一次操作）。因此，设计者应该根据应用开发需求，选择相应的软件平台和硬件。

2．代理服务器

代理服务器的英文全称是Proxy Server，其功能就是代理网络用户去取得网络信息，也就是网络信息的中转站。代理服务器是典型的性能敏感型服务器，一个好的代理服务器可支持绝大部分Internet服务的代理。目前，Internet上使用的代理软件很多，其中，Netscape Proxy Server是其中的佼佼者，不仅可支持绝大部分Internet服务的代理功能，而且可允许用户嵌入自己的代理认证管理功能模块，同时，还可支持 Proxy Server 的串接、代理认证用户名及口令的 SSL 加密、防止网络监听。Proxy Server 是 Internet 代理服务器较为理想的选择。因此，建议采用 Netscape Proxy Server，并嵌入该公司的代理计费软件 Netgate，来实现代理服务和用户管理以及安全防护。

代理服务器所处理的数据与所代理的服务有关，代理服务器的工作原理是在内存中驻留大量的代理进程为不同的用户服务，因此对内存的需求量较大。

当然，对于中小型企业来讲，主流的单至强 3.0/2.8GHz 服务器基本上能够满足，至于内存容量方面，配置 1GB 完全能够满足此种应用，对于一些大型企业，可考虑使用双至强处理器服务器，至于内存容量方面可根据具体人数，适当增加内存。

3．E-mail 服务器

E-mail 服务器系统是空间敏感性服务器，它对实时性要求不高，主要关注系统的硬盘空间和 E-mail 服务器软件对用户数的支持。按照目前的需求，普通的一台入门级服务器的性能在使用 Linux 平台的 Postfix 邮件系统时，可支持上百万级用户正常收发邮件。当然，E-mail 服务器配置的硬盘容量要足够大，建议采用主流的大容量硬盘，如 300 GB SATA 硬盘或 146 GB SCSI 硬盘，同时服务器要预留硬件架位，以满足将来应用。建议使用塔式服务器或可安装 6/8 个硬盘的 2U 机架式服务器。

4．Notes 服务器

Notes 是针对企业信息化而由 IBM 公司开发的集 E-mail、Office、通信于一体的综合办公软件。对服务器的性能与存储要求相当高。一些中小型企业会考虑在服务器上提供文件服务器和 Notes 服务器，这对于服务器来讲是一种考虑。当然，也可以考虑将 Notes 服务器单独采用一台机器来实现，并推荐配置为双至强、2 GB 内存（甚至更多）、千兆网络的服务器来担任。

5．防火墙系统

目前，Internet 上最为流行的是 Check Point 的 Firewall-1 防火墙软件，该软件最大的特点是功能齐全、管理方便。但该软件不是一个 MPP 的软件系统，因此，CPU 的增加对软件的性能影响不大，如果需要做大量的 NAT（网络地址转换），应考虑配置足够的内存。因此，如单独实现应考虑配置一台双核至强处理器，512M 内存，36G 硬盘就可满足应用。如与上述服务在同一台机器上实现，应增加 512M 内存和相应的硬盘容量。

6．DNS 服务器

DNS 服务器在 Internet 中的作用是把域名转换成为网络可以识别的 IP 地址。首先要知道 Internet 的网站都是以一台一台服务器的形式存在的，但用户如何实现对网站服务器的访问，这就需要给每台服务器分配 IP 地址。Internet 上的网站很多，人们不能记住每个网站的 IP 地址，由此就产生了便于记忆的域名管理系统 DNS。DNS 可以把用户输入的方便记忆的域名转换为要访问的服务器的 IP 地址。当用户在浏览器中输入网址的时候，就会自动转换为该网址对应的 IP 地址。

7．FTP 服务器

FTP 的英文全称是 File Transfer Protocol，意思是文件传输协议。用户通过 FTP 能够在联网的计算机之间相互传递文件，这是 Internet 上传递文件最主要的方法。FTP 服务器是需要一定存储空间的计算机，可以选择使用个人计算机，也可以选择使用专门的服务器。

8．数据库服务器

数据库服务器主要用于存储、查询、检索信息等业务，因此，数据库服务器需要搭配专用的数据库软件系统，并且对服务器的兼容性、可靠性和稳定性都有很高的要求。

目前主要数据库系统有 Oracle 和 SQL。Oracle 是目前业界公认的最好的数据库系统（DBMS）之一，被广泛应用于大中型企业、高等院校和科研领域。它也是目前流行的客户/服务器（C/S）体系结构的数据库系统之一。Oracle 数据库提供了新的分布式数据库能力，可以通过网络较为方便地读写远程数据库中的数据，并且有对称复制技术。

SQL Server 对服务器的设备要求没有 Oracle 高。但是要提高 SQL Server 系统的性能就要在处理器和磁盘系统上进行研究和提升。

上述介绍的服务器仅仅是网络应用的一部分，还存在更多的应用。用户要充分了解每种应用及其应用软件系统的规律，了解每种应用对服务器的 CPU、内存、硬盘和网卡等的要求，这样才能够满足服务器的硬件配置。

5.2.3　服务器的选择

用户在选择服务器组建网络系统时，主要从 3 个方面来选择服务器：网络环境和应用、网络可用性和网络的选配。

从网络环境和应用来考虑，就要明确整个网络系统的应用。具体来说，就是要明确服务器能够支持的用户数量、用户类型以及处理的数据量等方面。网络系统要实现应用，就需要一定的应用系统，而不同的应用系统需要不同的环境和相应的配置，这就对服务器提出了不同的要求。

从网络的可用性来考虑，服务器是整个网络的核心，不但要求在性能上能够满足网络应用需求，而且还要具有不间断地向网络客户提供服务的能力。服务器的可靠运行是整个网络系统稳定发挥作用的基础。

从网络服务器的选配来考虑，服务器类型分为高、中、低三档，只有确定了服务器所能够支持的最大用户数、所需要承载的功能，才能根据需要配置出最优化的网络服务器。

总体来说，网络服务器的选择需要遵循以下一些原则。

1．性能稳定是前提

稳定性是服务器最关键的性能。为了保证网络能够正常运转，选择服务器的首要因素是稳定。如果性能不稳定，即使配置再高、技术再先进，也无法保证网络正常工作。服务器所面对的是全网络的用户，只要网络中有用户，服务器就不能断，所以专门服务器都需要每天 24 小时不间断工作，尤其是一些大型的网络服务器。可以说，很多服务器真正工作开机的次数只有一次，直到它彻底报废。

2．以适用、够用为原则

在选用服务器时以适用、够用为原则。因为网络建设方自身的信息资源和资金有限，无法一次性投入太多的经费去购买档次很高、技术很先进的服务器。所以，对于中小规模的网络而言，根据实际情况，选择满足信息化建设发展需要的服务器是最适宜的。在多数应用中，服务器的 CPU 性能和安装的 CPU 数量并不是影响服务器性能的主要因素，只有找到影响服务器性能的因素，才能有针对性地提升服务器的系统性能。

3．充分考虑可扩展性

网络需求的不断变化、网络结构和规模的不断发展，对服务器的性能不断地提出新的要求，为了减少更新服务器带来的额外开销和对应用的影响，服务器应当具有较高的可扩展性。任何一个网络都不能长久不变，只有具备一定的可扩展性，才可以保证用户增多时的需要。

4．重视易操作性和可管理性

一般的网络用户通常没有很专业的技术人员来维护和管理服务器，因此，服务器产品具备良好的易操作性和可管理性是十分必要的。这样，在出现故障时，即使没有专业人员也能将故障排除。易操作和便于管理的服务器需要具备自动报警、简化管理功能，并配有相应的冗余、备份、在线诊断和恢复系统，以备出现故障时及时恢复服务器的运作。

5．能够满足特殊要求

不同网络系统应用的侧重点不同，对服务器性能的要求也不一样。例如，VOD 服务器要求具有较高的存储容量和数据吞吐率，而 Web 和 E-mail 服务器则需要 24 小时不间断运行。如果服务器中存放的信息属于机密数据，就要求选择具有较高安全性的服务器。

在选择服务器时，合理的价格和性能也是需要注意的。要选择性能稳定和价格适中的服务器。在采购的同时，还要充分考虑维护成本。产品的价格不仅指购买它的资金，也包括日常维护所需要的经费投入。此外，完善的售后服务也是值得考虑的。对于大多数院校来说，专职维护和管理维护服务器的人员较少。因此，在购买时售后服务好的产品才是明智的选择。便捷的联系方式、迅速的响应机制、热情及时的上门服务、全面准确的售后服务报告、质保期的内容和层次透明而清晰等售后服务都是需要考虑的。

5.3　网络存储技术

5.3.1　网络存储技术概述

网络存储技术就是将"存储"和"网络"结合起来，通过网络连接各存储设备，实现存储设备之间、存储设备和服务器之间的数据在网络上的高性能传输。为了充分利用资源、减少投资，存储作为构成计算机系统的主要架构之一，就不再仅仅担负附加设备的角色，而逐步成为了独立的系统。利用网络将此独立的系统和传统的用户设备连接，使其以高速、稳定的数据存储单元存在，用户可以方便地使用诸如浏览器这样的客户端进行访问和管理，这就是网络存储。

网络存储技术一般可以按以下几种方法分类。

1．按存储介质分类

根据存储介质不同可以分为磁带存储技术、磁盘存储技术和光盘存储技术。

2．按存储体系结构分类

根据存储体系结构不同可以分为直连存储技术、附网存储技术、存储区域网络、IP 存储技术、基于对象的存储技术、存储集群系统、网格存储技术、虚拟存储技术等。

3．按存储接口技术分类

根据存储接口技术不同可以分为光纤通道（Fiber Channel，FC）技术、分布式网络存储、SCSI、ISCSI 和 Infiniband 技术等。

5.3.2　常见的网络存储技术

1. 磁盘存储技术

独立磁盘冗余阵列（Redundant Array of Independent Disks，RAID）是一种使用多磁盘驱动器来存储信息的信息存储系统，它可以运用不同的存储技术来实现不同等级的冗余、错误恢复和数据保护功能。通过 RAID，可以在一个或多个磁盘出现故障的情况下防止数据丢失，也不必规划数据在各磁盘的分布。因而，磁盘空间的使用率得到了提高，而且磁盘容量几乎可做无限的延伸。由于存取数据时各个磁盘一起做存取的动作，所以存取速度快，加快了数据存取的时间。

（1）RAID 技术的原理。

RAID 系统由两个主要部件组成：RAID 控制器和磁盘阵列。控制器是 RAID 系统的核心，负责路由、缓冲以及管理主机和磁盘阵列之间的数据流。磁盘阵列把多个磁盘组织起来，由阵列管理程序进行统一管理，而给用户看到的是一个或多个虚拟磁盘。当用户对这个虚拟磁盘进行操作时，这些操作经过管理程序的处理，最终由物理磁盘执行，并将结果告诉给用户，用户对一般硬盘进行的操作则相当于对磁盘阵列进行的操作。

RAID 使用一组磁盘同时进行 I/O 操作，从而获得更大的 I/O 吞吐量，并依靠存储冗余信息来保障数据的安全性。RAID 可以连接 NAS、SAN 网络或直接连到主机服务器上，以网络连接存储系统的方式存储信息、提供服务。

（2）RAID 的特点。

① 高传输速率、大数据吞吐量。RAID 通过在多个磁盘上同时存储和读取数据来大幅提高存储系统的数据吞吐量和传输速率。RAID 可以达到单个磁盘驱动器几倍至上百倍的传输速率。

② 超强容错功能、更高的数据安全性。RAID 具有超强的容错功能，该容错建立在每个磁盘驱动器的硬件容错功能之上，所以它为系统提供了更高的安全性。很多 RAID 模式中都有较为完备的相互校验/恢复措施，甚至是直接相互镜像备份，从而大大提高了 RAID 系统的容错能力。

③ 功能冗余。RAID 增加了系统的可用性和实时性。可以实现系统的"热备份"，能在系统正常运行的状态下替换掉出故障的硬盘。当 RAID 中的硬盘出现故障时，功能冗余保证了数据的安全性。

④ 辅助技术。RAID 系统在读/写用户数据时需要花费时间来进行数据校验，这样就产生了操作瓶颈，使整个系统的性能受到重大影响。为了解决这个问题，RAID 系统融入高速缓存、并行处理、数据映射等辅助技术，使 RAID 的整体运行性能得到提高。

（3）RAID 技术的分类。

目前成熟的 RAID 技术有 RAID 0、RAID 1、RAID3、RAID 5、RAID 10 和 RAID 35 等，下面简单介绍其中的几种技术及其特点。

RAID 0 的主要特点是条带化。RAID 0 连续以位或字节为单位分割数据，并行读/写于多个磁盘上，当一组磁盘阵列被条带化成 RAID 0 模式时，数据块被分别存储在多个磁盘中，读/写操作时，数据从多个磁盘同时进行，有效地提高了磁盘读/写的速度。由于读/写负载是在 RAID 0 卷的磁盘中平衡的，所以应考虑使用统一型号、容量的硬盘，以提高 RAID 0 磁盘阵列的读写效率和性能。RAID 0 的应用建议：图像编辑、预编辑应用系统、需要高性能的应用环境以及对数据的传输率要求较高的单位。

RAID 1 是通过磁盘数据镜像实现数据冗余，在成对的独立磁盘上产生互为备份的数据的。一个硬盘出错，另一个镜像硬盘可继续工作，该功能被称为容错。如果将损坏的硬盘更换为一个新硬盘，则另一个好的硬盘会自动将其数据镜像到新的硬盘上，而不需要重组失效的数据。也就是说，RAID 1 至少由两个硬盘或更多的偶数块硬盘组成。设置成 RAID 1 模式的阵列容量等于两个磁盘中较小那个的容量。例如，一个 100 GB 的硬盘和一个 120 GB 的硬盘组成 RAID 1，则其 RAID 1 卷的容量等于 100 GB。RAID 1 的建议应用环境：财务部门、付款部门、需要高可用性以及对数据的安全有较高要求的部门。

RAID 10 也被称为 RAID 0+1 标准，特点是镜像/条带化。它实际是将 RAID 0 和 RAID 1 相结合的产物，在连续地以位或字节为单位分割数据并且并行读/写的同时，为每一块磁盘做磁盘镜像进行冗余，既可以利用 RAID 0 的读写速度提高存储性能，又可以利用 RAID 1 的镜像保护数据。它的优点是同时拥有 RAID 0 的超凡速度和 RAID 1 的数据高可靠性，但是 CPU 占用率十分高，而且磁盘的利用率也比较低。RAID 10 的建议应用环境：图像处理、数据库服务器、一般文件服务器、备份磁盘驱动器以及在信息化建设中对存储速度和数据安全性都有要求的单位。

RAID 3 是将数据条块化分布于不同的硬盘上，并使用简单的奇偶校验，用单块磁盘存放奇偶校验信息。如果一块磁盘故障，奇偶盘及其他数据盘可以重新产生数据，奇偶盘故障则不影响数据使用。RAID 3 对于大量的连续数据可提供很好的传输率，但对于随机数据，奇偶盘会成为写操作的瓶颈，传输速度会受到影响。RAID 3 特别适合应用在大型、连续性档案以写入为主的单位，如绘图、数据仓储、视讯编辑、影像、高速数据撷取、多媒体等单位。

RAID 5 是分布式校验的条带块模式，读/写指针可同时对阵列设备进行操作，提供了更高的数据流量。RAID5 不单独指定奇偶校验盘，而是在所有磁盘上交叉地存取数据及奇偶校验信息，任何一块硬盘上的数据丢失，均可以通过校验数据推算出来。RAID 5 是目前应用最广泛的 RAID 技术。它和 RAID 3 最大的区别在于校验数据是否平均分布到各块硬盘上。RAID 5 具有数据安全、读写速度快、空间利用率高等优点，应用非常广泛，但不足之处是如果一块硬盘出现故障，整个系统的性能将大大降低。

2．直接网络存储系统 DAS

直连存储系统（Direct Attached Storage，DAS）是一种以服务器为中心的存储结构，用户在客户端对存储设备的数据访问首先要通过网络，再经过服务器，最后经过其总线访问相应的存储设备。

DAS 的优点主要如下。

（1）存储容量扩展的实施简单，投入成本少、见效快。

（2）存储安全由服务器承担，用户不必担心所存信息的安全。

（3）能充分利用服务器的高性能 I/O 总线来完成用户的 I/O 操作。

DAS 存在的问题如下。

（1）由于受服务器总线技术和所连存储设备数量的限制，DAS 的可扩展性差，难以满足现代存储应用大容量、高性能、动态可扩展的要求。

（2）受服务器主机的带宽和内存容量的限制。

（3）当服务器发生故障时，数据不可访问。

（4）当访问的用户数增多时，服务器本身会成为整个系统的瓶颈。

（5）不具备共享性，每种客户机类型都需要一个服务器，从而增加了存储管理和维护的难度。

由于上述种种缺陷，DAS 难以满足现今的存储和用户的要求，目前已经开始逐步淡出网络存储市场。

3．网络附加存储系统 NAS

网络附加存储系统（Network Attached Storage，NAS）是可以直接连到网络上向用户提供文件级服务的存储设备。NAS 将存储设备通过标准的网络拓扑结构（如以太网）连接到一群计算机上，提供数据和文件服务。NAS 利用其自身简化的实时操作系统，将硬件和软件有机地集成在一起，用以提供文件服务和实现涉及文件存取及管理的所有功能。它是以网络为中心，面向文件服务器的。

NAS 的主要优点如下。

（1）异构平台下的文件共享。不同操作系统平台下的多个客户端可以很容易地共享 NAS 中的同一个文件。

（2）充分利用现有的 LAN 网络结构，保护现有投资。

（3）容易安装，使用和管理都很方便，实现即插即用。

（4）广泛的适用性。

（5）总成本低。

NAS 存在的问题如下。

（1）存储只能以文件方式访问，而不能像普通文件系统那样直接访问物理数据块，严重影响系统效率。

（2）由于存储数据要通过普通数据网络传输，因此易受网络上其他流量的影响，当网络上有其他大数据流量时会严重影响系统性能。此外，还容易产生数据泄露等安全问题。

（3）难以对多个 NAS 设备进行统一的集中管理。

4．存储区域网络 SAN

存储区域网络（Storage Area Network，SAN）是一种利用 FC 等互连协议连接起来的可以在服务器和存储系统之间直接传送数据的存储网络系统。SAN 实际上是一种专门为存储建立的独立于 TCP/IP 网络之外的专用高速网络（目前 SAN 一般可提供 2～4Gbit/s 的传输速率）。SAN 是以数据存储为中心，采用可伸缩的网络拓扑结构，通过具有高传输速率的 FC 直接连接方式，在服务器和存储系统之间直接传送数据，提供内部任意节点之间的多路选择，并且将数据存储管理集中在相对独立的存储区域内的数据交换技术。

SAN 通常由以下 3 部分构成。

（1）存储和备份设备（包括磁带库、磁盘阵列和光盘库等）。

（2）FC 网络连接部件，包括主机总线适配卡（Host Bus Adapter，HBA）和驱动程序。

（3）光缆、集线器、交换机、光纤通道与 SCSI 间的桥接器（Bridge）等，应用和管理软件包括备份软件、存储资源管理软件和设备管理软件。

利用 SAN，不仅可以提供大容量的存储数据，而且地域上可以分散，缓解了大量数据传输对局域网的影响。SAN 的结构允许任何服务器连接到任何存储阵列，不管数据存放在哪里，服务器都可以直接存取所需的数据。

SAN 的主要优点如下。

（1）高性能、高速存取。目前 FC 可提供 2Gbit/s 的带宽，新的 10Gbit/s 的标准也正在制订之中。

（2）高可用性。网络用户可以通过不止一台服务器访问存储设备，当一台服务器出现故障时，其他服务器可以接管故障服务器的任务。

（3）集中存储和管理。通过整合各种不同的存储设备形成一个统一的存储池，向用户提供服务，存储容量可以很容易地扩充。

（4）可扩展性高。服务器和存储设备相分离，两者的扩展可以独立进行。

（5）支持大量的设备，理论上具有 1 500 万个地址。

（6）数据备份不占用 LAN 带宽。

（7）支持更远的距离。此外，通过 FC 网卡、集线器、交换机等互连设备，用户可根据需要灵活地配置服务器和存储设备。

SAN 存在的主要问题如下。

（1）设备的互操作性较差。目前采用最多的 SAN 互连技术还是 FC，对于不同的制造商，FC 协议的具体实现是不同的，这在客观上造成了不同厂商的产品之间难以互相操作。

（2）SAN 需要单独建立光纤网络，异地扩展较困难。

（3）构建和维护 SAN 需要受过专门训练的人员，这也增加了 SAN 的构建和维护费用。

（4）连接距离受限（限制在 10 km 以内）。

SAN 主要用于存储量大的工作环境（如 ISP、银行等），其应用主要可以归纳为以下几个方面。

（1）构造集群环境，利用存储局域网可以很方便地通过 FC 把各种服务器、存储设备连接在一起构成一个具有高性能、高数据可用性和扩展性强的集群环境。

（2）可以做到无服务器的数据备份，数据也可以后台的方式在 SAN 上传递，大大减少了网络和服务器上的负载，因此可以很方便地实现诸如磁盘冗余、关键数据备份、远程集群、远程镜像等许多防止数据丢失的数据保护技术。

（3）可以方便地进行两个存储设备之间的数据迁移以及远程灾难恢复。

网络存储技术也出现了一些新型的技术，如 NAS 网关技术、基于 IP 的网络存储技术、对象存储技术和存储集群系统等。

NAS 网关技术经由外置的交换设备，它能使管理人员很容易将分散的 NAS 文件整合在一起，为企业升级文件系统、管理后端的存储阵列提供方便。

IP 网络存储是指计算机可以通过 IP 网络共享 IP 网络存储设备的存储资源。这样，用户就可随心所欲地使用 IP 网络上的存储资源，而不受本地存储资源的限制。

对象存储技术综合了 SAN 的高速直接访问和 NAS 的数据共享等优点。

存储集群系统是把所有的设备整合到一个虚拟的存储池，组成一个透明化的全局文件系统，这样不仅可以缓解存储管理压力，而且可以提高现有磁盘资源的利用率；同时还增加了服务器共享数据的能力，避免了资源浪费。

5.3.3 网络存储技术的选择

对于小型且服务较为集中的小型园区网络，可采用简单的 DAS 方案。对于服务器数量比较少、数据要求集中管理的中小型园区网，一般可以采用 NAS 方案。对于大中型园区网，由于它们对服务器的数量要求比较多，因此当希望使用存储的服务器相对比较集中，且对系统性能要求极高时，可考虑采用 SAN 方案。对于希望使用存储的服务器相对比较分散，又对性能要求不是很高的情况，可以考虑采用本地 IP 网络存储方案。表 5-1 所示的是各种网络存储技术的性能指标对比。

表 5-1　　　　　　　　　　　各种存储技术的性能指标

性 能 指 标	DAS	NAS	SAN	IP 网络存储
成本	低	比较低	高	比较高
数据传输速度	快	慢	极快	快
功耗	大	比较大	比较低	比较低
扩展性	无扩展性	比较低	易于扩展	好
访问存储文件的方式	直接访问	直接访问	文件方式访问	直接访问
服务器系统性能开销	低	比较低	低	比较低
安全性	高	低	高	高
是否集中管理存储	否	是	是	是
备份效率	低	比较低	高	比较高
网络传输协议	无	TCP/IP	FC	IP

5.4　网桥的选择

交换机和路由器是网络中最重要的设备，任何一个网络都离不开交换机和路由器。交换机属于数据链路层的设备，路由器属于网络层，它们保证了网络的互连互通。由于网桥和交换机同属于数据链路层设备，其功能非常相近，在介绍交换机和路由器之前，首先介绍网桥。

5.4.1　网桥

网桥是一个存储转发设备。它是工作在数据链路层的网络设备，其主要作用是将两个局域网连起来，根据网卡的物理地址对数据帧进行过滤和存储转发，通过对数据帧的筛选实现网络分段。当一个数据帧通过网桥时，网桥检查数据帧的源和目的物理地址。如果这两个地址属于不同的网段，则网桥将该数据帧转发到另一个网段，否则不转发。因此，网桥能起到隔离网段的作用，它可以使本地通信限制在本网段内。图 5-10 所示的是网桥结构示意图，网桥通常用于连接数量不多的、同一类型的网段。现在由于交换机的广泛使用，网桥基本已经退出市场。

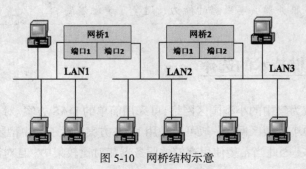

图 5-10　网桥结构示意

5.4.2　网桥的功能

网桥的主要功能包括源地址跟踪、帧的过滤和转发。另外，为了防止网上产生回路，网桥须支持生成树（Spanning Tree）演绎，连接不同网络的网桥，如连接以太网和令牌环网的网桥，还须具备协议转换及分帧和重组功能。

1．源地址跟踪

网桥具有一定的路径选择功能，即当网桥收到一个帧后，必须确定其正确的传输路径，将帧发送到对应的端口，以便把帧转发到相应的目的站点。

源地址跟踪即源地址获取，网桥将帧中的源地址记录到转发数据库中，该转发数据库就存放在网桥的内存中，其中包括网桥所能见到的所有连接站点的地址。转发数据库标识被接收帧的方向，即源地址位于网桥的哪一个端口。能够通过自适应学习自动建立这种数据库的网桥称为自适应网桥，又称为透明网桥。

2．帧的转发和过滤

在相互连接的两个局域网之间，网桥起到了转发帧的作用，它允许每个 LAN 上的站点与其他站点进行通信，看起来就像在一个扩展网络上。

为了有效地转发数据帧，网桥提供了存储和转发功能，它自动存储接收进来的帧，通过地址查找表完成寻址，然后把它转发到源地址另一边的目的站点上，而源地址同一边的帧就被从存储区中删除。

过滤（Filter）是阻止帧通过网桥的处理过程，有以下 3 种基本类型。

（1）目的地址过滤。当网桥从网络上接收到一个帧后，首先确定其源地址和目的地址。如果源地址和目的地址处于同一局域网中，就简单地将其丢弃，否则就转发到另一局域网上，这就是所谓的目的地址过滤。

（2）源地址过滤。源地址过滤是根据需要，拒绝某一特定地址帧的转发，这个特定的地址是无法从地址查找表中获得的，但是可以由网络管理模块提供。事实上，并非所有网桥都进行源地址的过滤。

（3）协议过滤。目前，有些网桥还能提供协议过滤功能。它类似于源地址过滤，由网络管理指示网桥过滤指定的协议帧。在这种情况下，网桥根据帧的协议信息来决定是转发还是过滤该帧，这样的过滤通常只用于控制流量、隔离系统和为网络系统提供安全保护。

3．生成树的演绎

生成树是基于 IEEE 802.1d 的一种工业标准算法，利用它可以防止网上产生回路。因为回路会使网络发生故障，生成树有两个主要功能。

（1）在任何两个局域网之间仅有一条逻辑路径。

（2）在两个以上的网桥之间用不重复路径把所有网络接连到单一的扩展局域网上。

扩展局域网的逻辑拓扑结构必须是无回路的，所有接连站点之间都有一个唯一的通路。在扩展网络系统中，网桥通过名为问候帧的特殊帧来交换信息，利用这些信息来决定谁转发、谁空闲。确定了要进行转发工作的网桥还要负责帧的转发，而空闲的网桥可用作备份。

4．协议转换

如果以太网的网络类型不同，彼此不能识别对方的帧格式和传输方法，单纯依靠数据链路层协议是无法实现两个网络相互连接的，这时，转化式网桥就可以解决这个问题了。

5. 分帧和重组

网际互连的复杂程度取决于互连网络的报文、帧格式及其协议的差异程度。不同类型的网络有不同的参数，其差错校验的算法、最大报文分组、生成周期也不尽相同。对于使用较长报文格式的协议和应用，帧的分割和重组是非常重要的。如果网桥中没有分帧和重组功能，那么通过网桥互连就无法实现。但是，在协议转换过程中，分帧和重组工作必须快速完成，否则会降低网桥的性能。

6. 网桥的管理功能

网桥的管理功能是对扩展网络的状态进行监督，目的就是更好地调整拓扑逻辑结构，有些网桥还可对转发和丢失的帧进行统计，以便进行系统维护。网桥管理还可以间接地监视和修改转发地址数据库，允许网络管理模块确定网络用户站点的位置，以此来管理更大的扩展网络。另外，通过调整生成树演绎参数能不定期地协调网络拓扑结构的演绎过程。

5.4.3 网桥的分类

1. 内桥

内桥是通过文件服务器中的不同网卡连接起来的局域网。

2. 外桥

外桥不同于内桥，外桥安装在工作站上，它用于连接两个相似的局域网。外桥可以是专用的，也可以是非专用的。专用外桥不能作为工作站使用，它只能用来建立两个网络之间的连接，管理网络之间的通信。非专用外桥既起网桥的作用，又能作为工作站使用。

3. 远程桥

远程桥是实现远程网之间连接的设备，通常远程桥使用调制解调器与传输介质实现两个局域网的连接。

5.5 交换机的选择

交换机（Switch）是局域网中最重要的设备。交换机采用局域网交换技术（LAN Switching），使局域网共享传输介质引发的冲突域减小，改善了网络通信性能，每个用户都能够独享带宽，从而缓解了带宽不足和网络瓶颈的问题。

交换机又称为交换式集线器，是一种工作于数据链路层的网络设备。其外形与集线器很接近，也是一个多端口的连接设备。交换机除了能够连接同种类型的网络之外，还可以在不同类型的网络（如以太网和快速以太网）之间起到互连作用。交换机的主要功能包括物理编址、网络拓扑结构、错误校验、帧序列以及流控。目前，交换机还具备了一些新的功能，如对 VLAN（虚拟局域网）的支持、对链路汇聚的支持，甚至还具有防火墙的功能。图 5-11 所示的是两款网络交换机。

如今许多交换机都能够提供支持快速以太网或 FDDI 等的高速连接端口，用于连接网络中的其他交换机或者为带宽占用量大的关键服务器提供附加带宽。

（a）IBM BNT 交换机 RackSwitch G8000

（b）Cisco 3750 系列交换机

图 5-11　网络交换机

交换机本质上是一台特殊的计算机，由 CPU、内存储器、I/O 接口等部件组成。不同系列和型号的交换机，CPU 也不尽相同。交换机的 CPU 负责执行处理数据帧转发和维护交换地址。中低端交换机多采用 32 位的 CPU，高端交换机采用 64 位的 CPU。

交换机主要包括 4 种类型的内存：只读内存（ROM）、闪存（Flash RAM）、随机存取内存（RAM）和非易失性 RAM（NVRAM）。

ROM 保存着交换机操作系统的基本部分，负责交换机的引导、诊断等，通常做在一个或多个芯片上，插接在交换机的主机板上。Flash RAM 的主要用途是保存操作系统的扩展部分（相当于计算机的硬盘），支持交换机正常工作，通常做成内存条的形式，插接在主机板的 SIMM 插槽上。RAM 的作用是支持操作系统运行、建立交换地址表与缓存以及保存与运行活动配置文件。NVRSM 的主要作用是保存交换机启动时读入的启动配置脚本。这种配置脚本称为"备份的系统配置程序"。

交换机的 I/O 接口有 10/100Mbit/s 自适应电口、1Gbit/s 光口及 Console 口。电口和光口是用来连接主机和其他交换机的。Console 口是异步端口，用来连接终端或支持终端仿真程序的计算机。可通过 PC 的"超级终端"界面对交换机进行配置，包括运行配置、启动配置，两者均以 ASCII 文本格式表示，所以用户能够很方便地阅读与操作。

5.5.1　交换机的工作原理

当交换机检测到某一端口发来的数据帧时，根据其目标地址，查找交换机内部的"端口—地址"表，然后找到对应的目标端口，打开源端口到目标端口之间的数据通道，将数据帧发送到对应的端口上。当不同的源端口向不同的目标端口发送信息时，交换机就可以同时互不影响地传送数据帧，防止传输碰撞，隔离冲突域，有效地抑制广播风暴，提高网络实际吞吐量。

一般来说，普通的交换机属于数据链路层设备，能够对数据传输起到同步、放大以及整形作用，此外也能对数据进行过滤和修正，保证数据不丢失，顺利准确到达。而交换机每个端口都有一条独占的带宽，当两个端口工作时，并不影响其他端口的工作，因此，交换机的数据传送速率通常很快。

交换机在对数据帧交换时，可选择不同的模式来满足通信需求。目前，交换机有 3 种交换方式，分别是存储转发、快速转发和碎片割离，如图 5-12 所示。

1．存储转发

存储转发（Store-and-Forward）方式是指交换机接收完整个数据帧，先把数据帧存储起来，然后进行 CRC（循环冗余码校验）检查（在对错误包处理后才取出数据包的目的地址，通过查找表转换成输出端口送出包），在通过 CRC 校验之后，才能进行转发操作。如果 CRC 校验失败，即数据帧有错，交换机会丢弃此帧。这种模式保证了数据帧的无差错传输，有效地改善了网络性能。当然，其代价是增加了传输延迟，而且传输延迟随数据帧的长度增加而增加。另外，该方式可以支持不同速度的端口间的转换，保持高速端口与低速端口间的协同工作。

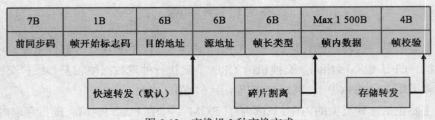

图 5-12 交换机 3 种交换方式

2．快速转发

快速转发（Fast Forward）方式是指交换机在接收数据帧时，一旦检测到目的 MAC 地址就立即进行转发操作。由于数据帧在进行转发时，并不是一个完整的帧，因此，数据帧将不经过校验、纠错而直接转发。造成错误的数据帧仍然被转发到网络上，从而浪费了网络的带宽。这种模式优势是数据传输延迟低，由于不需要存储，延迟非常小、交换非常快。但其代价是无法对数据帧进行校验和纠错。

3．碎片割离

碎片割离（Fragment-Free）方式（也称为自由分段）是交换机接收数据帧时，检查数据帧是否是冲突碎片（Collision Fragment），如果该数据帧是因为网络冲突而受损的数据帧碎片，其特征是长度小于 64Byte，就判断是冲突碎片。冲突碎片并不是有效的数据帧，应该被丢弃。如果不是冲突碎片就进行转发操作。因此，交换机的碎片割离模式实际上是一旦数据帧已接收的部分超过 64Byte，就开始进行转发处理。这种方式不提供数据校验，数据处理速度比存储转发方式快，但比快速转发慢，其性能介于存储转发模式和快速转发模式之间。

从图 5-12 可看出，在进行数据帧转发操作之前，不同的交换模式所接收数据帧的长度不同，也决定了相应的传输延迟性能。接收的数据帧长度越短，交换机的交换延迟就越小，交换效率也就越高，但相应的错误检测也就越少。

你能说一说交换机技术的未来发展前景如何吗？

5.5.2　交换机的分类

1．从覆盖范围上来划分

从覆盖范围上划分，交换机可分为广域网交换机和局域网交换机。广域网交换机主要应用于电信领域，提供通信基础平台。而局域网交换机则应用于局域网，用于连接终端设备，如 PC 及网络打印机等。

2. 从传输模式上来划分

从交换机的传输模式上划分，交换机有全双工、半双工、全双工/半双工自适应之分。

全双工交换机是指交换机在发送数据的同时也能够接收数据，两者同步进行。全双工的特点是迟延小、速度快。目前的交换机都支持全双工。

半双工交换机是指一个时间段内只有一个动作发生，或者发送数据，或者接收数据。随着技术的不断进步，半双工交换机会逐渐被新的技术取代。

全双工/半双工自适应交换机是当前交换机所具备的传输模式，它可以根据实际情况来自动设置。例如，集线器只能在半双工模式工作，而交换机有全双工和半双工模式，如果交换机级连交换机，交换机会适应全双工模式，而当集线器级连交换机时，则交换机设置为半双工传输模式。

3. 按照网络构成方式划分

按照网络构成方式，网络交换机可以划分为接入层交换机、汇聚层交换机和核心层交换机。

核心层交换机全部采用机箱式模块化设计，已经基本上都设计了与之相配备的 1 000Base-T模块。接入层所支持的 1 000Base-T 以太网交换机基本上是固定端口式交换机，以 10/100M 端口为主，并且以固定端口或扩展槽方式提供 1 000Base-T 的上连端口。

汇聚层 1 000Base-T 交换机同时存在机箱式和固定端口式两种设计，可以提供多个 1 000Base-T端口，一般也可以提供 1 000Base-X 等其他形式的端口。接入层和汇聚层交换机共同构成完整的中小型局域网解决方案。

4. 根据传输介质和传输速度划分

从传输介质和传输速度上看，局域网交换机可以分为以太网交换机、快速以太网交换机、千兆以太网交换机、FDDI 交换机、ATM 交换机和令牌环交换机等多种，这些交换机分别适用于以太网、快速以太网、FDDI、ATM 和令牌环网等环境。

5. 从网络规模应用划分

从网络规模应用上又可以将交换机分为企业级交换机、部门级交换机和工作组交换机等。

一般来讲，企业级交换机都是机架式；部门级交换机可以是机架式，也可以是固定配置式；工作组级交换机则一般为固定配置式，功能较为简单。

6. 根据交换级的架构特点划分

根据交换级的架构特点，交换机分为机架式、带扩展槽固定配置式、不带扩展槽固定配置式3 种。机架式交换机可支持不同的网络类型，如以太网、快速以太网、千兆以太网、ATM、令牌环网及 FDDI 等。带扩展槽固定配置式交换机支持固定端口类型网络，通过扩展其他网络类型模块来支持其他类型网络。不带扩展槽固定配置式交换机仅支持一种以太网，可应用于小型局域网，应用也最广泛。

7. 按照所处的 OSI 参考模型层次划分

按照所处的 OSI 参考模型层次，交换机又可以分为第二层交换机、第三层交换机、第四层交换机等，一直到第七层交换机。基于 MAC 地址工作的第二层交换机最为普遍，用于网络接入层和汇聚层。基于 IP 地址和协议进行交换的第三层交换机普遍应用于网络的核心层，也少量应用于汇聚层。部分第三层交换机也同时具有第四层交换功能，可以根据数据帧的协议端口信息进行目标端口判断。第四层以上的交换机称为内容型交换机，主要用于互联网数据中心。

8. 按照交换机的可管理性划分

按照交换机的可管理性，又可以把交换机分为可管理型交换机和不可管理型交换机，它们的区别在于是否支持 SNMP、RMON 等网管协议。

9. 按交换机端口的速度来划分

按交换机交换端口的速度来分，可分为 10 Mbit/s 交换机、100 Mbit/s 交换机、1 000 Mbit/s 交换机和 10 Gbit/s 交换机。

5.5.3 交换机的选择

1. 依据交换方式来进行选择

目前，交换机采用的交换方式主要有存储转发、快速转发和碎片隔离 3 种方式。其中，存储转发式交换机是目前交换机产品的主流，这类交换机可以在接收到数据包的所有内容后先执行数据包的校验，如果全部正确再转发，从而保证了传输的可靠性。

2. 按照端口类型和端口数量的选择

要根据交换机的使用环境，选择它的端口类型，如 10/100 Mbit/s 自适应端口、10/100/1 000 Mbit/s 自适应端口、光纤端口等。另外，还要根据局域网的规模选择交换机的端口数目，如 24 口、48 口等。

3. 价格和品牌的选择

不同品牌和价格的交换机有一定的差距，一般国产的交换机相对于国外的产品价格要便宜一些。

4. 网络管理功能

为了能时时掌握交换机的工作状态和性能参数，使整个网络维持高效运行状态，有的交换机配备了智能网管软件，除了能够监控网络流量外，还可以提供合理的网络优化方案，大大减轻了网络管理的工作量。

5.5.4 交换机基本配置与级连

交换机基本配置包括主机名、密码、以太网接口、管理地址及保存配置。交换机的品牌有很多，如 Cisco、Juniper、H3C、锐捷、华为等，其配置基本相同。这里以 Cisco 交换机为例，说明交换机基本配置。

交换机安装配置可通过 PC 的超级终端进行，用反转线（两端 RJ-45 接头线序相反）将 PC 串口（如 COM1）和交换机 Console 口连接，反转线一端接在交换机的 Console 口，另一端通过 DB9-RJ45 转接头连接在 PC 的串口，如图 5-13 所示。

图 5-13 交换机配置连接

1．设置主机名

PC"超级终端"与交换机建立连接后，操作界面出现交换机普通用户操作提示符"＞"，输入"enable"按回车键后，进入特权用户提示符"#"，即可设置主机名，如图 5-14 所示。

```
Switch> enable                      ;输入enable，进入特权用户模式
Switch# conf terminal               ;输入conf terminal，进入全局配置模式
Switch(config)# hostname  SW1       ;输入hostname，设置交换机名为：SW1
```

图 5-14　设置交换机名的命令行操作

2．配置密码

全局配置模式可设置普通用户口令和特权用户口令，如图 5-15 所示。

```
SW1(config)# enable secret   ciscoA   ;输入enable secret，设置特权用户口令：ciscoA
SW1(config)# line vty 0 15            ;输入line vty 0 15，进入虚拟终端登录配置模式
SW1(config-line)# password  ciscoB    ;输入password，设置普通用户口令：ciscoB
SW1(config-line)# login local         ;输入login local，设置本地（telnet）登录
```

图 5-15　设置用户登录密码

3．接口基本配置

交换机出厂（默认）时，它的以太网接口是开启的。使用时，交换机的以太网接口可配置双工通信模式、速率等，如图 5-16 所示。

```
SW1(config)#  interface f0/1              ;输入 interface f0/1，设置f0/1口设置模式
SW1(config-if)# duplex {full | half | auto}   ;duplex设置接口的通信模式{双工|半双工|自动}
SW1(config-if)# speed {10 |100 | 1000 |auto} ;speed设置接口通信速率，可选数值或自动
```

图 5-16　接口通信模式和速率设置

4．管理地址配置

交换机运行时可通过 Telnet 登录，进行配置管理。这时，交换机需要配置一个 IP 地址，以便能通过 PC 进行 Telnet。通常，交换机管理地址是在 VLAN（虚拟子网接口）上配置的，如图 5-17 所示。设置默认网关 IP 地址，可使不同 VLAN 的 PC 也能 Telnet 登录该交换机，进行运行管理。

```
SW1(config)# int vlan 1                      ;设置vlan 1接口(vlan1为管理vlan)
SW1(config-if)# ip address 192.168.0.11 255.255.255.128   ;设置管理IP地址和子网掩码
SW1(config-if)# ip default-gateway 192.168.0.1  ;设置网关IP地址：192.168.1.1
SW1(config-if)# no shutdown                  ;激活管理接口地址
```

图 5-17　管理地址与网关地址配置

5．保存配置

以上配置操作完成后，需要将配置程序保存在 NVRAM。在特权用户模式下，使用"wr"命令或"copy running-config startup-config"命令将配置程序保存。

6．交换机连接

两台交换机连接时，采用连接线缆分别连接两台设备的对应端口。例如，Cisco 交换机级连用交叉线（UTP 线缆的 RJ-45 头分别采用 568A、568B 标准制作），锐捷交换机级连用平行线或交叉线均可。两台交换机的管理 IP 地址设置为同一 VLAN 的子网地址，如图 5-18 所示。

按照以上操作步骤，设置 SW2 的主机名、密码、接口通信模式和速率以及管理地址等内容。

SW2 的 F0/1 接口通信模式与速率要同 SW1 的 F0/1 接口通信模式与速率一致，如均设置为全双工、100Mbit/s。

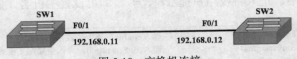

图 5-18　交换机连接

　　当单一的交换机端口数量不够时，需要多台交换机相连接，这就涉及交换机的连接问题。常见的连接方式有堆叠和级联，请思考如何进行交换机的堆叠和级联？

5.6　路由器的选择

　　路由器是实现网络互连的基础，在 OSI 参考模型中第三层网络层的互连设备。路由器将多个 IP 子网连接在一起，通过执行路由协议，为 IP 数据包寻找一条到达目的主机或网络的最佳路径，并转发数据包，由此实现路由选择。

5.6.1　路由器的简介

　　路由器（Router）是在网络层为多个独立的子网间提供连接服务的一种存储转发设备。对于 TCP/IP 网络来讲，路由器利用 IP 地址来区别不同的网络，实现园区网络的互连和隔离，保持各个网络的独立性。路由器不会转发广播信息，而是把广播信息限制在各自的网络内部。一个网络中的源主机向其他网络发送数据时，先被送到路由器，再由路由器转发出去。

　　路由器的优点主要是负载共享和最优路径，能更好地处理多媒体，安全性高，隔离不需要的通信量，节省局域网的带宽，减少主机负担等，适用于大规模的复杂拓扑结构的网络；缺点是不支持非路由协议、处理速度比网桥慢、安装复杂、价格高等。图 5-19 所示是两款中高档的路由器。

（a）Cisco 7206VXR 路由器　　　　　　　　　（b）H3C MSR 50-60 路由器

图 5-19　路由器

　　路由器具有如下功能。

　　（1）具有网络互连的功能。

　　路由器是网络层设备，集网桥、网关和交换技术于一身，用来连接局域网、园区网和企业网，也可以对网络进行分段。

（2）具有路由选择的功能。

路由器能够根据需要生成路由表，并根据路由表进行路由选择。

（3）具有网络隔离功能。

路由器可将不同协议的数据包转换为其他协议的格式，再把网络地址转化为实际路由，将不同协议的 LAN 视为子网进行互连，把数据包发往指定子网而不会广播到其他子网，实现子网隔离。

（4）具有网络管理功能。

路由器能够监视每个用户的流量，利用动态滤波功能保证网络安全，只有不被过滤的用户才能获得相应的链路。此外，路由器也具有加密、容错压缩与解压等功能。

5.6.2　路由器的工作原理

路由器用于连接多个逻辑上分开的网络，让数据从一个子网传输到另一个子网，实现不同协议网络的互连。路由器具有判断网络地址和选择路径的功能，它能在多网络互连环境中建立灵活的连接，可用完全不同的数据分组和介质访问方法连接各种子网，路由器只接收源站或其他路由器的信息，根据 IP 地址来转发数据，并利用 IP 地址来区分不同的网络。路由器有多个端口，用来连接不同 IP 的网络。端口的 IP 地址网络号要与所连接的 IP 子网网络号一致。路由器不转发广播消息，而是把广播消息限制在各自的网络内部，保证各个网络的独立性。

路由器为了将数据包从一个数据链路传递到另一个数据链路，使用了路径选择和包交换功能。路由器采用包交换，将它的一个接口上接收的数据包，传递到它的另一个接口上。路由器采用路径选择，为转发的数据包选择最恰当的接口。当主机上的一个应用程序需要将数据包送到处于另一个网络的目的地时，数据链路帧在路由器的一个接口上接收，网络层检查数据包头，决定目的网络地址，然后查询路由表，找到该网络所对应的外出接口。数据包又被封装到数据链路帧中，送往被选定的接口，按顺序地存储并向路径的下一跳传递。这个过程在路由器之间交换数据包时发生。在路由器直接和包含目的主机的网络相连时，数据包又被封装到目的网络的数据链路帧的格式中，并被送往目的主机。路由器的工作示意图，如图 5-20 所示。

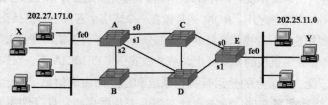

图 5-20　路由器工作示意图

假设，该图中的 X 主机访问 Y 主机，X 主机直连路由器 A，Y 主机直连路由器 E。从该图路由器连接拓扑可知，从 A 到 E 有 5 条路径，即 A→C→E，A→D→E，A→B→D→E，A→B→D→C→E，A→D→C→E。当 X 访问 Y 的（请求）数据包到达 A 时，A 进行最佳路径（如路径短、时间短）选择和包交换（A 的 fe0 端口接收数据包，将该数据包转发到 s0 端口），将该数据包通过选定的路径（如 A→C→E）传输到 E，由 E 通过 fe0 端口直连的网络转发给 Y。

5.6.3　路由器的组成

通常所说的路由设备包括两种，一种是专用路由器，另一种是三层交换机（路由交换机）。它们的硬件基本相同，均包括 CPU、内存、Boot ROM 和 Flash RAM 及各种接口。路由器（路由交换机）软件包括操作系统和配置文件。

1．硬件组成

（1）CPU。路由器的处理器和一般计算机一样，它是路由器的控制和运算部件。不同系列和型号路由器，CPU 也不尽相同。CPU 负责执行数据包转发所需的工作，如维护路由表和做出路由决定等。低端路由器多采用 32 位的微处理器技术。

（2）内存。内存是程序运行的基础，所有计算机都安装有内存。路由器也不例外，路由器采用了 4 种类型的内存：只读内存（ROM）、闪存（Flash RAM）、随机存取内存（RAM）、非易失性 RAM（NVRAM），如图 5-21 所示。

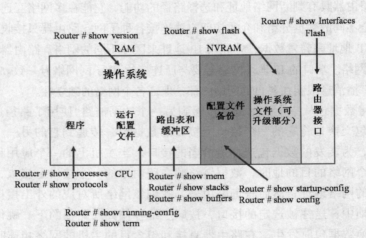

图 5-21　路由器的内存分类和用途

ROM 保存着路由器操作系统的基本部分，负责路由器的引导、诊断等。这是路由器运行的第一个软件，负责让路由器进入正常工作状态。有些路由器将一套完整的操作系统保存在 ROM 中，以便在另一个操作系统不能使用时作救急之用。ROM 通常做在一个或多个芯片上，插接在路由器的主机板上。

Flash RAM 的主要用途是保存操作系统的扩展部分（相当于计算机的硬盘），维持路由器的正常工作。通常，Flash RAM 做在主机板的 SIMM 上，或者做成一张 PCMCIA 卡，安插在路由器的主板上。

RAM 的作用很广泛，最重点的是运行操作系统和建立路由表信息。操作系统通过 RAM 满足其所有的程序运行、活动配置文件、静态或动态路由表及缓存和常规存储需要。

NVRSM 的主要作用是保存操作系统在路由器启动时读入的启动配置脚本。这种配置脚本称为"备份的系统配置程序"。

（3）路由器接口。路由器接口主要有局域网接口和广域网接口。路由器的型号不同，接口数目和类型也不尽一样。常见的接口主要有以下几种。

① 高速同步串口。可连接 DDN、帧中继（Frame Relay）、X.25、E1、V.35 等。

② 同步/异步串口。可用软件将端口设置为同步或异步工作方式，可连接 PSTN 等。

③ 以太网 UTP 口。分为 100 Base-T 或 1000Base-T 两种以太网接口。

④ AUX 端口。该端口为异步端口，主要用于远程配置，也可用于拨号备份，可与 Modem 连接。支持硬件流控制（Hardware Flow Control）。

⑤ Console 端口。该端口为异步端口，主要连接终端或支持终端仿真程序的计算机，在本地配置路由器，不支持硬件流控制。

2．配置文件

路由器可以通过控制台端口对路由器进行操作系统配置，其配置包括运行配置和启动配置。两者均以 ASCII 文本格式表示，能够很方便地阅读与操作。

运行配置有时也称做"活动配置（Running Config）"，驻留于 RAM，包含了目前在路由器中"活动"的操作系统运行配置命令。配置 Running Config 时，就相当于更改路由器的运行配置。启动配置（Startup Config）驻留在 NVRAM 中，包含了希望在路由器启动时执行的配置命令。启动完成后，启动配置中的命令就变成了"运行配置"。

有时也把启动配置称做"备份配置"。当修改并认可了运行配置后，通常应将运行配置备份到 NVRAM 里，每一次 Running Config 改动后都要备份为 Startup Config，以便路由器下次启动时调用。在特权用户下，输入"WR"后回车即可进行备份操作。

5.6.4　路由器的分类

根据不同的分类标准，路由器可以分为不同的种类。

1．按路由器在网络中的功能分类

按路由器在网络中的功能，路由器可以分为骨干级路由器、企业级路由器和接入级路由器。

（1）骨干级路由器。骨干级路由器是实现企业级网络互连的关键设备，数据吞吐量较大，非常重要。骨干级路由器的特点是高速度和高可靠性。

（2）企业级路由器。企业级路由器连接许多终端系统，虽然连接对象较多，但系统相对简单，且数据流量较少，对这类路由器的要求是用尽可能便宜的方法实现较多的端点互连，并且能够支持不同的服务质量。

（3）接入级路由器。接入级路由器主要应用于连接家庭或 ISP 内的小型企业客户群体。

2．按所处的网络位置分类

按路由器所处的网络位置，路由器可分为核心路由器和边界路由器。

（1）核心路由器。核心路由器位于网络中心，通常使用高端路由器，要求快速的包交换能力与高速的网络接口，通常采用模块化结构。

（2）边界路由器。边界路由器位于网络边缘，通常使用中低端路由器，要求相对低速的端口及较强的接入控制能力。

3．按结构分类

按路由器结构的不同，路由器可分为模块化结构与非模块化结构。

（1）模块化结构路由器。模块化结构路由器可以根据需要，更换或增加不同的模块，从而灵活地配置路由器，以适应企业不断增加的业务的需求。

（2）非模块化结构路由器。非模块化路由器则只能提供固定的端口。通常中高端路由器为模块化结构路由器，低端路由器为非模块化结构路由器。

4．按路由器支持的协议划分

按路由器支持的协议不同，路由器分为单协议路由器和多协议路由器。单协议路由器只支持一种协议数据包的路由。多协议路由器可以对多种协议的数据包分别进行路由。

5．按路由器性能档次分类

按路由器档次的不同，路由器分为高端路由器、中端路由器和低端路由器。高端路由器的数据吞吐量一般大于 40 Gbit/s；中端路由器的数据吞吐量在 25～40 Gbit/s；低端路由器的数据吞吐量一般低于 25 Gbit/s。

5.6.5　路由器的选择

路由器在局域网中的作用主要有两种：一种是园区网的边界路由器，实现内部网和外部网（广域网）的连接；另一种是园区网的核心路由器，实现多个局域网（或子网）互连。局域网路由器选型，可根据局域网核心层路由与边界路由需求以及路由设备的性能，确定路由器的类型。

1．路由器和路由交换机

通常，边界路由器与外部网的路由器连接有一条点到点数据链路，宜采用静态路由和默认路由协议。边界路由器接口配置主要是高速同步串口和以太网电口。例如，Cisco 2821（提供 2 个 1Gbit/s 以太网接口，4 个接口卡插槽），锐捷 R2632（提供 2 个 100Mbit/s 以太网接口，2 个高速同步口，2 个扩展槽）等。

园区网核心路由器是一种具有路由功能的交换机，称为路由交换机或三层交换机。依据网络规模大小，多个路由交换机可以是星型连接，也可以是扩展星型连接。多个路由交换机互连，可采用静态路由和默认路由协议；当互连链路较多时，采用 OSPF 动态路由协议，可简化路由配置工作。路由交换机有"机箱+模块化"结构，如 Cisco 的 Catalyst 4506（6 个插槽，IPv4/IPv6 双协议栈）、锐捷 RG-S8606（6 个插槽，IPv4/IPv6 双协议栈）；还有"固定端口"结构，如 Cisco 的 3560（IPv4/IPv6 双协议栈）、锐捷 S3760（IPv4/IPv6 双协议栈）。

2．路由器选型考虑因素

路由器的品牌众多，各个品牌路由器的配置大同小异，也有不同特色。局域网路由器选型应考虑的因素如表 5-2 所示。

表 5-2　　　　　　　　　　　　　　路由器选型考虑的因素

考虑的因素	说　　明
实际需求	首要原则就是考虑实际需要，一方面必须满足使用需要，另一方面不要盲目追求品牌、新功能等。只要路由器的功能、稳定性、可靠性满足实际需求就可以
可扩展性	要考虑到近期内（2～5 年）网络扩展，所以选用边界路由器、路由交换机时，必须考虑一定的扩展余地，如增加网络光接口、电接口的数量等
性能因素	高性能 IP 路由包括静态路由、动态路由、控制数据流向的策略路由、负载均衡以及双协议栈等。在价格限定下，重点考察路由器的 IP 数据包转发性能，即每秒百万包的数量 Mbit/s
价格因素	用户组网，在综合考虑以上因素以后，最关心的是价格。在满足实际使用需求下，可选用价格低一些的产品，以降低费用
服务支持	路由器是一种高科技产品，售前、售后支持和服务是非常重要的。必须要选择能绝对保证服务质量的品牌产品
品牌因素	选择路由器不可避免会受品牌因素的影响。因为名牌产品技术支持过硬，产品线齐全（高、中、低配置），产品质量认证体系完备，产品性能稳定

总之，购买路由器时应该根据实际情况综合考虑以上因素，尽量购买性价比高的产品。路由器、路由交换机考虑最多的问题是数据包转发量、稳定性、安全性与可靠性。

5.6.6　路由器的应用和配置

局域网是基于 TCP/IP 的内联网（Intranet），是采用 Internet 技术建立的园区网。局域网既可以和 Internet 连接在一起，成为 Internet 的"沧海一粟"；也可以完全自成一体，作为一个独立的网络；或者和业务专网连接在一起，作为专网的组成部分。因此，路由器在局域网中的基本用途是作为边界路由器，实现内、外网络互连。

1．路由器安装与配置准备

路由器使用时要进行加电自检，自检通过后可进行配置。下面从路由器启动过程、配置途径、操作模式及使用注意事项等方面，说明路由器安装与配置的准备工作。

（1）路由器的启动过程。

① 加电之后，ROM 运行加电自检程序（Post），检查路由器的处理器、接口、内存等硬件设备。

② 执行路由器中的启动程序（Bootstrap），搜索操作系统。路由器操作系统扩张部分可以从 Flash RAM 中装入，也可从 TFTP 服务器装入。

③ 操作系统加载完成后，寻找配置文件。配置文件通常在 NVRAM 中，也可从 TFTP 服务器装入。

④ 配置文件生效后将激活有关接口、协议和网络参数。找不到配置文件时，路由器进入配置模式（Setup）。

（2）路由器的配置途径。

可通过以下几种途径对路由器进行配置，如图 5-22 所示。

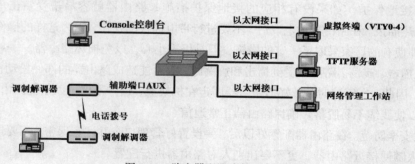

图 5-22　路由器配置途径示意图

① Console 控制台。将 PC 的串口直接通过全反（Rollover）线与路由器控制台端口 Console 相连，在 PC 上运行终端仿真软件，与路由器进行通信，完成路由器的配置。

② 辅助端口 AUX。在路由器端将 Modem 与路由器辅助端口 AUX 相连，Modem 连接电话线，远程用户采用电话拨号（Dial-in）进行路由器的配置。

③ 虚拟终端（VTY 0-4）。如果路由器已有一些基本配置，至少有一个端口有效（如以太网接口），此时可在能够连通路由器的 PC 上，运行 Telnet 程序。在 PC 上建立路由器的虚拟终端，登录到路由器的配置界面，完成路由器配置。

④ 网络管理工作站。路由器可通过运行网络管理软件的工作站配置，如 Cisco 的 Cisco Works

2000、HP 的 OpenView 等网络管理软件，还可采用 Cisco ConfigMaker。ConfigMaker 是一个由 Cisco 开发的免费的路由器配置工具。

⑤ TFTP 服务器。TFTP（Trivial File Transfer Protocol）是 TCP/IP 简单文件传输协议之一，可将配置文件从路由器传送到 TFTP 服务器上，也可将配置文件从 TFTP 服务器传送到路由器上。TFTP 不需要用户名和口令，使用非常简单。

（3）路由器的 3 种模式。

① 用户模式（User Exec）。用户模式是路由器启动时的默认模式，提供有限的路由器访问权限，允许执行一些非设置性的操作，如查看路由器的配置参数，测试路由器的连通性等，但不能对路由器配置做任何改动。该模式下的提示符（Prompt）为"＞"。输入"Show interface"命令可查看路由器接口信息。

② 特权模式（Privileged Exec）。特权模式也称使能（Enable）模式，可对路由器进行更多的操作，使用的命令集比用户模式多，可对路由器进行更高级的测试，如使用 debug 命令。在用户模式下输入"Enable"，按提示输入特权口令可进入特权模式，提示符为"#"。输入"Show running config"命令，可查看路由器的运行配置文件。

③ 配置模式（Global Configuration）。配置模式是路由器的最高操作模式，可以设置路由器上运行的硬件和软件的相关参数，配置各接口和路由协议，设置用户和访问密码等。在特权模式"#"提示符下输入 config 命令，可进入配置模式。

（4）路由器使用注意事项。

路由器在实际使用中，除了正确安装设置外，还应注意以下事项。

① 保障工作环境。路由器出厂时，在厂商的说明书中已经规定了路由器正常运转的环境指标，使用过程中要尽量符合厂商提出的环境指标，否则将不利于路由器的正常运转，甚至有可能会损坏路由器。一般需注意几项：额定功率、输入电压、电源频率、工作温度、工作相对湿度等。

② 注意接地保护。如果没有相应的接地保护措施，路由器就容易遭受雷击等自然灾害。

③ 避免热插拔。在路由器加电以后，不要进行带电插拔的操作，因为这样的操作很容易造成电路损坏，即使有的厂家采取了一定的措施，但是仍需小心，以免损坏路由器。

④ 避免撞击、震荡。路由器受到撞击和震荡时，有可能造成路由器的部件松动，或者直接造成硬件损坏。因此，在安装时，最好把路由器固定在机架上，这样不仅可以避免路由器受到撞击、震荡，还可以使线缆不易脱落，确保路由器正常通信。

⑤ 注意安全防范。在路由器配置好以后，要设置好管理口令并注意保密，不要让网络管理员以外的其他人随便接近路由器，更不要让别人对路由器进行配置。

2. 配置路由器的网络接口

某园区网边界路由器 R2 与远程接入路由器 R1 互连，如图 5-23 所示。路由器需要 LAN 接口、WAN 接口，激活 IP 路由协议，配置路由协议，配置链路连接协议（如 HDLC 或 PPP）。假设 R1 路由器和 R2 路由器互连子网地址是 218.26.121.0～218.26.121.3，LAN 地址是 218.27.100.0～219.27.100.255。下面以 Cisco 2801 为例，说明 R2 的配置过程。

（1）LAN 接口配置。

LAN 接口是路由器与局域网的连接点，每个 LAN 接口与一个子网相连。配置 LAN 接口就是将 LAN 接口子网地址范围内的一个 IP 地址分配给 LAN 接口，配置步骤如下。

① 在特权模式下输入"config t"命令，按回车键（↙）进入配置模式：R2（config）#。

图 5-23　边界路由器组网拓扑

② 在配置模式下输入要配置的接口名：R2（config）#<u>interface fastethernet 0/0</u>✓，提示符变为 R2（config-if）。

③ 输入"ip address"加 IP 地址和子网掩码，按回车键完成。该命令为 R2(config-if)#<u>ip address 218.27.100.1 255.255.255.128</u>✓。

④ 激活接口。R2（config-if）#<u>no shutdown</u>✓，该命令生效后 LAN 接口处于活动状态。

⑤ 配置完成后，按 Ctrl+Z 组合键退出配置，回到特权模式（R2#）。可用 "show ip interface f0/0" 命令查看配置参数：R2# <u>show ip interface f0/0</u>✓。

⑥ 输入 "wr" 命令，保存当前配置的参数：R2# <u>wr</u>✓。

说明：以上内容中的"R2#"表示特权模式，"R2（config）#"表示全局配置模式，"R2（config-if）#" 表示接口或子项配置模式。配置模式后的下划线部分表示配置命令。以下配置内容与此相同。

（2）WAN 接口配置。

WAN 接口的配置方法和 LAN 接口一样，以串口 1 为例，配置步骤如下。

① 在特权模式下，输入 "config t" 命令，按回车键（✓）进入配置模式：R2（config）#。

② 输入所要配置的 WAN 接口（如串口 0）：R2（config）#<u>interface serial 0/0</u>，按回车键，进入 config-if 模式：R2（config-if）。

③ 输入"ip address"加 IP 地址和子网掩码，按回车键完成。该命令为 R2(config-if)#<u>ip address 218.26.121.2 255.255.255.252</u>。

④ 激活接口。R2（config-if）#<u>no shutdown</u>，该命令生效后 WAN 接口处于活动状态。

⑤ 按 Ctrl+Z 组合键结束接口配置，返回特权模式。可用 "show interface s0/0" 命令来查看串口配置参数：R2# <u>show interface s0/0</u>✓。

⑥ 在全局模式下键入 "wr" 命令，保存当前配置文档：R2# <u>wr</u>✓。

3. 配置 WAN 链路与路由协议

园区网路由器 R2 与远程路由器 R1 连接采用点到点链路，如图 5-23 所示。点到点链路连接协议有 HDLC 和 PPP，可按照互连路由器类型确定链路连接协议。此外，要实现园区网与 Internet 双向通信，还要配置静态路由、默认路由协议及激活 IP 路由。

（1）HDLC 协议配置。

HDLC（High Level Data Link Control，高级数据链路控制规程）是点到点串行线路（同步电路）的帧封装格式，该格式与以太网帧格式有很大差别。HDLC 帧没有源 MAC 地址和目的 MAC 地址。Cisco 对 HDLC 进行了专门化，Cisco 的 HDLC 与标准的 HDLC 不兼容。如果串行链路两端都是 Cisco 设备，使用 HDLC 封装帧没有问题。否则，应使用 PPP 封装帧。HDLC 不支持验证，缺少安全性连接，只能用于可信（熟人）环境。Cisco 路由器串口默认是 HDLC 封装帧，使用 encapsulation hdlc 命令。

路由器与同步电路，如 2Mbit/s E1 或 DDN 专线连接时，路由器使用同步口（s0/0、s1/0 等）

115

和 V.35 接口连接 E1 或 DDN Modem。R2 配置步骤如下（R1 配置步骤与 R2 相同）。

① 在特权模式下输入"config t"命令进入配置模式：R2（config-if）#。

② 配置连接的 WAN 接口：R2（config-if）#<u>interface serial 0/0</u>✓，进入 config-if 模式。

③ HDLC 协议封装：R2（config-if）#<u>encapsulation hdlc</u>✓。

④ 设置带宽。输入 bandwidth 带宽：R2（config-if）#<u>bandwidth 2048</u>✓。

（2）PPP 配置。

PPP（Peer-Peer Protocol，点对点协议）支持各种（如 E1、DDN）点到点串行线路传输网络层协议报文。PPP 有很多丰富的可选特性，如支持多协议、提供可选的身份认证服务、能够以各种方式压缩数据、支持动态地址协商、支持多链路捆绑等。这些丰富的选项增强了 PPP 的功能。同时，不论是异步拨号线路（DDR），还是路由器之间的同步链路均可使用，因此，应用十分广泛。PPP 配置同 HDLC 唯一不同的是 PPP 封装：encapsulation ppp。

（3）路由协议配置。

从图 5-23 可看出，园区网边界路由器 R2 到远程路由器 R1 只有一条链路，需要配置默认路由协议。远程路由器 R1 到园区网边界路由器 R2，需要配置静态路由协议。默认路由、静态路由配置命令：ip route 目标网络掩码下一跳网关。

① 默认路由配置：R2（config-if）#<u>ip route 0.0.0.0 0.0.0.0 218.26.121.1 1</u>✓。该命令中的 0.0.0.0 表示任意目标网络，即 Internet；218.26.121.1 1 是 R1 连接 R2 的接口地址。

② 静态路由配置：R1（config-if）#<u>ip route 218.27.100.0 255.255.255.0 218.26.121.2</u>✓。该命令中的目标是地址为 218.27.100.0 的园区网；218.26.121.1 2 是 R2 连接 R1 的接口地址。

③ 激活 IP 路由：R2（config-if）#<u>ip routing</u>✓。

4．PPP 认证原理与配置

PPP 认证有两种协议，一种是密码验证协议（Password Authentication Protocol，PAP）验证，另一种是询问握手验证协议（Challenge Handshake Authentication Protocol，CHAP）验证。路由器互连考虑可信与安全时，PPP 认证多采用 CHAP。

（1）PAP 认证原理与配置。

PAP 利用两次握手的简单方法进行认证，用户名和口令是明码传输，不安全。在 PPP 链路建立后，源节点在链路上不停地发送用户名和口令，直到对方给出应答。由于是源节点控制验证重试频率和次数，PAP 不能防范再次攻击和重复的尝试攻击。假设图 5-23 中远程路由器 R1 为被认证方，园区路由器 R2 为认证方，即 R2 验证 R1 的配置步骤如下。

① 两端路由器 R1 和 R2 的串口采用 PPP 封装：R1（config）#<u>int s0/0</u>✓，R1（config-if）#<u>encapsulation ppp</u>✓。R2（config）#<u>int s0/0</u>✓，R2（config-if）#<u>encapsulation ppp</u>✓。

② 在 R2 上设置 PAP 验证：R2（config-if）<u>ppp authentication pap</u>✓。

③ 在 R2 上设置 R1 的用户名和密码,使用"username 用户名 password 密码"命令：R2（config）#<u>username R1 password 123456</u>✓。

④ 在 R1 上设置登录 R2 的用户名和密码，使用"ppp pap sent-username 用户名 password 密码"命令设置：R1（config-if）#<u>ppp pap sent-username R1 password 123456</u>✓。

以上步骤只设置了远程路由器 R1 在园区网边界路由器 R2 取得验证，即单向验证。实际应用中，常采用双向验证，在同一链路两端的路由器相互验证。R1 验证 R2 的配置如下。

⑤ 在 R1 上设置 PAP 验证：R1（config-if）#<u>ppp authentication pap</u>✓。

⑥ 在 R1 上设置 R2 的用户名和密码，使用"username 用户名 password 密码"命令：R1（config）#<u>username R2 password 654321</u>✓。

⑦ 在 R2 上设置登录 R1 的用户名和密码，使用"ppp pap sent-username 用户名 password 密码"命令设置：R2（config-if）#<u>ppp pap sent-username R2 password 654321</u>　✓。

（2）CHAP 认证原理与配置。

CHAP 采用 3 次握手周期性的验证源节点的身份。CHAP 验证过程在链路建立好后进行，而且在随后的任何时候都可以再次进行。CHAP 不允许连接发起方在没有收到询问消息的情况下进行验证，这样，使链路连接更为安全。CHAP 每次使用不同的询问消息，每个消息都是不可预测的唯一值。CHAP 不直接传送密码，只传送一个不可预测的询问消息以及该消息与密码经过 MD5 加密运算后的加密值。所以 CHAP 可防止再次攻击，安全性比 PAP 高。按照图 5-23 所示，对园区网边界路由器 R2 和远程路由器 R1 进行 CHAP 认证，配置步骤如下。

① 使用"username 用户名 password 密码"命令为认证两端路由器设置用户名和密码。CHAP 认证双方的用户名不同，密码要相同。

R1（confi）# username R2 password hello✓

R2（config）# <u>username R1 password hello</u>✓

② 认证两端路由器的串口采用 PPP 封装，设置 CHAP 验证。

R1（config）# <u>int s0/0</u>✓　　　　　　　R2（config）# <u>int s0/0</u>✓

R1（config-if）# <u>encapsulation ppp</u>✓　　R2（config-if）# <u>encapsulation ppp</u>✓

R1（config-if）#<u>ppp authentication chap</u>✓　R2（config-if）#<u>ppp authentication chap</u>✓

上面是 CHAP 验证的简单配置，也是实际应用中常用配置。认证配置时，要求用户名是对方路由器名，而且双方密码必须一致。其原因是 CHAP 默认使用本地路由器的名字作为建立 PPP 连接时的标识符，路由器在收到对方发送来的询问消息后，将本地路由器的名字作为身份标识发送给对方。在收到对方发来的身份标识后，默认使用本地验证方法，即在配置文件中寻找，查询是否有用户身份标识和密码。若有，计算加密值，结果正确则验证通过；否则，验证失败，连接无法建立。

5.7　网络互连设备的选择

网络的互连包括计算机之间、网络之间、计算机与网络之间的相互连接。网络中的任意用户都可以与网络中的其他用户通信，进行资源共享。网络互连设备是实现网络互连的硬件基础。网络互连设备包括中继器、集线器、网桥、网关、交换机和路由器。

在网络的组建中，按照计算机网络的层次划分，每一个层次需要不同的互连设备来支撑。在网络物理层中需要集线器、中继器和传输介质，数据链路层上需要网桥和交换机，在网络层上需要路由器，而网关则应用于应用层中。下面将介绍常见的网络互连设备及选择。

5.7.1　传输介质的选择

传输介质也称为传输媒体，是数据传输系统中发送、接收站点之间数据的物理媒质。每种介质类型都有不同的特点，适用于某些特定类型的网络。

1．传输介质分类

计算机网络的传输介质通常可分为有线传输介质和无线传输介质两类。有线传输介质包括双绞线、同轴电缆、光缆。无线传输介质包括无线电、激光、红外线和卫星、微波技术、蓝牙等。

（1）双绞线。

双绞线是一种非常流行的传输介质。包含着成对的绝缘铜线，它们交织在一起减少物理干扰，并在外面还套着一层绝缘套（如图 5-24 所示）。双绞线的柔性比同轴电缆好，因此适合于在穿墙、围墙角时采用。如果与合适的网络设备相连，可以适应 100 Mbit/s 或者更快的网络通信。在大多数应用下，双绞线的最大布线长度为 100 m。

双绞线通过 RJ-45 头连接在网络设备上，这些接头要比 T 形接头便宜，在移动时不易损害。它易于连接，与细同轴电缆相比，柔性更好，所以更利于安装和使用。双绞线适用于较短距离的

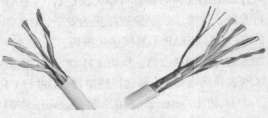

图 5-24　双绞线

信息传输，其局域网的带宽取决于所用导线的质量、长度及传输技术，要想在有限的距离内达到可靠的传输率，信号衰减小，就要选择合适的双绞线。在选择双绞线时，越粗的导线，线路的衰减越小，双绞线的传输速率不如光纤，不过它容易布线，接口便宜，特别适合短距离传输的场合（主要在楼宇内部）。大多数双绞线的传输速率在 10～1 000Mbit/s，低速的比高速的传输距离远，直接传输距离一般控制在 100 m 以内。如果经过集线器或交换机的中继放大后，还能多传输几百米，所以双绞线多用于室内局域网的布线。

目前，双绞线的种类有很多，按照屏蔽层的有无分类，双绞线分为屏蔽双绞线（Shielded Twisted Pair，STP）与非屏蔽双绞线（Unshielded Twisted Pair，UTP）。

屏蔽双绞线电缆的外层由铝箔包裹，这可以减少辐射，防止信息被窃听，也可阻止外部电磁干扰的进入，使屏蔽双绞线比同类的非屏蔽双绞线具有更高的传输速率。但是屏蔽层并不能完全消除辐射，屏蔽双绞线的价格较高，安装也相对困难。必须配有支持屏蔽功能的特殊连接器和相应的安装技术。非屏蔽双绞线是一种数据传输线，由 4 对不同颜色的传输线所组成，广泛用于以太网络和电话线中。非屏蔽双绞线电缆的优点是①无屏蔽外套层，线缆直径小，节省空间；②重量轻，易弯曲，易安装；③将串扰减至最小或加以消除；④具有阻燃性；⑤具有独立性和灵活性，适用于结构化综合布线。

按照双绞线线径粗细分类，双绞线有 3 类线、5 类线、超 5 类线以及最新的 6 类线，前者线径细而后者线径粗，具体型号特点如下。

1 类线（CAT1）：线缆最高频率带宽是 750kHz，用于报警系统，或只适用于语音传输，不同于数据传输（1 类标准主要用于 20 世纪 80 年代初之前的电话线缆）。

2 类线（CAT2）：线缆最高频率带宽是 1MHz，用于语音传输和最高传输速率 4Mbit/s 的数据传输，常见于使用 4Mbit/s 规范的令牌网。

3 类线（CAT3）：该电缆的传输频率 16MHz，最高传输速率为 10Mbit/s，主要应用于语音、10Mbit/s 以太网（10Base-T）和 4Mbit/s 令牌环，最大网段长度为 100 m，采用 RJ 形式的连接器，目前已淡出市场。

4 类线（CAT4）：该类电缆的传输频率为 20MHz，用于语音传输和最高传输速率 16Mbit/s 的数据传输，主要用于基于令牌的局域网和 10Base-T/100Base-T 以太网。最大网段长为 100m，采

用 RJ 形式的连接器，该类线缆未获得广泛采用。

5 类线（CAT5）：该类电缆增加了绕线密度，外套一种高质量的绝缘材料，线缆最高频率带宽为 100MHz，最高传输率为 100Mbit/s，用于语音传输和最高传输速率为 100Mbit/s 的数据传输，主要用于 100Base-T 和 1 000Base-T 网络，最大网段长为 100 m，采用 RJ 形式的连接器。这是最常用的以太网线缆。

超 5 类线（CAT5e）：超 5 类具有衰减小、串扰少，并且具有更高的衰减与串扰的比值和信噪比、更小的时延误差的特点，性能得到很大提高。超 5 类线主要用于千兆位以太网。

6 类线（CAT6）：该类电缆的传输频率为 1～250MHz，它提供 2 倍于超 5 类的带宽。6 类布线的传输性能远远高于超 5 类标准，最适用于传输速率高于 1Gbit/s 的应用。6 类与超 5 类的一个重要的不同点在于：改善了在串扰以及回波损耗方面的性能。6 类标准中取消了基本链路模型，布线标准采用星型的拓扑结构，布线距离的永久链路的长度不能超过 90 m，信道长度不能超过 100 m。

超 6 类（CAT6A）：此类产品传输带宽介于 6 类和 7 类之间，传输频率带宽是 500MHz，目前和 7 类产品一样，国家还没有出台正式的检测标准，只是行业中有此类产品。

7 类线（CAT7）：带宽为 600MHz，可能用于今后的 10 吉比特以太网。

（2）同轴电缆。

同轴电缆是用来传递信息的一对导体，是内导体（一根细芯）外面套着一层圆筒式的外导体，两个导体间采用绝缘材料互相隔离的结构制造，外层导体和内层导体的中心轴在同一个轴心上（如图 5-25 所示）。目的是防止外部电磁波干扰信号的传递。同轴电缆与双绞线类似，电缆越粗则信号的衰减越小，同轴电缆的无中继传输距离要比双绞线的略长一些，但由于布线、连接和接口不方便等原因，目前在计算机网络的物理信道上应用很少。

同轴电缆根据其直径大小可以分为粗同轴电缆（粗缆）和细同轴电缆（细缆）。粗缆适用于比较大型的局部网络，它的标准距离长，可靠性高，安装时不需要切断电缆，可以灵活地调整计算机的入网位置，但它必须安装收发器电缆，安装难度大，所以总体造价高。相反，细缆安装则比较简单，造价低，但由于安装过程要切断电缆，两头须装上基本网络连接头（BNC），然后接在 T 形连接器两端，所以当接头多时容易产生不良的隐患，这是目前以太网所发生的最常见的故障之一。

图 5-25　同轴电缆

粗缆和细缆均为总线型拓扑结构，这种拓扑适用于机器密集的环境，但只要一个触点发生故障，就会影响到整条电缆上的所有机器。故障的诊断和修复都很麻烦，因此，将逐步被非屏蔽双绞线或光缆取代。

（3）光纤。

光纤（Fiber）是以光脉冲的形式来传输信号，材质以玻璃或有机玻璃为主的网络传输介质。它由纤维芯、包层和保护套组成（如图 5-26 所示）。光纤按其传输方式可分为单模光纤（直线传播）和多模光纤（折射传播）。单模光纤较多模光纤具有更高的容量和更大的传输距离，但价格比较昂贵。光纤具有极高的传输带宽，目前技术可以 1 000 Mbit/s 以上的速率进行传输。光纤衰减极低，抗电磁干扰能力很强，所以传输距离可达 20 km 以上。但价格高，安装复杂和精细，需要使用专门的光纤连接器和转换器。

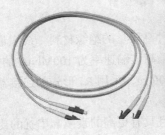

图 5-26　光纤

　　光导纤维是一种传输光束的细微而柔韧的介质。光导纤维电缆由一捆纤维组成，简称为光缆。光缆是数据传输中最有效的一种传输介质，有以下优点。

　　（1）频带较宽。

　　（2）电磁绝缘性能好。光纤电缆中传输的是光束，由于光束不受外界电磁干扰的影响，而且本身也不向外辐射信号，因此它适用于长距离的信息传输以及要求高度安全的场合。

　　（3）衰减较小，可以说在较长的距离和范围内信号是一个常数。

　　（4）中继器的间隔较大，因此可以减少整个通道中继器的数目，降低成本。

　　每一种传输介质都有自己的特点和使用方法，下面将各种传输介质的特性加以比较，可以方便用户进行选择和应用（如表 5-3 所示）。

表 5-3　　　　　　　　　　双绞线、同轴电缆、光纤这 3 种介质的特性比较

介质 特性	双 绞 线	同 轴 电 缆	光 纤
连通性	点到点连接或多点连接	点到点连接和多点连接	多用于点到点连接
地理范围	在 10Base-T 标准的局域网中与集线器的最大距离为 100 m	50M 同轴电缆的最大距离为几千米；75M 同轴电缆可达几十千米	可以在 6～8 km 的距离内使用中继器进行传输
抗干扰性	在低频传输时，双绞线的抗干扰能力相当于或高于同轴电缆。当高于 10～100kHz 时，双绞线的抗干扰能力不如同轴电缆	在较高的频率，同轴电缆的抗干扰性优于双绞线	能进行远距离、高速率传送，而且安全性、保密性好
价格	便宜	介于双绞线和光纤之间	高

　　（5）无线传输介质。有线传输不仅需要敷设传输线路，而且连接到网络上的设备也不能随意移动。而采用无线传输介质，则不需要敷设传输线路，允许终端设备在一定范围内移动，非常适合偏远山区、湖泊滩地等难于敷设传输线的地方。同时也为大量便携式终端设备入网提供了条件。表 5-4 对一些常用的无线传输介质：无线电、微波、红外线、激光和卫星通信等进行了性能对比。

表 5-4　　　　　　　　　　　　　无线传输介质性能对比

无 线 介 质	频 率 范 围	特 点	备 注
无线电	10 kHz～1 GHz	可全方位广播，通过选用不同类型的天线，可实现不同要求的广播	按照频率分为以下类型： 高频（短波）：通信和收音机信号 甚高频（VHF）：电视信号和调频（FM）收音机信号 超高频（UHF）：电视信号和收音机信号

续表

无线介质	频率范围	特　点	备　注
微波	300MHz～300GHz 的电磁波	微波段频率很高，其频段的范围也很大，因此微波信道的容量很大，可同时传输大量信息	主要使用 2～40GHz 频率范围
红外线	300GHz 以上	沿直线传播，容易受外部环境气候的影响	红外线一般用于室内通信，红外线通信的接收方与发送方都要配有红外线接收和发送装置，红外线通信具有很好的安全性
激光	$3.846×10^{14}Hz$～$7.895×10^{14}Hz$	激光具有良好的方向性，在室外的抗干扰能力比红外线强，因而多用于室外环境	激光的传输距离比红外线远，一般用于两个楼宇间的局域网连接
卫星通信	一种特殊的微波通信	卫星通信一般采用同步卫星，其位于地球表面高度 36 000 km 的、与地球同步运行的轨道上。卫星通信属于宽带传输，通信容量较大，一颗卫星可提供几千公里音频线路的传输能力	卫星通信不受地理环境限制，无论在城市、平原地区，还是在山区、岛屿、偏远地区等，建立网络互连与通信都非常方便

2．网络传输介质的选择

各种网络传输介质都有各自的特点，适用于不同类型的网络。最常用的传输介质是双绞线，同轴电缆也很常用，但更主要应用在原来的 LAN 中，光缆通常用于连接要求高速存取的计算机及在不同楼层和建筑物间连接的网络，无线技术则用于电缆连接困难或费用高的环境下。

选择最佳介质时，要充分考虑各种类型介质的能力和局限性，主要考虑的因素如下。

（1）数据传输速率。

（2）距离要求。

（3）在某网络拓扑结构中的使用。

（4）要求的其他网络设备。

（5）安装的灵活性和方便性。

（6）可防止外界干扰。

（7）电缆和电缆组件的成本。

（8）升级选择。

5.7.2　网卡的选择

1．网卡及其作用

网络接口卡（Network Interface Card，NIC）简称网卡，又称网络适配器，是插在计算机总线插槽内或某个外部接口上的扩展卡，它与网络操作系统配合工作，负责将要发送的数据转换为网络上其他设备能够识别的格式，通过网络介质传输或从网络介质接收信息，转换成网络程序能够识别的格式，提交给网络操作系统。图 5-27 所示的是两款高性能网络接口卡。

网卡上一般有一个或多个网络接口，用来连接网络传输介质。在局域网中，每一台需要联网的计算机都必须配置一块（或多块）网络接口卡。根据网络介质访问方法，网卡可分为以太网网卡、令牌环网卡、FDDI 网卡和 ATM 网卡几种。目前，国内大部分的局域网采用的都是以太网技术，大部分 PC 或者笔记本电脑上配置了以太网网卡。

（a）高性能网络接口卡

（b）HP 服务器网卡

图 5-27　网络接口卡

2．网卡的选择

选购网卡时应该考虑的主要因素有网络使用的数据链路层协议、网络的数据传输速度、将网卡与网络连接起来使用的接口类型、安装的网卡要使用的系统总线类型、网卡的兼容性、网卡的生产商以及网卡的应用场合。

（1）协议。

网卡与网络的数据链路层协议密切相关，所以选择网卡时首先应该根据网络的数据链路层协议来确定网卡的类型。例如，以太网中应该选择使用以太网网卡，令牌环网中应该选择令牌环网卡。

（2）传输速率。

同一类协议的网卡其传输速率差别很大，如以太网中有 10 Mbit/s、100 Mbit/s、10/100 Mbit/s 自适应和 1 000 Mbit/s 等不同传输速率的以太网卡。通常，服务器应该选用 100 Mbit/s 或 1 000 Mbit/s 的网卡，而用户的计算机只要选用 100 Mbit/s 或者 10/100 Mbit/s 自适应网卡即可。单纯的 10 Mbit/s 网卡目前已经很少使用。

（3）网卡的接口类型。

网卡必须有一个插接口，使网线与其他网络设备互连，不同的网络插接口适用于不同的网络类型。常见的接口主要有以太网的 RJ-45 接口、细同轴电缆的 BNC 接口，以及粗同轴电缆的 AUI 接口、FDDI 接口、ATM 接口等。多数网卡为了适用于更广泛的应用环境，提供了两种或多种类型的接口，如有的网卡会同时提供 RJ-45 接口、BNC 接口或 AUI 接口。

RJ-45 接口网卡：RJ-45 接口类型的网卡应用于以双绞线为传输介质的以太网中，这是应用范围最广的一种接口类型网卡。

BNC 接口网卡：BNC 接口类型的网卡应用于用细同轴电缆的以太网或令牌网中，目前这种接口类型的网卡较少见。

AUI 接口网卡：应用于用粗同轴电缆的以太网或令牌网中，这种接口类型的网卡目前更是少见，因为粗同轴电缆一直很少应用。

FDDI 接口网卡：随着快速以太网占领了 90%以上的市场，FDDI 网络日益衰落，这种接口的网卡目前也非常少见。

ATM 接口网卡：应用于 ATM 光纤（或双绞线）网络中，它能提供的传输速率达 155 Mbit/s。

（4）网卡的总线类型。

网卡按总线类型的不同分为 ISA 总线网卡、PCI 总线网卡、PCI-X 总线网卡、PCMCIA 总线网卡、USB 接口网卡。

ISA（Industry Standard Architecture）总线网卡是早期的一种接口类型网卡，在 20 世纪 80 年代到 90 年代初，获得极为广泛的应用。ISA 总线接口由于 I/O 速度较慢，随着 20 世纪 90 年代初 PCI 总线技术的出现，很快被淘汰了。

PCI（Peripheral Component Interconnect）总线网卡是目前最常用的一种网卡，因为它的 I/O 速度远比 ISA 总线网卡快，ISA 最高的数据传输速率仅为 33 Mbit/s，而目前的 PCI 2.2 标准 32 位的 PCI 网卡的数据传输速率最高可达 113 Mbit/s，所以很快就替代了老式的 ISA 总线网卡。目前主流的 PCI 总线网卡有 PCI 2.0、PCI 2.1 和 PCI 2.2 三种，计算机上用 32 位 PCI 网卡，服务器上用 64 位 PCI 网卡。

PCI-X 总线网卡是在服务器上使用的一种新型网卡，它与原来的 PCI 网卡相比，在 I/O 速度方面提高了一倍，比 PCI 接口具有更快的数据传输速率，其 PCI 版本最高可达到 266Mbit/s。PCI-X 总线接口的网卡一般为 32 位或 64 位。

PCMCIA（Personal Computer Memory Card Interface Adapter）总线网卡是笔记本电脑专用的网卡，它受笔记本电脑空间的限制，体积较小。PCMCIA 总线网卡分为两类：16 位的 PCMCIA 和 32 位的 CardBus。

USB（Universal Serial Bus）接口网卡是一种新型的总线技术，其传输速率远远大于传统的并行口和串行口，设备安装简单并且支持热插拔。USB 设备一旦接入，就能够立即被计算机所承认，而且装入所需要的驱动程序后，不必重新启动系统就立即投入使用。当需要更换某台设备时，仍然可以保证即插即用。

5.7.3　集线器与中继器的选择

中继器（Repeater）和集线器（Hub）属于物理层设备。中继器也称转发器或者收发器，集线器从功能上说也是一种中继器。物理层的互连设备可以将一个传输介质传输过来的二进制信号位进行复制、整形、再发和转发。物理层的互连设备是网络互连最简单的设备，用来连接具有相同物理层协议的局域网，使得它们组成同一个网络，网络上的节点共享带宽。

1. 中继器

中继器是连接网络线路的一种装置，常用于两个网络节点之间物理信号的双向转发工作，属于网络物理层互连设备（如图 5-28 所示）。

图 5-28　中继器

中继器的作用是把接收到的较弱的信号分离，并再生放大来保证与原有数据相同，保证有用数据的完整性。中继器的工作原理是对电缆上传输的数据信号进行再生放大，然后转发到其他电缆上，从而避免长距离的信号传输衰减而失真，起到延长信号的传输距离、扩展局域网覆盖范围的功能。

中继器主要用于扩展 LAN 的连接距离。用中继器连接起来的网段所形成的网络，逻辑上等同于单一网段的网络。一般中继器的两端连接的都是相同的媒体介质，但也可以完成不同媒体的转接工作。通常网络互连时，工作站之间加入中继器的数目有一定的限制。

使用中继器扩充网络距离的优点是简单、廉价；缺点是当负载增加时，网络性能急剧下降。所以中继器只适合于网络负载很轻以及对网络时延要求不高的场合。

2．集线器

集线器是计算机网络中连接多个计算机或其他设备的连接设备（如图 5-29 所示）。其主要的功能是信号放大和中转，即把一个端口接收的信号向所有端口分发出去，有些集线器还可以通过软件对端口进行配置和管理。一般使用双绞线、光纤、同轴电缆等连接集线器到各节点，可将集线器级联使用或选用可堆叠集线器。集线器被广泛应用于各种场合，属于数据通信系统中的基础设备，是一种不需任何软件支持的硬件设备。

图 5-29　集线器

集线器工作在局域网环境，像网卡一样，应用于 OSI 参考模型的第一层，因此又被称为物理层设备。集线器内部采用了电器互连，当维护 LAN 的环境是逻辑总线或者环形结构时，完全可以用集线器建立一个物理上的星型或者树型网络结构。在这里，集线器所起的作用相当于多端口的中继器。集线器实际上就是中继器的一种，只是集线器可以提供更多的端口服务，所以集线器又叫多口中继器。

3．集线器的分类

（1）按照端口数目的多少，可以把 Hub 分为 8 口集线器、16 口集线器、24 口集线器和 48 口集线器 4 种。

（2）按照总线宽度的大小，可以把 Hub 分为 10Mbit/s、100 Mbit/s 和 10M/100 Mbit/s 自适应集线器 3 种。

（3）按照集线器与集线器的连接方式，可以把 Hub 分为独立式集线器、可堆叠式集线器和模块式集线器。

4．集线器的选择

（1）带宽的选择。目前，市场上主流的集线器带宽主要有 10Mbit/s、100Mbit/s 和 10/100Mbit/s 自适应型 3 种，这 3 种不同带宽的集线器在价格上也有较大的区别，10/100Mbit/s 自适应型集线器的价格一般比 100Mbit/s 高。

（2）端口的选择。集线器作为一种特殊的中继器，它的最大特点就是能够提供多个端口，实现集中管理。因此在端口选择上也需要充分考虑网络的实际需要以及发展需求。集线器的端口数目根据要连接的计算机数目而定。

（3）网管功能的选择。

集线器按其管理功能可分为非智能型集线器和智能型集线器。智能型集线器一般支持多种协议，可堆叠，具有较强的网络管理功能和容错能力。现在流行的 100 Mbit/s 集线器和 10/100 Mbit/s 自适应型集线器多为智能型的。

（4）以外形尺寸为参考。如果网络系统比较简单，没有楼宇之间的综合布线，而且网络内的用户又比较少时，则没必要考虑集线器的外形尺寸。但为了便于对多个集线器进行集中管理，在购买集线器之前要先购置机柜，这时在选购集线器时就必须要考虑它的外形尺寸，否则集线器将无法安装在机架上。

（5）扩展能力。只有当用户需要组建较大的局域网时才需要考虑集线器的扩展能力。集线器的扩展方式有两种：堆叠和级联。可以堆叠的集线器肯定能够级联，而能够级联的集线器则未必能够堆叠。因此，考虑到以后网络扩展的需要，当然应当首选可堆叠集线器。

（6）价格和品牌。不同厂家和品牌的集线器的价格不同，但是在性能上差别不太大，主要在耐用性、可靠性上有所差别。国外品牌集线器的价格比较高，国内品牌集线器的价格比较实惠，因此建议选择全向、神州数码等价格较为实惠的国产集线器。

5.7.4　网关的选择

网关是实现应用系统互连的设备。前面介绍的中继器、网桥和路由器都是属于通信子网范畴的网间互连设备，它们与应用系统无关。而在实际的网络应用中，现有的应用系统并不都是基于同一个协议 TCP/IP，而有许多很好的应用系统是基于专用网络系统协议的。当在使用不同协议的系统之间进行通信时，例如，在使用 X.400 协议的电子邮件应用系统与使用 SMTP 的电子邮件应用系统之间传送邮件时，就必须进行协议转换，网关就是为了解决此类问题而设计的。

1. 网关的定义及其功能

网关（Gateway）本质上属于网络层，又叫做协议转换器。早期计算机文献中的"网关"一词也就是今天的路由器，它是一种复杂的网络连接设备，可以支持不同协议之间的转换，实现不同协议网络之间的互连。它还具有对不兼容的高层协议进行转换的能力，为了实现异构设备之间的通信，网关需要对不同的数据链路层、会话层、表示层和应用层协议进行翻译和转换。因此可以说，网关是一个多功能的路由器或网桥。

网关有传输网关和应用程序网关两种。传输网关是在传输层连接两个网络的网关，应用程序网关是在应用层连接两部分应用程序的网关。由于应用网关是应用系统之间的转换，所以网关一般只适合于某种特定的应用系统的协议转换。网关可以是一个专用的硬件设备，也可以用计算机作为硬件平台，由软件实现网关的功能。

2. 网关的分类

网关主要用于不同体系结构的网络或者局域网与主机系统的连接。根据用途，网关可以分为以下几种类型。

（1）数据链路层协议网关。数据链路层协议网关通常被叫做翻译网桥，可以提供局域网到局域网的转换，在使用不同帧类型或不同时钟频率的局域网间互连时就需要这种转换。

（2）安全网关。安全网关是各种技术的有机融合，具有重要且独特的保护作用，其范围从协议级过滤到十分复杂的应用级过滤。

（3）协议网关。协议网关通常在使用不同协议的网络区域间进行协议转换。这一转换过程可以发生在 OSI 参考模型的第二层、第三层或这两层之间。

（4）边界网关协议。边界网关协议是用来连接 Internet 上的独立系统的路由选择协议。它是 Internet 工程任务组制定的一个加强的、完善的和可伸缩的协议。BGP4 支持 CIDR 寻址方案，该方案增加了 Internet 上可用 IP 地址的数量。BGP 是为取代最初的外部网关协议设计的，它也被认为是一个路径矢量协议。

（5）应用网关。应用网关是在不同数据格式间翻译数据的系统。典型的应用网关接收一种格式的输入，将之翻译，然后以新的格式发送。

（6）管道网关。管道是通过不兼容的网络区域传输数据的较为通用的技术。数据分组被封装在可以被传输网络识别的帧中，到达目的地时，接收主机解开封装，把封装信息丢弃，这样分组就被恢复到了原先的格式。

（7）链路级网关。链路级网关对于保护源自私有、安全的网络环境的需求是很理想的。这种网关拦截 TCP 请求，甚至某些 UDP 请求，然后代表数据源来获取所请求的信息。

（8）专用网关。很多专用网关能够在传统的大型机系统和迅速发展的分布式处理系统间建立桥梁。典型的专用网关用于把基于计算机的客户端连接到局域网边缘的转换器。该转换器通过 X.25 网络提供对大型机系统的访问。

（9）组合过滤网关。使用组合过滤方案的网关能够通过冗余、重叠的过滤器提供相当坚固的访问控制，可以包括分组、链路和应用级的过滤机制。

5.8　项目实践

5.8.1　项目任务介绍

在网络逻辑设计完成以后，接下来进入网络组网技术的选择和物理网络设备的选型阶段。对于该校园网络，要选择网络组网技术、网络互连设备和搭建满足该校园网络需求的网络组建方案。本项目的任务是进行网络组建和设备选型。

5.8.2　项目目的

（1）根据网络建设需求设计网络组网方案。
（2）根据网络设计方案选择恰当的设备。

5.8.3　操作步骤

1．网络总体组网方案设计

该校园网络拓扑结构采取分层的方式进行设计，从核心层、汇聚层和接入层角度来进行设计。该校园网的整个主干网以校园网络中心机房和图书馆的主机机房作为两个中心节点，从而向外辐射连接，与校内的各个部门和单位等主要节点组成主干网络。在网络连接上，采取外连广域网和内部采取有线网络和无线网络混合的方式。

2．校园网络外部联网方案设计

该校园有一个总部校区和另外 3 个分校区，各个学院分布在 3 个分校区中。该校园网络外部联网设计如下。

校总部网络开通两条外连线路，一条通过 DDN 专线与教育科研网 CERnet 连接；另一条通过 100Mbit/s 的链路接入科技网。

校总部校区与各分校区之间通过适当的广域网链路互连起来。

因为校总部校区有两条联网线路，具有一定的备份功能，所以分校区在连接广域网时也要提供备份链路。

3．内部组网和设备选型

在核心层上，在园区的内部主干网上，采用 10 Gbit/s 以太网技术。主要选择高端路由和第三层交换机。这里选择 Cisco 公司的 Catalyst 6500 交换机。因为随着技术的发展，许多三层交换机已经与高等路由没什么区别了。对于大型的网络，选择两台核心交换机，这样可以互为备份。这里将两台核心交换机连接起来，并与服务器组织成独立的网络，放在网络中心机房中，并且提供防火墙功能，保证资源和数据的安全。

在汇聚层上，主要考虑网络的流量控制和安全控制策略。在这一层上采用千兆以太网技术（1 000Base-T），物理设备属于楼宇交换机，也是校园网中各个楼层的核心交换机。在这一层中，多选用三层交换机也可以选择二层交换机，但是二层交换机会加重核心层交换界的路由压力。这里根据网络流量来选择，主要选择 Cisco 公司的汇聚层产品 Catalyst 4000 或者 3500 系列产品。这一层设备若选择不当则容易成为网络的瓶颈，所以一定要对网络的流量进行评估和预测。

接入层为用户提供在本地网络访问 Internet 的能力，是最终网络用户的接入点，它直接控制着用户和工作组对于校园网络的访问。接入层采用 100Base-T 技术，通常接入二级交换机，并通过交换机的上行端口接入汇聚层。接入层是网络的最末端，首先要考虑接入的用户端数量以及需要的端口，从而确定交换机的堆叠或者级联；其次是考虑用户带宽和汇聚层交换机能够提供的带宽，该网络选择 10 Mbit/s 的用户桌面带宽；然后，考虑网络安全方面的设置。这里选择 Cisco 接入层产品中的 Catalyst 2950 系列或者华为的接入层产品 S2000 系列交换机。

拓展思考　　各个分校区内部如何设计网络组网方案和进行网络设备的选型？

第6章

网络管理与安全设计

本章学习目标

（1）掌握网络管理的内涵，能够进行网络管理机制设计。

（2）掌握网络安全的内涵，能够进行网络安全管理设计。

本章项目任务

（1）设计网络的管理机制。

（2）设计网络安全管理机制。

知识准备

随着计算机网络的发展，网络的组成变得越来越复杂。网络呈现出大规模发展态势，网络的异构性问题也变得越来越突出，网络中运行着多种操作系统和各种各样的设备，如何进行网络管理变得越来越重要。随着网络规模的不断扩大，网络结构也变得更加复杂，而网络中的信息资源也变得越来越复杂，如何保证网络的安全，如何对网络各个方面进行管理，都需要进行规划。本章将对网络管理和网络安全管理进行介绍。

6.1 网络管理设计

随着计算机网络的发展，网络规模的不断扩大，其结构也越来越复杂，网络中的资源也越来越丰富和复杂。对网络进行管理变得越来越重要。但是，传统的网络管理模式是随着网络规模的变化而发展的，这种管理模式已经无法满足网络发展的需要。如何设计符合现代网络发展需要的网络管理机制变得更加重要和有价值。

6.1.1 网络管理概述

1. 什么是网络管理

网络管理是指网络管理人员通过网络管理系统对网络上的软件、硬件和信息资源进行监测和控制，从而实现网络集中化管理的操作。网络管理是为了保证网络正常、高效地运行，并在网络出现故障时能够及时报告和处理。网络管理主要是对网络完成两项任务：一是监测网络状态是否正常，是否存在危机和问题；二是控制网络状态，对网络状态进行合理调控，从而提高网络性能和服务。

2．网络管理的基本功能

国际标准化组织 ISO 在 ISO/IEC 7498-4 文档中定义了网络管理的 5 大功能，并被广泛接受。这 5 大功能是故障管理、计费管理、配置管理、性能管理、安全管理。根据网络管理系统产品功能的不同，网络管理又可以细分为 5 类，即网络故障管理、网络配置管理、网络性能管理、网络服务/安全管理、网络计费管理。

（1）故障管理。

故障管理（Fault Management）是网络管理中最基本的功能之一。用户都希望有一个可靠的计算机网络。当网络中某个组件失效时，网络管理器必须迅速查找到故障并及时排除。通常不大可能迅速隔离某个故障，因为网络故障产生的原因往往相当复杂，特别当故障是由多个网络组成共同引起时。在此情况下，一般先将网络修复，然后再分析网络故障的原因。分析故障原因对于防止类似故障的再发生相当重要。网络故障管理包括故障监测、故障报警、故障信息管理、排错支持工具、检索/分析故障信息、对网络故障的检测依据和对网络组成部件状态的监测，不严重的简单故障通常被记录在错误日志中，并不做特别处理。而严重一些的故障则需要通知网络管理器，即所谓的"警报"。一般网络管理器应根据有关信息对警报进行处理，排除故障。当故障比较复杂时，网络管理器应能执行一些诊断测试来辨别故障原因。

（2）计费管理。

计费管理（Accounting Management）是在计算机网络系统有偿使用的情况下，控制和监测网络操作的费用和代价。它对一些公共商业网络尤为重要。它可以估算出用户使用网络资源可能需要的费用和已经使用的资源。网络管理员还可规定用户可使用的最大费用，从而控制用户过多占用和使用网络资源。这也从另一方面提高了网络的效率。另外，当用户为了一个通信目的需要使用多个网络中的资源时，计费管理应该可以计算总计费用。

（3）配置管理。

配置管理（Configuration Management）是最基本的网络管理功能，它对开放系统实施控制，从中收取配置数据，并向其他开放系统提供配置数据，主要用于配置网络、优化网络。它提供的功能有初始化或删除管理客体、为控制例行的操作设置适当的参数、收集关于状态的信息等，配置管理是一组对辨别、定义、控制和监视组成一个通信网络的对象所必需的相关功能，目的是实现某个特定功能或使网络性能达到最优。

（4）性能管理。

性能管理（Performance Management）有助于管理的性能评估，用于对系统运行及通信效率等系统性能进行评价，其能力包括监视和分析被管网络及其所提供服务的性能机制，其分析的结果可能会触发某个诊断测试过程或重新配置网络以维持网络的性能。它提供的功能有：收集和发布统计数据、维护系统性能的历史记录、模拟各种操作的系统模型等。

（5）安全管理。

安全性一直是网络的薄弱环节之一，而用户对网络安全的要求又相当高，因此，网络安全管理非常重要。安全管理（Security Management）是指对开放系统的访问要实施的各种保护措施，网络中主要有几大安全问题：网络数据的私有性（保护网络数据不被侵入者非法获取）、授权（Authentication）（防止侵入者在网络上发送错误信息）、访问控制（控制对网络资源的访问）。相应地，网络安全管理应包括对授权机制、访问控制、加密和加密关键字的管理。另外，还要维护和检查安全日志。

　　网络发展到一定阶段，必然要考虑网络性能、网络故障与网络安全性问题。只有运用网络分析技术对网络流通数据有清晰认识，才能为故障的排查、性能的提升以及网络安全的解决提供可靠的数据依据。网络最大的价值，在于信息化的应用。当网络出现故障时不能及时解决，网络就只能是一个摆设。现在的网络管理不再仅仅是通过简单的治理来防止出现问题，而是需要网络管理者对网络中所有设备完全掌握，包括每个网卡地址以及所处的位置。通过对网络传输中的数据进行全面监控分析，才能从网络底层数据获取各种网络应用行为造成的网络问题，并快速定位到网卡的位置，从而在安全策略上更好地防范，对故障和性能进行更合理的管理。

6.1.2　网络管理基本结构

　　在网络管理中，网络管理一般采用网络管理站—网络管理代理的基本模型。一个网络管理系统从逻辑上由网络管理站、网络管理代理、网络管理协议和管理信息库 4 部分组成，如图 6-1 所示。

　　在这种简单的结构中，管理系统中的管理进程担当网络管理者角色，被称为网络管理站，而被管系统中的对等实体担当代理者角色，被称为网络管理代理。网络管理站将管理要求通过管理操作指令传送给位于被管理系统中的管理代理，对网络内的各种设备、设施和资源实施监视和控制，管理代理则负责管理指令的执行，并且以通知的形式向网络管理站报告被管对象发生的一些重要事件。

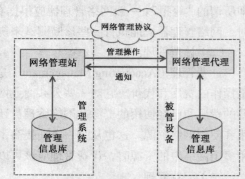

图 6-1　网络管理的基本模型

　　（1）网络管理站。

　　网络管理站（Network Management Station）一般位于网络系统的主干或接近主干位置的工作站、计算机上，负责发出管理操作的指令，并接收来自代理的信息。网络管理站要求网络管理代理定期收集重要的设备信息。网络管理站要定期查询网络管理代理收集到的有关主机运行状态、配置及性能数据等信息，这些信息将被用来确定独立的网络设备、部分网络或整个网络运行的状态是否正常。网络管理站和网络管理代理通过交换管理信息来进行工作，信息分别驻留在被管设备和管理工作站上的管理信息库中。这种信息交换是通过一种网络管理协议来实现的。

　　（2）网络管理代理。

　　网络管理代理（Network Management Agent）位于被管理的设备内部。通常将主机和网络互连设备等所有被管理的网络设备称为被管设备。网络管理代理把来自网络管理站的命令或信息请求转换为本设备特有的指令，完成网络管理站的指示，或显示它所在设备的信息。网络管理代理也可能因为某种原因拒绝网络管理站的指令。另外，网络管理代理也可以把在自身系统中发生的事件主动通知给网络管理站。

（3）网络管理协议。

网络管理协议（Network Management Protocol）是用于网络管理站和网络管理代理之间传递信息，并完成信息交换安全控制的通信规约。网络管理站通过网络管理协议从网络管理代理那里获取管理信息或向网络管理代理发送命令，网络管理代理也可以通过网络管理协议主动报告紧急信息。

目前比较有影响的网络管理协议是 SNMP 和 CMIS/CMIP，它们代表了目前两大网络管理解决方案。其中，SNMP 流传最广，应用最多，获得支持也最广泛，已经成为事实上的工业标准。

（4）管理信息库。

管理信息库（Management Information Base，MIB）是一个信息存储库，是对于通过网络管理协议可以访问信息的精确定义，所有相关的被管对象的网络信息都放在 MIB 上。

网络管理模式可以分为集中式网络管理模式、分布式网络管理模式和混合式网络管理模式 3 种，每种模式都有各自的特点，适用于不同的网络系统结构和不同的应用环境。

1. 集中式网络管理模式

在集中式网络管理模式中，只有一个网络管理站，它是网络管理员进行网络管理操作的唯一入口。如图 6-2 所示，网络管理站负责与网络中所有被管设备进行交互，管理网络中所有的被管设备，为全网提供集中的管理支持，并管理和维护网络管理站端的管理信息存储。

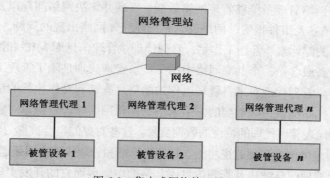

图 6-2　集中式网络管理模式

集中式网络管理模式管理集中、结构简单，能够对网络实施有效的管理，一般适用于小型局域网、统一经营的公共服务网络等结构比较单一的网络。由于集中式网络管理模式只存在一个管理者节点，该节点容易出现性能瓶颈和单点故障，所以不适合大型网络管理。

2. 分布式网络管理模式

为了解决集中式管理模式中的单一节点故障，降低中心管理控制台以及管理人员的负担，将信息管理和智能判断分布到网络各处，使管理变得更加自动化，在问题或者故障源地方能够做出基本的故障处理，从而出现了分布式网络管理模式（如图 6-3 所示）。分布式网络管理模式将数据检测和控制等管理分散开来，可以从网络上所有数据源采集数据而不必考虑网络拓扑结构，这为大型的网络管理提供了更加有效的方案。

分布式管理模式中存在多个网络管理

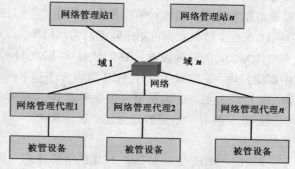

图 6-3　分布式网络管理模式

站，每个管理站负责管理一个网络域，相互通信在系统内部进行。

3. 混合式网络管理模式

混合式网络管理模式是集中式网络管理模式与分布式网络管理模式的结合。分布式网络管理模式和集中式网络管理模式分别适用于不同的网络规模，有各自的优缺点。基于现代的网络发展趋势，网络系统的管理不宜过于集中，也不宜过于分散，宜采用集中式网络管理模式和分布式网络管理模式相结合的混合式网络管理模式。

6.1.3 网络管理协议

随着网络的不断发展，网络规模增大，复杂性增加，简单的网络管理技术已不能适应网络迅速发展的要求。研究开发者们迅速展开了对网络管理的研究，相应推出了各种网络管理协议。下面进行简单介绍。

1. 简单网络管理协议

简单网络管理协议（SNMP）是目前 TCP/IP 网络中应用最广泛的协议，它是专门设计用于 IP 网络管理网络节点（服务器、工作站、路由器、交换机及 HUB 等）的一种标准协议，是一种应用层协议。SNMP 使网络管理员能够管理网络效能，发现并解决网络问题以及规划网络增长。通过 SNMP 接收随机消息及事件报告，网络管理系统能获知网络出现的问题。

SNMP 包括 4 个关键元素：管理工作站、管理代理、管理信息库 MIB 和网络管理协议。管理工作站是一个单机设备或者是一个共享网络中的一员。管理代理是除了管理工作站，网络管理系统中的其他活动元素。管理代理对来自管理工作站的信息查询和动作执行的请求做出响应，同时还能异步地向管理工作站提供一些重要的非请求信息。将网络管理资源以对象的形式表现出来，每一个对象就是一个代表管理代理的特性的数据变量。这些对象的集合被称为管理信息库。管理工作站通过获取 MIB 对象的值来实现监视功能。管理工作站和管理代理之间是通过 SNMP 连接的。

SNMP 和相应的管理信息结构及管理信息库非常简单，因而它的开发实现非常容易。在安全方面，虽然 SNMP 规范没有采用 OSI 为网络管理制定的 FCAPS 模型。但是，它提供了为网络管理构建安全框架的工具，并且在身份认证原则、保密性和备份等项上满足了 FCAPS 所需要的安全服务。

2. 远程监控协议

远端网络监控（Remote Network Monitoring，RMON）最初的设计是用来解决从一个中心点管理各局域网和远程站点的问题。RMON 规范由 SNMP MIB 扩展而来。 在 RMON 中，网络监视数据包含了一组统计数据和性能指标，它们在不同的监视器（或称探测器）和控制台系统之间相互交换。结果数据可用来监控网络利用率，以用于网络规划、性能优化和协助网络错误诊断。当前 RMON 有两种版本：RMON v1 和 RMON v2。RMON v1 在目前使用较为广泛的网络硬件中都能发现，它定义了 9 个 MIB 组服务于基本网络监控；RMON v2 是 RMON 的扩展，专注于 MAC 层以上更高的流量层，主要强调 IP 流量和应用程序层流量。RMON v2 允许网络管理应用程序监控所有网络层的信息包，这与 RMON v1 不同，RMON v2 只允许监控 MAC 及其下层的信息包。

RMON MIB 是对 SNMP 框架的重要补充，其目标是扩展 SNMP 的 MIB-II，使 SNMP 更为有效、更为积极主动地监控远程设备。RMON MIB 有很多功能组，其中，警报组（Alarm）用于设置一定的时间间隔和报警阈值，定期从探测器采样并与所设置的阈值相比较；事件组（Event）用于提供关于 RMON 代理所产生的所有事件；主机组（Host）提供网络上发现的与每个主机相关的统计值；过滤组（Filter）允许监视器观测符合一定过滤条件的数据包。网络 RMON 定义了远程网络监视的管理信息库以及 SNMP 管理站与远程监视器之间的接口。一般来说，RMON 的目标就是监视子网范围内的通信，从而减少管理站和被管理系统之间的通信负担。

3. 公共管理信息协议

公共管理信息协议（CMIS/CMIP）是 OSI 提供的网络管理协议簇。OSI 系统管理的基本功能是通过协议，在两个实体即管理站和代理之间交换管理信息。这一功能被称为公共管理信息服务元素 CMISE，它由两部分组成：用户接口（即 CMIS 部分）和协议（即 CMIP 部分）。

CMIS 定义了每个网络组成部分提供的网络管理服务，这些服务在本质上是很普通的，CMIP 则是实现 CMIS 服务的协议。OSI 网络协议旨在为所有设备在 OSI 参考模型的每一层提供一个公共网络结构，而 CMIS/CMIP 正是这样一个用于所有网络设备的完整网络管理协议簇。出于通用性的考虑，CMIS/CMIP 的功能和结构与其他的协议集很不同，SNMP 是按照简单和易于实现的原则设计的，而 CMIS/CMIP 则能够提供支持一个完整网络管理方案所需的功能。在最初设计 CMIS/CMIP 时，是想提供一套适用于不同类型网络设备的完整的网络管理协议簇。因此，CMIS/CMIP 建立在 OSI 参考模型的基础之上，通过在应用层上实现 CMIP、ACSE、ROSE 等协议，提供了较完整的联系操作、相应请求和事件通告等机制，为开发灵活、有效的网络管理应用奠定了基础。但是，也正是由于 CMIS/CMIP 追求成为适用广泛的网络管理协议，使得它的规范过于庞大，造成现有的系统中很少有能轻松地运用最终实现出来的 CMIP。这是限制 CMIS/CMIP 推广的一个主要原因。

4. 电信管理协议

电信管理网（TMN）概念为通信服务和网络提供了一个网络管理框架。在 ITU 国际电信联盟的 M.3010 提议中定义了 TMN 的通用规则，并且引入了 4 个抽象层的体系结构，它们分别是功能结构、物理结构、信息结构和逻辑分层结构。TMN 给域间安全带来的是一个在 TMN 域和主机之间的接口上使用的策略，该策略规定了通用的、标准的安全服务和机制。在管理交互过程中，为允许选取合适的安全框架提供了选择。

TMN 的安全规范能实现设计和执行安全服务，其安全规范涵盖了身份认证、访问控制、保密性、完整性和不可否认性 5 个方面。在网络管理功能方面，TMN 为 FCAPS 的每一个功能区设定了必要条件和作用域。TMN 是网络管理的通用框架，它用比 SNMP 更抽象的方法实现了安全和安全管理，并且实现集中于 OSI FCAPS 功能区的安全管理。

网络发展早期没有专门的网络管理协议，唯一可用于网络管理的协议是 ICMP，当网络运行不正常时，管理员使用 Ping 程序向可能的网络设备发送 ICMP 报文，根据返回的报文头来确定问题的性质和方位。Ping 可以检测网络连通性，但无法解决不可靠的传送和返回等问题。网络管理协议的出现为网络管理提供了一种可访问任何网络设备并获得一系列标准值的一致性方式。

6.1.4　网络管理系统

网络管理系统是一个软硬件结合以软件为主的分布式网络应用系统，其目的是管理网络，使网络高效正常运行。网络管理软件可以位于主机内，也可以位于传输设备中。网络管理系统可以实现 5 大管理功能，分别是性能管理、配置管理、安全管理、计费管理和故障管理。网络管理的对象不仅包括路由器、交换机、Hub 等，还包括网络设备、应用程序、服务器系统、辅助设备如 UPS 等网络中几乎所有的实体。目前比较流行的网络管理系统分为通用网络管理系统、专用网络管理系统、综合网络管理系统和专业网络管理系统等。

1．通用网络管理系统

通用网络管理系统包括 HP OpenView、IBM Tivoli NetView、Sun Net Manager 等。这类软件往往具有通用性，所以针对性不强，往往需要进行二次开发。

HP OpenView 产品是惠普公司出品的电子业务管理工具程序，被称为"全球二十大软件公司必备产品"。客户可以利用 OpenView 来管理服务器的应用程序、硬件设备、网络配置和状态、系统性能、业务以及程序维护，还能进行存储管理。HP Open View 是强大的网络和系统管理工具，是第一个跨平台的网络管理系统，属于企业级的网络管理系统，它与大多数网络管理系统一样，不能提供非 SNMP 设备管理功能。HP OpenView 已经由最初的提供给第三方应用厂商的开发系统转变为一个跨平台的最终用户产品，它的最大优点就是被第三方应用开发厂商广泛接受，被认为是一个工业标准的网络管理系统。

IBM Tivoli NetView 关注高端用户，软件中包含一种全新的网络客户程序，这种基于 Java 的控制台比以前的控制台具有更大的灵活性、可扩展性和直观性，可允许网管人员从网络中的任何位置访问 Tivoli NetView 数据。从这个新的网络客户程序可以获得有关节点的状况、对象收集与事件方面的信息，也可对 Tivoli NetView 服务器进行实时诊断。目前，借助 IBM 主机在金融领域的强大用户群体，该产品拥有超过 50% 的市场份额，在其他行业，如电信、食品、医疗、旅游、政府、能源和制造业等也有众多用户，比较适合在网络管理方面有大规模投入、具备网络管理专家，而且 IBM 设备较多的用户。

2．专用网络管理系统

专用网络管理系统也称为网元管理系统，包括 Cisco 公司的 CiscoWorks、华为的 D-Link 等，它们是设备厂商为自己的产品设计的专用网络管理系统，这种系统对自己产品的检测和配置功能非常全面，可以检测一些通用网络管理系统无法检测的重要性能指标。

CiscoWorks 是 Cisco 公司提供的面向广域网和局域网的全面网络管理系统，能帮助用户管理基于 Cisco 设备的网络，并且能够集成到很多比较流行的网络管理系统上，如 HP OpenView、IBM Tivoli NetView、SUN NetManager 等。CiscoWorks 主要解决 LAN 管理、RouterWan 管理、服务管理和 VPN 管理等。

专用网络管理软件是为自家网络设备专门设计的，具有较强的管理能力，但通用性一般较差。通用网络管理软件具有较好的开放性和兼容性，可用于不同厂商的的分布式管理，但在设备的配置和深度管理方面与专用网络管理软件无法相比。

3．综合网络管理系统

随着网络的发展，网络管理越来越趋于综合化，综合网络管理系统主要包括游龙科技的 SiteView、北大青鸟的 NetSureXpert、神州数码的 LinkManager、北邮的 FullView、武汉擎天的 QTNG 等。

4. 专业网络管理系统

专业网络管理系统是专门针对网络某方面的需求进行管理的系统，如配置管理、故障管理、性能管理、记账管理和服务管理等。专业网络管理系统主要包括美国 NetScout 公司的硬件探针和 nGenius Performance Manager 以及 Micromuse 公司的 NetCool。

5. 网络管理系统的选择

选择网络管理系统首先要明确使用网络管理系统的目的以及要达到的目标；其次对信息化程度和系统复杂程度，以及服务方式和预算等多方面进行分析。选择网络管理系统一般遵循以下原则。

（1）以用户为中心。明确用户的自身能力和网络规模以及用户自身的技术能力。

（2）网络管理系统应具有一定的扩展性，这样可以使用户能根据需要进行二次开发或者完善升级。

（3）支持多种协议。网络管理系统应该可以支持多种协议，如 SNMP、RMON 等管理协议和标准，此外也应支持多种网络协议，这样可以支持第三方数据的交换。

> 　　网络管理和网络安全是网络工程设计中不可或缺的设计环节。网络管理包括网络安全管理，网络安全是网络管理设计的一部分。最初的网络管理和安全管理都是随着网络系统的规模不断发展的，缺乏系统的规划设计，随着网络规模的不断扩大，网络管理和网络安全也逐渐变得系统化、综合化和整体化。可以说，网络管理和网络安全从网络工程规划设计之初就已经开始进行规划和设计，并贯穿于网络工程的各个部分。

6.2　网络管理实践项目

6.2.1　项目介绍

该校园网络已经搭建完成。如何根据校园网络的实际情况，选择合适的管理方案，对校园网络进行管理是非常重要的。接下来为该校园网络工程设计网络管理方案。

6.2.2　项目目的

熟悉和掌握网络管理的相关知识，能够综合运用所学知识，为校园网络设计网络管理方案，保证网络安全平稳运行。

6.2.3　操作步骤

1. 明确该校园网络的管理需求

对该校园网络进行管理需求分析，明确具体的管理需要。校园网络是承载学校各项业务的网络系统，它需要对图书馆管理系统、教务管理系统、财务管理系统、人事管理系统等各种业务信息系统提供持续可靠的网络访问服务。此外，校园网络又是面向校园内部师生的网络，网络设备复杂多样，情况十分复杂，所以管理工作也变得非常繁重。

如果该校园网络的规模比较小，则可以选择供应商提供的网络管理软件，再配合一些简单的网络管理工具就可以实现了。但是如果网络规模很大，那么网络的复杂性和网络故障都会相应增加，这时就需要一个综合的网络管理系统来对网络进行高效的管理。另外，由于校园网络不需要对外提供商业服务，所以一般不需要二次开发功能，可以选择能够支持众多网络设备的厂商，并且高效实用的网络管理工具。从易用性和集中管理上看，国产管理软件更加适合校园网络管理。

2．选择适合的网络管理系统

首先确定网络管理系统运行的操作系统，有些网络管理系统运行在图形工作站的操作系统上，如 UNIX 操作系统。有些网络管理系统运行在微机工作站的操作系统上，如 Windows Server 2003 操作系统。

然后根据操作系统来确定适合的网络管理软件。本校园网络我们选用 Windows 作为网络操作系统平台，选择 Nortel Network 公司的 OptivityNMS 10.5 作为网络管理软件。这款网络管理系统可以运行于图形工作站和微机工作站之上，既可以运行于 UNIX 之中，也可以运行在 Windows 等操作系统之中，这样可以根据实际情况进行比较灵活地选择。如果为了节约成本可以选择 Windows Server 2003 作为操作系统平台。

6.3　网络安全设计

网络系统本身是一个复杂的系统，其连接形式多样、终端设备分布不均匀、网络的开放性和互连性都容易导致网络系统遭受黑客和恶意软件的攻击，因此，网络的安全及防范问题变得非常重要。

6.3.1　网络安全概述

网络安全是指网络系统的硬件、软件及其系统中的数据受到保护，不因偶然的或者恶意的原因而遭受到破坏、更改、泄露，系统连续可靠正常地运行，网络服务不中断。网络安全从其本质上来讲就是网络上的信息安全。从广义来说，凡是涉及网络上信息的保密性、完整性、可用性、真实性和可控性的相关技术和理论都是网络安全的研究领域。网络安全是一门涉及计算机科学、网络技术、通信技术、密码技术、信息安全技术、应用数学、数论、信息论等多种学科的综合性学科。

网络安全应具有以下 5 个方面的特征。

（1）保密性：信息不泄露给非授权用户、实体或过程，或供其利用的特性。

（2）完整性：数据未经授权不能进行改变的特性，即信息在存储或传输过程中保持不被修改、不被破坏和丢失的特性。

（3）可用性：可被授权实体访问并按需求使用的特性，即当需要时能否存取所需的信息。例如，网络环境下拒绝服务、破坏网络和有关系统的正常运行等都属于对可用性的攻击。

（4）可控性：对信息的传播及内容具有控制能力。

（5）可审查性：出现安全问题时提供依据与手段。

6.3.2　常见的网络安全隐患

1．网络窃听

网络窃听通常发生在网络内部。由于以太网数据帧通常不加密，并且采取 CSMS/CD 访问控制方式，局域网上的任何一台计算机都可以毫无保留地获得在同一物理网段上流动的数据。所以，网络窃听来自于网络内部人员，而不是外部。防止网络窃听的做法通常有以下几种。

（1）使用交换机分段。网络窃听只能发生在同一物理网段上，如果在网络中更多地使用交换机来代替集线器，则可以避免危害，或者使危害变得小一些。

（2）加密。对网络中重要的数据进行加密，这样也可以在一定程度上防止信息被窃取。

（3）使用反窃听软件来监控网段，也能在一定程度上减小危害。

2．完整性破坏

完整性破坏是指网络中的数据被窜改，使信息完整性遭到破坏。保证数据和信息完整的方法就是使用散列的函数算法，散列函数生成的信息摘要具有不可逆性，任何人都无法将数据还原为原始数据，这样的算法使得任何对信息进行的细微改变都会使信息摘要不变，从而起到保护数据信息完整性的作用。

3．地址欺骗

地址欺骗技术的原理就是伪造一个主机信任的 IP 地址，从而获得主机信任造成攻击。因此，要实现地址欺骗就需要有攻击者、目标主机和受信任的主机。

4．拒绝服务攻击

拒绝服务攻击（DOS）通常是以消耗服务器端资源为目标的。通过伪造超过服务器处理能力的请求数据造成服务器相应阻塞，使正常的用户请求不能得到应答，从而实现攻击。

5．计算机病毒

计算机病毒就是一种可以破坏计算机系统的程序，其传播途径非常广泛，并且可以通过网络进行快速传播，从而影响整个计算机网络的运行。

6．系统漏洞

系统漏洞来自于各类软件系统自身，安全系统可以存在于操作系统，也可以存在于应用软件程序中，这些软件系统中的漏洞可以被用来进行攻击，从而导致网络系统瘫痪。

6.3.3　网络安全技术概述

1．身份验证技术

身份验证技术用于确认合法的用户名、密码和访问权限 3 方面的安全性，只有合法的用户才能登录到系统，并获得对资源合法的访问权限。常见的认证方法包括实物认证、密码认证、生物特征认证和位置认证。

2．信息加密技术

加密是对信息数据进行重新组合和编码，使其看起来没有任何意义，只有收发双方才能解码还原信息数据。常用的加密技术包括对称加密、非对称加密和单向加密。对称加密就是使用同样的密钥进行加密和解密。非对称加密就是使用一对密钥来加密数据，一个用于加密数据，一个用来解密数据。单向加密是使用一个 Hash 函数取加密数据，该函数把信息进行混杂，使它不可能恢复原状，从而保证数据的完整性。加密技术的安全性与硬件的性能和所选密钥的长度有关。

3．网络防病毒技术

网络防病毒技术包括预防、检测和杀毒 3 种技术。网络防病毒技术是通过对网络服务器中的文件进行频繁扫描和监测，在工作站上用防病毒芯片进行防病毒保护，此外也对工作站上的目录及文件设置访问权限等。网络防病毒技术是针对某个特定环境，涉及不同的软硬件设备来进行实时防护的。通常选用网络防病毒工具软件来对网络进行远程监控安装、集中管理以及病毒预防。

4．防火墙技术

防火墙技术是位于内部网络和外部网络之间的屏障，通过预先制订的过滤策略，控制数据的进出，是系统的第一道防线。防火墙在网络边界上建立网络通信监控系统来隔离内部网络和外部网络，以阻挡外部网络的侵入，从而保护计算机网络安全。目前常见的防火墙包括包过滤防火墙、代理防火墙、复合型防火墙和分布式防火墙。防火墙安全主要是从网络外部安全方面进行保护。

5．入侵检测技术

入侵检测技术是一种主动保护自己免受攻击的网络安全技术，是防火墙安全的合理补充。入侵技术可以帮助网络系统对付外部攻击，提高网络系统安全管理的能力。常见的生产开发网络入侵检测系统的公司有 ISS、Axent、NFR、Cisco、CA 等。此外，中联绿盟、中科网威等也有相应的产品。

6．虚拟专用网络技术

虚拟专用网络 VPN 是指在共享网络上建立专用网络的技术，VPN 的任意两个节点之间的连接并没有传统专用网络所需的端对端的物理链路，而是架构在公用网络服务商所提供的网络平台之上的逻辑网络中，用户数据是在逻辑网络中进行传输的，因此在一定程度上保护了网络安全。

6.3.4 网络安全结构划分

1．内网

内网是指各种园区网络内部局域网，包括内部服务器和用户。内部服务器只允许内部用户访问，包括应用服务器、数据库服务器和 Internet 服务器（如图 6-4 所示）。内部网络用户安全隐患往往更加令人防不胜防，内部用户的泄密是对系统最大的破坏。对内网的安全设计主要体现在信息加密、身份认证、授权访问和广播隔离方面。此外，内网设计也要结合操作系统的安全性设计，目前 Windows Server 2003、Linux、Unix 都具有良好的安全解决方案。

2．外网

任何不属于部门内部网络的设备和主机都可以称为外网（如图 6-4 所示）。非法用户可以通过各种手段来攻击、窃取内网服务器上的数据和信息资源。防范来自外部网络的安全威胁主要是控制网络出入的路由器接口，对进出的数据包进行访问控制，过滤非法数据包，实现第一层次的安全保护。

3．公共子网

将网络中一部分可向 Internet 用户提供公共服务的服务器设备单独从内网中隔离出来，并且允许内部用户和外部用户访问，这样的网络就是公共子网（如图 6-4 所示）。公共子网是内、外部用户都能够访问的唯一网络区域，其安全管理应该是对应用服务器进行访问控制，对客户和服务器双方进行身份验证，同时对内外部网络服务器提供代理。

图 6-4　网络结构划分图

6.3.5　网络安全设计与开发

计算机网络安全从本质上来说就是网络上的信息安全。从网络运行和管理者角度来看，网络安全就是能够对本地网络信息的访问、读写等操作受到保护和控制，避免出现"陷门"、病毒、非法存取、拒绝服务和网络资源非法占用和非法控制等威胁，制止和防御网络黑客的攻击。对安全保密部门来说，网络安全就是对非法的、有害的或涉及国家机密的信息进行过滤和防堵，避免机要信息泄露，避免对社会产生危害，对国家造成巨大损失。从社会教育和意识形态角度来看，网络上不健康的内容会对社会的稳定造成影响，必须对其进行控制。网络安全问题应该像每家每户的防火防盗问题一样，做到防患于未然。

1．网络安全的设计

网络安全的一般设计过程如下。

（1）确定网络资源。

（2）分析网络安全需求。

（3）评估网络风险。

（4）制订安全策略。

（5）决定所需安全服务的种类。

（6）选择相应的安全机制。

（7）安全系统集成。

（8）测试安全性，定期审查。

（9）培训用户、管理者和技术人员。

2．网络安全的开发过程

（1）根据风险评估结果制订相应的安全策略。

网络风险评估是对信息及信息处理设施的威胁、影响、脆弱性及三者发生的可能性的评估。它是确认安全风险及其大小的过程，即利用定性和定量的方法，借助于风险评估工具，确定信息资产的风险等级和优先风险控制。

安全策略规定了用户、管理者和技术人员保护技术和信息资源的义务，也指明了完成这些机制要通过的义务，是所有访问机构的技术人员和信息资源人员都必须遵守的规则。安全策略一般包括两个部分：总体的策略和具体的规则。总体策略用于阐明企业或者学校对于网络安全的总体思想，说明网络上什么活动是被允许的，什么活动是被禁止的。计算机网络安全策略一般包括物理安全策略、访问控制策略、信息加密策略、网络安全管理策略等几方面。

（2）确定安全服务的种类。

安全服务一般包括机密性、鉴别、完整性、认可和访问控制和便利性。而在工程中，网络安全服务一般包含预警、评估、实现、支持和审计几个过程。

（3）安全系统的集成。

在对网络风险进行评估的基础之上，在安全策略的指导下，可以决定所需要的安全服务类型，选择相应的安全机制，然后集成先进的安全技术，形成一个全面综合的网络安全系统。网络安全系统集成一般经历以下过程。

明确面临的各种可能攻击和风险；明确安全策略；建立安全模型；选择并实现安全服务；将安全服务配置到具体协议中。在安全系统集成之后，还应该建立相关的规章制度，并对安全系统进行审计评估和维护。

> 网络安全先后经历了物理安全、信息安全和网络系统安全等发展阶段。未来网络安全的发展将是物联网的安全保障，即进入物联网安全阶段。在物联网时代，人类会将基本的日常管理统统交给人工智能去处理，从而从烦琐的低层次管理中解脱出来，因此，未来物联网的安全管理将更加重要。

6.4　网络安全实践项目

6.4.1　项目介绍

该校园网络已经搭建完成。如何对校园网络进行安全管理和防范，如何保证网络资源的安全，不被非法访问和使用，保证网络内部信息不被泄露和进行安全防范都是非常重要的。接下来将介绍如何设计该校园网络的安全防范机制。

6.4.2　项目目的

能够为该校园网络设计网络安全管理方案。

6.4.3　操作步骤

1. 确定网络资源

了解网络中的硬件资源配置情况，如各种网络设备交换机、服务器、防火墙、个人计算机等的配置情况。了解软件资源的配置情况，如操作系统、网络系统软件、应用软件等的情况。了解网络存储介质情况，如光盘、U盘、硬盘、磁带等的存储信息密级。了解系统涉密的用户群体分类情况以及分布情况。

2. 明确网络安全需求

明确网络的可用性、网络的运行顺利与否，防止网络受到攻击和入侵。明确网络系统环境的可用性，网络中的应用服务器系统、数据库系统安全运行情况，防止网络系统受到非法访问、恶意入侵和人为破坏。此外，分析网络中数据的机密性、访问权限控制，等等。

3．进行网络安全评估，确定安全策略

（1）分别对网络的物理层安全情况、操作系统和应用系统安全情况、数据库安全情况和网络管理进行安全评估。

（2）确定网络安全策略。确定网络安全系统的产品选型和执行的标准、系统的集成情况、数据的保密性、网络的访问控制性和身份认证安全级别。

4．网络安全机制设计

网络安全可以从 3 个层面来进行设计：物理安全、网络系统安全和信息安全。

（1）物理安全机制设计。

保障物理安全是为了保护网络构成中的计算机系统、网络服务器、网络其他硬件实体和通信链路的安全，防止遭到破坏和攻击。在物理安全方面要做到保证计算机网络系统的物理环境安全。环境安全就是对网络系统所在环境的安全保护，包括区域保护和灾难保护，保证网络系统的设备安全。设备安全主要包括设备的防盗、防毁和防电磁辐射信息泄露等。

具体设计方案：首先，要保证网络运行环境的安全，网络机房建设要设立防辐射的屏蔽机柜，把存储重要信息数据的存储设备放在屏蔽机柜中。需要保密的网络采用屏蔽双绞线、屏蔽的模块和屏蔽配线架。此外，还要有防雷设备、UPS 的安全配置以及防火系统的配置。

（2）网络系统安全机制设计。

计算机网络系统安全机制分为以下几方面。

① 从外部网络安全保护来设计。使用公共子网来隔离内部网络和外部网络，将公共服务器放在公共子网上，在内部网络和外部网络之间提供防火墙，设置一定的访问权限，有效保护网络免受攻击和侵袭。

在网络信息量出入口处安装专用的入侵检测系统，对网络上的数据信息进行审查和检测。可以选用 IDS 入侵检测系统来实现以下功能：实时检测入侵功能，友好的管理界面，对报警信息进行检测、查询和统计，全新的离线报警方式等。

对于特别机密的部门网络，使用虚拟专用网来创立专用的网络连接，保证网络安全和数据的完整和安全。

② 从内部网络安全保护来设计。内部网络安全使用虚拟局域网来为网络内部提供最大的安全性。通过对网络进行虚拟分段，让本网段内的主机在网络内部自由访问，而跨网段访问必须经过核心交换机和路由器，这样保证了网络内部信息安全和防止信息泄露。

网络内部使用网络防病毒软件来保证网络内部病毒的传播和危害，防止网络遭遇病毒攻击。选择的软件系统应该具有客户端防病毒、网络防病毒和服务器防病毒功能。这样才能保证网络上的用户数据安全，使服务器上的数据不受入侵，防止病毒在网络中传播，并且可以定期查杀病毒。

（3）信息安全保护方面设计。

信息安全涉及信息传输的安全、信息存储的安全以及网络传输信息内容的审计等方面。选择加密技术和身份验证技术来保证网络中信息数据的安全。

第7章

网络系统优化与维护

本章学习目标

（1）了解网络故障的内在原因，掌握消除故障的方法和步骤。

（2）了解网络系统优化的相关知识。

（3）了解网络工程的评估和验收方法。

本章项目任务

能够对网络故障进行监测和排查，并能够运用网络测试命令，对网络系统运行情况进行测试。

知识准备

本章主要介绍如何进行网络故障检测，如何针对出现的网络故障，利用所学知识和工具进行测试和分析，并介绍网络故障排除的方法和思路。此外，还介绍了如何对网络系统进行优化，使网络更加安全平稳地运行。

7.1　网络故障诊断和处理

7.1.1　常见的网络系统故障

计算机网络是一个复杂的综合系统，它涉及软件和硬件等多种设备，这样也就难免出现多种多样的网络故障。由于网络故障多样且复杂，网络故障的分类方法也不尽相同。下面介绍按照网络故障的性质和对象进行的分类。

1．按网络故障的性质划分

（1）物理故障：又称硬故障，是由硬件设备引起的网络故障，如设备、线路损坏，插头松动，线路受到磁干扰等情况。物理故障通常表现为网络不通，或者由于外力作用有时通有时不通等。

（2）逻辑故障：又称软故障，是由软件配置或软件错误等引起的网络故障，如接口中断号、内存地址、DMA 号配置错误和服务器机器设备安装、配置不正常等情况均可以引起逻辑故障。逻辑故障的表现是网络不通或者在同一链路中有的通有的不通。

2．按网络故障的对象划分

（1）线路故障。线路故障主要是由于线路老化、损坏、接触不良、接错接反等问题所致。线路故障会直接导致网络不通。

（2）路由器等网络设备故障。网络设备故障主要是由于设备配置错误、设备算法自身漏洞、设备超负荷等原因引起的。例如，路由器端口配置错误等。

（3）主机故障。主机故障常见的原因是主机配置不当，如主机 IP 地址与其他主机冲突，地址分配不在同一网段等。主机的另一故障是安全冲突，一旦被攻击，容易造成整个网络瘫痪，如不当的共享本机硬盘，会导致恶意攻击和非法利用该主机资源等。发现主机故障是非常困难的，尤其是恶意攻击。

7.1.2　网络系统故障的分析方法

网络在运行过程中出现故障是不可避免的。当网络遭遇故障时，最困难的不是修复网络故障本身，而是如何迅速查出故障所在，并确定发生的原因。下面介绍常见的故障分析方法。

1．排除法

首先，根据所观察到的故障现象，全面列举出可能引起故障的原因，然后对所有可能出现故障的原因进行逐一分析和排除，从而缩小搜索范围。接下来，基本确定故障部位，然后隔离错误，逐一排查。最后进行故障分析，采取措施，修正错误。

2．对比法

对比法就是利用现有的、相同型号的，并且能够正常运行的部件作为参考对象，与故障部件进行对比，找出故障点。这种方法简单有效，尤其是系统配置上的故障，只要简单地对比一下就能找出配置的不同点。

3．替换法

替换法是最常用的方法，也是使用频率较高的方法。它是使用正常的部件来替换可能有故障的部件，从而找出故障点的方法。它主要用于硬件故障的诊断，但需要注意的是，替换的部件必须是相同类型的部件。

7.1.3　网络系统故障的常见测试方法

1．利用 ipconfig 命令进行测试

Ipconfig 命令可以显示当前 TCP/IP 网络的所有配置值，该命令在运行 DHCP 的系统上有特殊用途，允许用户决定 DHCP 配置为 TCP/IP 配置值。Ipconfig 是调试计算机网络常用的命令，可以使用该命令显示计算机中网络适配器的 IP 地址、子网掩码及默认网关。通过了解计算机当前的 IP 地址、子网掩码和缺省网关来进行网络连通的测试和故障分析。

Ipconfig 命令的使用方法如下。

（1）执行"开始/运行"命令，在"run（运行）"对话框中输入"cmd"进入 DOS 窗口。

（2）在盘符提示符中输入"ipconfig /all"后，按 Enter 键。

通常情况下 ipconfig 命令有很多参数，最常见的是 all。下面介绍常见的参数及其含义。

ipconfig /all：显示本机 TCP/IP 配置的详细信息。

ipconfig /release：DHCP 客户端手工释放 IP 地址。

ipconfig /renew：DHCP 客户端手工向服务器刷新请求。

ipconfig /flushdns：清除本地 DNS 缓存内容。

ipconfig /displaydns：显示本地 DNS 内容。

ipconfig /registerdns：DNS 客户端手工向服务器进行注册。

ipconfig /showclassid：显示网络适配器的 DHCP 类别信息。

ipconfig /setclassid：设置网络适配器的 DHCP 类别。

ipconfig /renew "Local Area Connection"：更新"本地连接"适配器的由 DHCP 分配的 IP 地址的配置。

ipconfig /showclassid Local*：显示名称以 Local 开头的所有适配器的 DHCP 类别的 ID。

ipconfig /setclassid "Local Area Connection" TEST：将"本地连接"适配器的 DHCP 类别 ID 设置为 TEST。

2．利用 ping 命令进行测试

ping 命令是使用最为广泛的 TCP/IP 故障分析程序，是用于测试 TCP/IP 配置和进行诊断的工具。可以使用该命令测试计算机名和 IP 地址。Ping 不仅仅是 Windows 下的命令，在 UNIX 和 Linux 下也有这个命令，利用该命令可以检查网络是否连通，该命令可以很好地帮助用户分析判定网络故障。

ping 命令的使用方法。

执行 ping 命令就是对一个网址发送测试数据包，看对方网址是否有响应并统计响应时间，以此测试网络。

（1）执行"开始"/"运行"命令，在"run（运行）"对话框中输入"cmd"进入 DOS 窗口。

（2）在调出的 DOS 窗口下输入"ping+ 空格+要 ping 测试的网址"，然后按 Enter 键。

例如，"ping 网址"之后屏幕会显示以下类似信息。

```
ping  61.135.169.105  with 32 bytes of data:
Reply from 61.135.169.105: bytes=32 time=1244ms TTL=46
Reply from 61.135.169.105: bytes=32 time=1150ms TTL=46
Reply from 61.135.169.105: bytes=32 time=960ms  TTL=46
Reply from 61.135.169.105: bytes=32 time=1091ms TTL=46
```

其中，time=1244ms 是响应时间，这个时间越小，说明连接这个地址的速度越快。

参数说明如下。

/d：指定不将地址解析为计算机名。

-h maximum_hops：指定搜索目标的最大跃点数。

-j computer-list：指定沿 computer-list 的稀疏源路由。

-w timeout：每次应答等待 timeout 指定的微秒数。

target_name：目标计算机的名称。

3．利用 Netstat 命令进行测试

Netstat 是 DOS 命令，是一个用于监控 TCP/IP 网络的非常有用的工具，它可以显示路由表、实际的网络连接以及每一个网络接口设备的状态信息，可以让用户知道目前都有哪些网络连接正

在运作。Netstat 用于显示与 IP、TCP、UDP 和 ICMP 相关的统计数据，一般用于检验本机各端口的网络连接情况。一般用 Netstat -a 来显示所有连接的端口并用数字表示。

Netstat 命令（Linux 下）的一般格式为如下。

```
Netstat +[选项]
```

常见选项及其含义如下。

-a：显示所有 socket，包括正在监听的。

-c：每隔 1s（秒）就重新显示一遍，直到用户中断它。

-i：显示所有网络接口的信息，格式同 "ipconfig -e"。

-n：以网络 IP 地址代替名称，显示出网络连接情况。

-r：显示核心路由表，格式同 "route -e"。

4．利用 pathping 命令测试

pathping 命令提供有关在源和目标之间的中间跃点处网络滞后和网络丢失的信息。pathping 命令是在一段时间内将多个回响请求消息发送到源和目标之间的各个路由器，然后根据各个路由器返回的数据包计算结果。因为 pathping 显示在任何特定路由器或链接处的数据包的丢失程度，所以用户可据此确定存在网络问题的路由器或子网。pathping 通过识别路径上的路由器来执行与 tracert 命令相同的功能。然后该命令在一段指定的时间内定期将 ping 命令发送到所有的路由器，并根据每个路由器的返回数值生成统计结果。如果不指定参数，pathping 则显示帮助。

pathping 命令的使用格式如下。

```
pathping [-n] [-h MaximumHops] [-g HostList] [-p Period] [-q NumQueries [-w Timeout] [-i
IPAddress] [-4 IPv4] [-6 IPv6][TargetName]
```

pathping 命令的参数区分大小写，常见参数如下。

-n 阻止 pathping 试图将中间路由器的 IP 地址解析为各自的名称。这有可能加快 pathping 的结果显示。

-h MaximumHops：指定搜索目标（目的）的路径中存在的跃点的最大数。默认值为 30 个跃点。

-g HostList：指定回响请求消息，利用 HostList 中指定的中间目标集，在 IP 数据头中使用"稀疏来源路由"选项。使用稀疏来源路由时，相邻的中间目标可以由一个或多个路由器分隔开。HostList 中的地址或名称的最大数为 9。HostList 是一系列由空格分隔的 IP 地址（用带点的十进制符号表示）。

-p Period：指定两个连续的 ping 之间的时间间隔（以毫秒为单位）。默认值为 250ms（1/4s）。

-q NumQueries：指定发送到路径中每个路由器的回响请求消息数。默认值为 100 个查询。

-w Timeout：指定等待每个应答的时间（以毫秒为单位）。默认值为 3000ms（3s）。

-i IPAddress：指定源地址。

-4 IPv4：指定 pathping 只使用 IPv4。

-6 IPv6：指定 pathping 只使用 IPv6。

TargetName：指定目的端，它既可以是 IP 地址，也可以是主机名。

/?：在命令提示符下显示帮助。

5．利用 route 命令测试

Route 命令是在本地 IP 路由表中显示和修改条目网络命令。

Route 命令的格式如下。

```
route [-f] [-p] [Command [Destination] [mask Netmask] [Gateway] [metric Metric]] [if
Interface]]
```

常见参数如下。

-f：清除所有不是主路由（网掩码为 255.255.255.255 的路由）、环回网络路由（目标为 127.0.0.0、子网掩码为 255.255.255.0 的路由）或多播路由（目标为 224.0.0.0、子网掩码为 240.0.0.0 的路由）的条目的路由表。如果它与某个命令（如 add、change 或 delete）结合使用，表会在运行命令之前清除。

-p：与 add 命令共同使用时，指定路由被添加到注册表并在启动 TCP/IP 时初始化 IP 路由表。默认情况下，启动 TCP/IP 时不会保存添加的路由。与 print 命令一起使用时，显示永久路由列表。所有其他的命令都忽略此参数。

永久路由存储在注册表中的位置如下。

```
HKEY_LOCAL_MACHINE\SYSTEM\CurrentControlSet\Services\Tcpip\Parameters\PersistentRoutes。
```

6. 利用 tracert 命令测试

Tracert（跟踪路由）是路由跟踪实用程序，用于确定 IP 数据报访问目标所采取的路径。Tracert 命令用 IP 生存时间（TTL）字段和 ICMP 错误消息来确定从一个主机到网络上其他主机的路由，以此可以判断网络故障问题。

Tracert 命令的格式如下。

```
tracert [-d] [-h maximum_hops] [-j computer-list] [-w timeout] target_name
```

常见参数如下。

-d：指定不将地址解析为计算机名。

-h maximum_hops：指定搜索目标的最大跃点数。

-j computer-list：指定沿 computer-list 的稀疏源路由。

-w timeout：每次应答等待 timeout 指定的微秒数。

target_name：目标计算机的名称。

Tracert 命令最简单的用法就是"Tracert hostname"，其中，"hostname"，是计算机名或想跟踪路径的计算机的 IP 地址，tracert 将返回它到达目的地的各种 IP 地址。

7.2 网络性能优化

网络性能优化的目的是减少网络系统的瓶颈，设法提高网络系统的运行效率。根据网络硬件环境和软件环境的不同，可以选择不同的优化方法和内容。例如，可以在配置比较落后的网络中，对内存、CPU、磁盘、网络接口和服务器等进行优化处理，从而适应新的网络运行需求。通常来说，网络性能优化可以从以下几方面来解决。

7.2.1　网络系统内存优化

内存是网络系统中的重要资源，不仅操作系统需要运行它，而且其他所有的应用程序和服务都要调用它。从应用的角度来看，系统内存是容易引起系统问题的重要因素，因此可以考虑对内存进行优化。

1．合理使用内存

在内存容量一定的情况下，合理地使用内存可以提高网络的性能，这要求网络管理员必须对系统总的内存使用情况非常了解，对于那些不再需要的功能、应用程序或服务应及时关闭，以便释放内存给其他应用程序和服务。此外，管理员还可以通过系统设置来决定内存的主要优化对象。一般来说，服务器的主要优化对象是后台服务，而工作站和单个计算机的主要优化对象是前台应用程序。

2．设置虚拟内存

所谓虚拟内存，就是系统把硬盘空间当作额外的内存来使用。因为通过使用磁盘空间，操作系统给进程分配比实际可用更多的内存。这样不管计算机系统安装的实际内存多大，应用程序都好像运行在更大内存空间的计算机上一样。

对速度和性能的考虑主要是因为不同的内存用于同一台计算机时，系统自动以低速度和低性能的内存为主。显然，直接添加高速度和高性能的内存是一种资源浪费。建议将网络中同速度和同性能的内存集中起来添加到某些不太重要的计算机中，然后在一些重要的计算机中全部添加新购置的内存。由于现在的内存比较便宜，大部分用户将添加新的内存作为提高系统性能的首要途径。

3．添加新内存

虽然通过优化配置能够提高内存的性能，但是这不能从根本上解决问题。如果系统的内存严重不足，只能通过添加新内存来解决。在添加内存时，既要考虑到当前的需要，又要考虑到后期的需要，还要考虑内存的速度和本身的性能。

7.2.2　网络系统的 CPU 优化

对 CPU 的优化主要考虑 CPU 的速度、缓存技术和多处理器技术。在过去，计算机发展水平较低时，CPU 的速度和性能是衡量计算机系统的速度和性能的唯一标准。现在，CPU 以惊人的速度发展，而其他硬件设备的速度和性能并没有太多提高，这就导致 CPU 的速度和性能不再是用户考虑的唯一因素。如果从整个网络考虑，对 CPU 的优化除了速度问题，还要考虑缓存和多处理器支持问题，特别是服务器多处理器的支持对网络整体性能的提高非常重要。

1．缓存技术

目前的 CPU 都具有一个二级缓冲存储器（二级缓存），主要用来保存 CPU 最近使用过的数据，为一级缓存传送数据提供方便。CPU 访问缓存的速度远远快于访问 RAM 的速度。按照 CPU 结构的不同，二级缓存通常称为外部缓存，容量一般在 256KB 到几兆之间。二级缓存就好比是一个中转站，实现数据从物理内存到 CPU 的交换。由于 CPU 只能处理一级缓存中数据，所以，二级缓存先将数据传送到一级缓存中，再由一级缓存传递到 CPU 进行处理。可以说，CPU 缓存越大，CPU 处理数据的速度就越快。

2．多处理器支持

多处理器技术就是在一台计算机系统中安装多个 CPU，并协同处理数据的方法。一个 CPU 一次只能执行一条指令，多个 CPU 的使用必将提高数据处理速度。不过，要实现多处理技术需要有支持多处理器安装的主板和操作系统。操作系统可以将一个应用程序或服务中的进程或线程由多个 CPU 来处理。

7.2.3 网络系统的硬盘优化

在一个需要频繁交换数据的网络中，硬盘的性能是非常重要的。对硬盘的优化主要考虑硬盘的技术、速度和文件系统。

1．硬盘的技术

从当前的硬盘接口技术来看，硬盘主要分为两种：IDE 接口硬盘和 SCSI 接口硬盘。也就是说，硬盘主要有 IDE 和 SCSI 两种接口类型。IDE 接口速度慢，但价格便宜，广泛应用于个人计算机和工作站中。SCSI 接口是小型计算机系统接口的简称，它的设计要求是传输速度快、支持多进程和并行处理。早期的 SCSI 接口只用于小型机及以上的高端计算机，而现在已经有大量中低端服务器使用 SCSI 接口，并且开始在个人计算机中使用。

2．硬盘的速度

SCSI 接口硬盘比 IDE 接口硬盘速度要快得多，选择 SCSI 接口硬盘就等于选择了高速硬盘，但是，由于价格和主板原因，只能选择 IDE 接口硬盘时，尽量选择高速的 IDE 接口硬盘。现在 IDE 接口硬盘主要有两种速度类型：5400r/s 和 7200r/s。

3．文件系统

文件系统就是硬盘上存储的信息的格式。在所有的计算机系统中，都存在一个相应的文件系统，它规定了计算机对文件和文件夹进行操作处理的各种标准和机制。因此，用户对所有文件和文件夹的操作都是通过文件系统来完成的。常见的文件系统包括以下几种。

（1）FAT。意思是标准文件分配表，它可以存取主分区或者逻辑分区上的文件。FAT 文件系统考虑到当时计算机效能有限，所以未被复杂化，因而被几乎所有个人计算机的操作系统支持。这个特性使它成为理想的软盘和记忆卡文件系统，也适合用作不同操作系统中的数据交流。但 FAT 有一个严重的缺点：当文件被删除并在同一位置被写入新数据时，它们的片段通常是分散的，减慢了读写速度。磁盘碎片重整是一种解决方法，但必须经常重组来保持 FAT 文件系统的效率。此外，FAT 还有几个缺点：太磁盘浪费空间；磁盘利用效率低；文件存储受限制；不支持长文件名，只能支持 8 个字符；安全性较差。

（2）FAT32。FAT32 增强了文件分配表，它是在大型磁盘驱动器上存储文件的极有效的系统。FAT32 有一个最大的优点：在一个不超过 8GB 的分区中，FAT32 分区格式的每个簇容量都固定为 4 KB，这样可以大大减少磁盘的浪费，提高磁盘利用率。目前，支持这一磁盘分区格式的操作系统有 Windows 95、Windows 98、Windows 2000 Server、Windows Server 2003 和 Windows 7。但是，这种分区格式也有它的缺点，首先是采用 FAT32 格式分区的磁盘，由于文件分配表的扩大，运行速度慢。其次，FAT32 还有一个更严重的缺点：当文件删除后写入新资料时，FAT32 不会将档案整理成完整片段再写入，长期使用后会使档案资料变得逐渐分散，从而减慢了读写速度。硬盘碎片整理是一种解决方法，但必须经常整理来保持 FAT 文件系统的效率。

（3）NTFS。NTFS 是 Windows NT 以及之后的 Windows 2000 Server、Windows XP、Windows Server 2003、Windows Server 2008、Windows Vista 和 Windows 7 的标准文件系统。NTFS 取代了文件分配表（FAT）文件系统，为 Windows 系列操作系统提供文件系统。NTFS 对 FAT 和 HPFS（高性能文件系统）做了若干改进，使性能、可靠性和磁盘空间利用率都得到了提升。NTFS 支持的分区（如果采用动态磁盘则称为卷）大小可以达到 2TB。而 Windows 2000 Server 中的 FAT32

支持分区的大小最大为 32GB。NTFS 是一个可恢复的文件系统。在 NTFS 分区上用户很少需要运行磁盘修复程序。它还支持文件夹压缩，对磁盘空间进行有效的管理，性能更加安全可靠。

综上所述，可以看出，无论是网络用户还是个人用户都最好使用 NTFS 文件系统。不过如果用户需要配置多重启动，可以使用 FAT 32 文件系统，个人用户如果没有使用 Windows 2000 Server 等支持 NTFS 文件系统的操作系统，也最好使用 FAT32 文件系统。当然，如果用户系统中仍然有 Windows NT 等低端操作系统，则需要使用至少一个 FAT 分区。

7.2.4　网络接口优化

网络接口性能的调整和优化对于网络来说，也是非常重要的，不仅涉及网络数据的进出问题，而且关系到整个网络的服务、设备和布线等网络构成问题。选择高性能的网卡和驱动程序，并配置好网络服务和协议，可以大大提高网络的传输速度和稳定性。

1．网卡和驱动程序的选择

对于普通用户来说，网卡好像仅仅是一个网络连接设备，只要能够完成连接任务即可。实际上，网卡承担的任务是非常烦琐的，它要从网络中接收数据包，先确认是否属于本地计算机，接收后要发送到 CPU 进行处理，并尽可能地保证数据的传输速度。在选择网卡时，既要考虑网络的综合性能，又要考虑网卡的数据吞吐能力，在计算机系统允许的情况下尽可能选择高速的网卡，因为这样可以最大限度地降低对服务器 CPU 的占用率，优化服务器的性能。

2．服务和协议的设置

在为网卡设置服务组件时，要了解网络的工作特点，根据情况选择要使用的网络组件，不可一味地将所有的网络组件添加到系统中，这样会严重影响网络的性能。因为这些网络组件的功能在系统启动时会自动加载，不但占用大量的系统资源，而且会对网络的正常通信产生干扰。

同其他网络组件一样，安装不必要的网络协议也会影响网络性能。对于一般的网络，只需要使用 TCP/IP 即可。如果需要连接其他计算机系统，可以选择相应的协议。例如，要连接 Netware 网络，可以添加 IPX/SPX 协议。协议和网络的绑定顺序也需要考虑。管理员应将主要的网络协议放在绑定顺序的最前面。如此可以减少网络的负担，提高网络的性能。

7.2.5　网络服务器进程优化

进程是包含地址空间和程序运行资源的程序请求。当某个应用程序启动时，系统就创建了一个进程。这个进程所拥有的内存、资源和执行线程与运行可执行应用程序的特定实例相关联。在创建一个进程的同时，还会创建一个主线程。只要还有一个线程与进程相关联，该进程就会继续运行。线程是进程的实体，它是系统中最小的执行单位。线程是一直与进程相关联的，并存在于特定的进程之中。尽管在进程的整个生命周期内，许多进程都只有一个线程会始终伴随它，但进程在整个生命周期内可拥有多个线程。

由于进程的运行直接影响着系统资源的占用，因此，用户或管理员对计算机中的进程进行管理，删除不必要的进程，提高重要进程的优先级，可以大大提高计算机，特别是服务器的性能。

7.2.6　网络系统性能监视

为了方便管理员监视系统性能，Windows NT/2000 Server 等系统提供了性能监视器，能够提供现有性能的数据，并可以方便地利用图表、报表、日志以及警报等窗口监视形式形象地观察网络系统性能，还可以将有关内容记录下来，保存在文件中，以便日后分析时用来作为历史资料。当设置了激活的警报时，系统性能超过了变化范围，就提供报警，这样就可以提醒管理人员解决系统性能的问题。因此，在选择操作系统时可以选择具有一定性能监视功能的操作系统，从而进一步提升优化的能力。

7.3　网络工程评估

网络工程项目评估是指在确定评估目标、评估原则的指导下，按照网络资源或者网络项目划分评估内容，采用评估方法和策略，依据评估步骤和流程对网络整体系统进行全面评估。一般来说，网络工程项目的评估流程如图 7-1 所示。

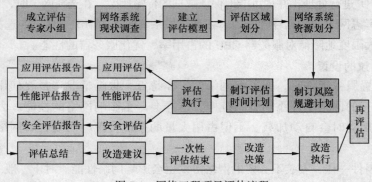

图 7-1　网络工程项目评估流程

网络工程项目评估的目标是针对一个网络工程现有的网络系统现状进行全面的调查和把握，以此来提出保护现有网络资源的策略，并提供改进网络系统性能的建议，从而降低系统的风险，改善网络运行效率，并且能够为网络工程提供全面的评估总结，为投资者提供科学的决策依据。

7.3.1　网络工程评估内容

对网络工程项目进行评估的内容可以从多个角度进行。总体来说，可以从网络资源、网络故障和评估项目的角度来划分。

1. 按网络资源划分

从网络资源的角度来看，网络工程的评估内容可以包括对网络结构、网络传输、网络交换、业务应用、数据交换、数据库运行、应用程序运行、安全措施（包含设备软件和制度）、备份措施（包含设备软件和制度）、管理措施（包含设备软件、制度和人员）、主机/服务器处理能力、客户端处理能力等方面的评估。

2．按网络故障划分

从网络故障容易出现的角度来看，网络工程的评估内容可以包括：网络接口层故障（物理层和数据链路层）、网络层故障和网络应用（协议）层故障等方面。

网络接口层故障包括传输介质、通信接口、信号接地等问题。

网络层故障包括网络协议的配置、IP 地址的配置、子网掩码和网关的配置，以及各种系统参数的配置问题。这些都是排除故障时要查的主要内容。

网络应用层包括支持应用的网络操作系统（如 UNIX、Windows Server 2003/Windows XP、Linux 等）和网络应用系统（如 DNS 服务器、邮件服务器、Web 服务器等）。主要的故障原因一般是各种操作系统存在的系统安全漏洞和许多应用软件之间的冲突。可以利用各种网络监测与管理工具，如任务管理器、性能监视器、各种硬件检测工具等检查故障。还有一个问题就是病毒破坏和被人非法访问窜改的问题。

3．按评估项目划分

从评估项目的角度来看，评估内容包括网络协议分析、系统稳定评估、网络流量评估、网络瓶颈分析、网络业务应用评估、安全漏洞评估和安全弱点评估方面。

7.3.2　网络工程评估策略

网络工程评估的策略主要从网络性能和网络安全性两方面进行评估。在技术上采用的是从网络信息系统的底层到高层、实测和预测相结合的综合评估；在资源划分上采用的是由大到小、逐步细化、纵横关联的模型。在进行评估策略时要充分考虑网络系统运行维度和网络信息资源的关系。

在网络性能评估和安全性评估中，要根据用户网站信息系统的实际情况，灵活地使用本地测试法、分布测试法、远端测试法、协同测试法、并发测试法，或者几种方法相结合的方式进行测试规划。

1．网络健壮性评估

在网络工程评估中，对网络性能的评估也可以称为网络健壮性评估。在网络系统中，一项网络数据业务的正常运行，不仅仅需要高效的网络传输和交换，也需要主机、服务器的快速处理及数据库系统的良好运转，还需要足够的安全保证。网络系统运行所表现出来的这些特征与性能，可以用健壮性来描述。网络工程的健壮性评估是保证网络信息高性能、高可靠性、高可用性、高效率运转的基本手段。网络系统的健壮指数越大，说明它的生命力越强，它所能承载的信息量越大。一个健壮性指数高的网络系统是保证业务良好运行和应用的必要前提。

在整个网络系统中，被评估的内容都是相互关联和相互影响的。如果在评估中只关注一种或几种元素，如安全、流量、服务器软件系统等，这些零散的评估往往不能够提供全面的网络状态信息，更不能对网络状态信息的相互关联进行全面的、辩证的评估，所以要对网络整体状况进行评估来确定网络系统的健壮性情况。

2．网络安全性评估

（1）安全风险分析。

周密的网络安全评估与分析是制订可靠、有效的安全防护措施的必要前提。网络风险分析应该在网络系统、应用程序或信息数据库的设计阶段进行。这样可以从设计开始就明确安全需求，确定潜在的损失。在设计阶段实现安全控制与在网络系统运行后采取同样的控制相比，可以节约更多费用和时间。即使在网络系统分析十分完善的情况下，在对网络系统进行安全风险分析时，仍然会发现一些潜在的风险问题。

网络系统的安全性取决于网络系统中最薄弱的环节，任何可能的弱点都会给网络黑客攻击的机会，从而导致网络系统受到很大的威胁。因此，对网络系统进行定期的安全性分析，及时发现存在的弱点和漏洞并进行修正，可以保证网络系统的安全。

对于网络系统来说，一个完整全面的安全分析包括：物理层安全风险分析、链路层安全分析、网络层（包括运输层）安全风险分析、操作系统安全风险分析、应用层安全风险分析、管理层安全风险分析和典型黑客攻击手段。

（2）安全评估方法。

网络系统安全风险分析的方法有问卷调查法、访谈法、文档审查、黑盒测试、操作系统的漏洞检查和分析、网络服务的安全漏洞和隐患的检查和分析、抗攻击测试和综合审计报告。其中最主要的是利用漏洞扫描软件对网络系统进行扫描分析。漏洞扫描软件的主要功能包括弱点漏洞检测、运行服务漏洞检测、用户信息检测、口令安全性检测和文件系统安全性检测等。网络安全性分析系统是以一个网络安全性评估分析软件为基础，通过实践性的扫描分析网络系统，检查和报告系统存在的弱点和漏洞，提出安全建议、补救措施和策略。

（3）安全评估步骤。

进行网络系统安全评估一般包括以下步骤。

① 找出漏洞。评估网络结构，并审视网络使用政策及安全性方案，如单点防护的防火墙、加密系统或扫描系统的入侵检测软件、电子邮件过滤软件和防毒软件。

② 分析漏洞。这方面的分析涉及漏洞所造成风险的本利分析，要进行此项分析，必须非常了解部门的信息资产。

③ 降低风险。网站系统的功能日趋复杂，为了降低风险，评估必须从安全性解决方案和政策方面着手，重点监视网站的安全。

7.4　实践项目

7.4.1　项目介绍

网络管理非常复杂，能够对网络各种可能出现的故障进行测试和排查可以减少网络故障和问题的出现。掌握一定的网络故障排查方法和测试命令是避免网络故障发生的一个有效途径。

7.4.2　项目目的

能够熟悉和掌握网络故障排查的方法和常用的测试命令。

7.4.3　操作步骤

1．网络物理故障的诊断和排查

了解网络中的硬件资源配置情况，如各种网络设备交换机、服务器、防火墙、个人计算机等的配置情况。了解软件资源的配置情况，如操作系统、网络系统软件、应用软件等的情况。了解网络存储介质情况，如光盘、U 盘、硬盘、磁带等的存储信息密级。了解系统涉密的用户群体分类情况以及分布情况。

物理故障的解决方法如下。

网络物理故障中最容易出现的问题就是网络线路不连通，对这种问题，首先用 ping 命令检查线路与网络管理中心服务器端口是否连通，如果不连通，则检查端口插头是否松动，如果松动，则插紧，然后再使用 ping 命令检查测试一下，如果连通，那么故障解除。此外，故障也可能出现在检查线路和网络管理中心的另一端，可以根据情况检查另一端设备的连接情况。如果确定插口没有问题，那么可以利用网线测试设备对通路进行测试，确定线路是否有问题，如果有问题则及时更换。

网络物理故障也可能是由于网络插头误接、插错造成的。请注意网络插头的插接规范，防止出现错误。

2．网络逻辑故障的诊断和排查

明确网络系统环境的可用性，网络中的应用服务器系统、数据库系统的安全运行情况，防止网络系统受到非法访问、恶意入侵和人为破坏。此外，分析网络中数据的机密性、访问权限控制等。

网络逻辑错误通常就是配置错误，因为配置错误而导致网络异常和故障。当出现逻辑错误时，可使用 ping 命令来检测通路两端是否连通，当对网络进行 ping 测试连通，但没有流量，那么可能是路由配置错误。

可以使用 traceroute 命令，如果发现在 traceroute 结果中出现：两个 IP 地址循环出现，那么就可以看出是发生了故障。这个时候可能是线路的一个远端端口路由又指向了近端端口，从而造成了 IP 包在线路上来回反复传递。这时更改远端路由端口配置，把路由设置为指向近端的配置，就可以解决故障了。

还有可能就是一些重要的进程和端口关闭，这个时候可以用 ping 命令来测试确定是否发生了该种故障。具体解决办法：检查该端口是否处于 Down 状态，如果是，则说明该端口已经关闭了。这时需要重新启动该端口就可以恢复线路的连通。

还有，如果路由器的负载过高，则表现为路由器 CPU 温度太高、利用率太高、内存余量太小等状况。这种故障不影响网络连通，但影响网络服务质量，容易造成硬件损害。

3．网络主机故障的测试和排查

主机故障常见的现象是主机配置不当。主机配置的 IP 地址与其他主机冲突，或者 IP 地址根本不在子网范围内，这导致主机连通出现问题、服务设置的故障。E-mail 设置不当导致无法收发邮件，或者域名服务器设置不当，导致不能解析域名。还有就是主机遭受恶意攻击，当主机发现被攻击时，应该立即检查可能出现的漏洞，并加以预防。另外，如果防火墙地址设置不当，也会造成网络的连接故障。

网络故障随时都有可能发生，而且出现的问题复杂多样，这需要网络管理人员及时排查和进行细致的分析，保证网络良好稳定地运行。

4．网络故障测试命令的使用练习

了解操作系统命令诊断网络故障，学会运用 ping，ipconfig，netstat，route，tracert 等命令来诊断网络故障。

进行网卡设置监测、网关设置监测、网络链路连通检测，熟悉检测的方法。

第8章

网络应用系统设计

本章学习目标

（1）了解网络应用服务环境搭建的相关知识。

（2）了解网络应用系统的常见模式。

（3）了解网络应用系统的开发工具。

本章项目任务

在前面所架设的物理网络之上，搭建网络应用服务器环境，选择和设计该校园网络的应用系统。

（1）为校园网络搭建网络服务器环境。

（2）根据需要，设计校园网络的应用系统架构。

（3）根据需要选择适合的开发工具开发网络应用系统。

知识准备

计算机网络的各种应用的实现都是依靠网络服务器以及网络操作系统来实现的，在物理网络架设完成之后，需要对网络系统环境进行设置，选择网络操作系统和 Web 服务器，配合恰当的数据库系统来为各种网络应用系统提供网络服务环境，这样才能使网络的作用真正发挥出来。本章将简要介绍网络操作系统的功能和特点，Web 服务器以及数据库系统等相关内容，并简要介绍网络应用系统开发的相关知识，让读者对网络系统应用环境建构的相关知识有所了解，并了解常见的各种应用系统软件。

8.1 网络应用服务环境概述

在物理网络建设完成之后，需要搭建一个让网络应用系统运行起来的服务器软环境，也就是要在服务器硬件之上建设一个服务器软件环境。该服务软环境包括：选择和配置网络操作系统、数据库系统和服务器软件等。

8.1.1　网络操作系统

局域网的核心是网络服务器，而服务器的能力发挥需要依靠运行于服务器之上的网络操作系统。网络操作系统的主要作用是管理和充分利用服务器硬件的计算能力，并提供给网络服务器硬件上的软件使用。网络服务器硬件和网络操作系统软件的整合构成了网络服务器平台。现在，市场上有很多运行于服务器平台上的网络操作系统。那么，什么是网络操作系统呢？

网络操作系统（Network Operating System，NOS）是网络用户与计算机网络之间的接口。它使网络上各台计算机能方便有效地共享网络资源，为网络用户提供所需的各种服务的软件和有关规程的集合。它就是利用局域网底层提供的数据传输功能（服务器硬件的计算能力），为高层网络用户提供资源共享等网络服务的系统软件。换句话说，网络操作系统就是管理网络资源，为网络用户提供服务的操作系统。网络系统是由硬件和软件两部分组成，如果用户的计算机已经从物理上连接到一个局域网中，但是没有安装任何网络操作系统，那么该计算机是无法提供任务网络服务功能的。

1．网络操作系统的功能和服务

网络操作系统除了具备单机操作系统的功能外（如内存管理、CPU 管理、输入/输出管理、文件管理等），其主要功能是使用户能够从网络的各个计算机站点上方便、高效地享用和管理网络中的各种资源。

（1）网络操作系统的基本功能。

① 提供通信交往能力。

② 向各类用户提供友好、方便和高效的用户界面。

③ 能支持各种常见的多用户环境，支持用户的协同工作。

④ 能有效地实施各种安全保护错误，实现对各种资源存取权限的控制。

⑤ 提供关于网络资源控制和网络管理的各类程序和工具，如系统备份、性能检测、参数设置、安全审计与防范等。

⑥ 提供必要的网络互连支持，如提供路由和网关支持等功能。

（2）网络操作系统的服务。

网络服务是网络操作系统向网络工作站（或客户机）或其他网络用户提供的有效服务。虽然不同的网络操作系统具有不同的特点，但它们一般都提供以下基本的网络服务功能：文件服务、打印服务、数据库服务、通信服务、信息服务、分布式服务以及网络管理服务和 Internet 服务等。

① 文件服务（File Service）：文件服务是最重要，也是最基本的网络服务。文件服务器以集中方式管理共享文件。网络工作站可以根据所规定的权限对文件进行读写以及其他各种操作，文件服务器则为网络用户的文件安全与保密提供必需的控制方法。

② 打印服务（Print Service）：打印服务也是最基本的网络服务，可以通过设置专门的打印服务器完成，或者由工作站或文件服务器来担任。通过网络打印服务功能，局域网中可以安装一台或几台网络打印机，网络用户就可以远程共享网络打印机。打印服务可以实现对用户打印请求的接收、打印格式的说明、打印机的配置、打印队列的管理等功能。网络打印服务在接收到用户打印请求后，本着先到先服务的原则，将需要打印的文件排队，管理用户打印任务。

③ 数据库服务（Database Service）：当前，网络数据库服务已经变得越来越重要，它优化了

局域网系统的协同操作模式，从而有效地改善了局域网应用系统的性能。选择适当的网络数据库软件，依照客户机/服务器工作模式，开发出客户端与服务器端数据库应用程序。这样一来，客户端就可以用 SQL 语言向数据库服务器发出查询请求，服务器进行处理后将结果传送到客户端。

④ 目录服务（Directory Service）：允许系统用户维护网络上各种对象的信息，对象可以是用户、打印机、共享的资源或服务器等。

⑤ 报文服务（Message service）：可以通过存储转发或对等方式完成电子邮件服务，目前，报文服务已经发展为文件、图像、数字视频与语音数据的传输服务。

⑥ Internet/Intranet 服务：为了支持 Internet 和 Intranet 的应用，网络操作系统一般都支持 TCP/IP，提供各种 Internet 服务，支持 Java 应用开发工具，使得局域网服务器更容易成为 Web 服务器，并全面支持 Internet 和 Intranet 访问。

2．网络操作系统的特性

（1）支持多种文件系统。有些网络操作系统还支持多文件系统，以实现对系统升级的平滑过渡和良好的兼容性。

（2）高可靠性。网络操作系统是运行在网络核心设备（如服务器）上的指挥管理网络的软件，它必须具有高可靠性，保证系统可以全天候不间断工作，并提供完整的服务。

（3）安全性。为了保证系统和系统资源的安全性、可用性，网络操作系统往往集成用户权限管理、资源管理等功能，定义各种用户对某个资源存取权限，且使用用户标识 SID 唯一区别用户。

（4）容错。网络操作系统应能提供多级系统容错能力，包括日志式的容错特征列表、可恢复文件系统、磁盘镜像、磁盘扇区备用以及对不间断电源（UPS）的支持。

（5）开放性。网络操作系统必须支持标准化的通信协议（如 TCP/IP、NetBEUI 等）和应用协议（如 HTTP、SMTP、SNMP 等），支持与多种客户端操作系统平台的连接。

（6）可移植性。网络操作系统一般都支持广泛的硬件产品，往往还支持多处理机技术，这样使得系统就有了很好的伸缩性。

3．网络操作系统的结构

早期的网络操作系统都是对等结构，在采用这种系统的网络中，所有的连网节点地位平等，安装在每个连网节点的操作系统软件都相同，连网计算机的资源在原则上也都是可以相互共享的，如图 8-1 所示。网络中的每台计算机都以前后台方式工作，前台为本地用户提供服务，后台为其他节点的网络用户提供服务，网络中的任何两个节点之间都可以直接实现通信。对等结构的网络操作系统可以提供共享硬盘、共享打印机、电子邮件、共享屏幕与共享 CPU 服务。

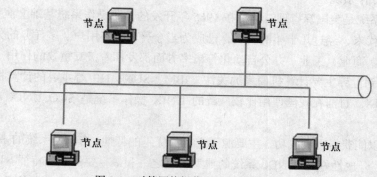

图 8-1　对等网络操作系统的网络结构

对等结构网络操作系统的优点是结构相对简单，网络中的任何节点间都可以通信。缺点是每台连网的计算机既要完成工作站的功能，又要完成服务器的功能，负荷较重，因而信息处理能力会明显降低。

针对对等网络操作系统的缺点，人们进一步设计了非对等网络操作系统，即将网络中的节点分为工作站和服务器两类。服务器通常采用高配置和高性能的计算机，以集中方式管理网络中的共享资源，并为工作站提供各种服务。工作站一般是配置比较低的计算机，主要用于为本地用户访问本地和网络资源提供服务，如图 8-2 所示。

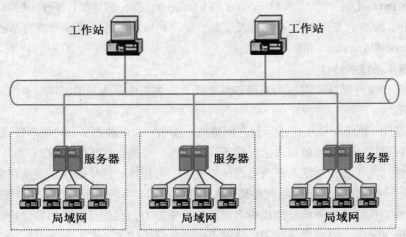

图 8-2　非对等网络操作系统的网络结构

非对等网络操作系统的系统软件分为主从的两部分：一部分运行在服务器上，另一部分运行在工作站上。因为网络服务器集中管理网络资源与服务，所以网络服务器是局域网的逻辑中心。网络服务器上运行网络操作系统的功能与性能，直接决定着网络服务功能的强弱以及系统的性能与安全性，它是网络操作系统的核心部分。

4．常见的网络操作系统

目前常见的网络操作系统有三大体系，分别是 UNIX/Linux、Novell、Microsoft 等几种。进入 20 世纪 90 年代以来，计算机网络互连和不同网络互连问题成为热点，因此，网络操作系统便朝着能支持多种通信协议、多种网络传输协议、多种网络适配器和工作站的方向发展。下面分别介绍几种网络操作系统的功能和特点。

（1）UNIX 操作系统。

UNIX 操作系统是美国麻省理工学院在 1965 年开发的分时操作系统基础上演变而来的。诞生于 20 世纪 60 年代末，经过几十年的发展，已成为当今著名的多用户、多任务的分时操作系统。今天，它在科研、商业、工业、办公自动化等诸多方面都发挥着极其重要的作用。UNIX 作为主流操作系统，受到世界主要计算机商家的关注，IBM、SUN、HP 等主要的计算机厂商都开发了各自版本的 UNIX。目前在我国使用比较广泛的 UNIX 操作系统是 SCO UNIX 和 SUN 公司的 Solaris。

UNIX 之所以能获得巨大成功，主要源于它本身优越的特性，UNIX 系统的主要特点如下。

① 开放性。开放性好是 UNIX 系统的典型特色之一和最重要的本质特征。UNIX 是目前被公认的开放性最好的操作系统之一，它遵循世界标准规范，特别是遵循 OSI 参考模型。从微型机

到小、中、大型机等各种机器上，UNIX 都可以配置，而且还能方便地将已配置了 UNIX 操作系统的机器互连成计算机网络，这促进了 UNIX 的广泛应用。UNIX 所倡导的开放系统理念已被 IT 界普遍接受，更成了发展趋势，甚至连微软都不得不部分开放。开放系统最本质的特征是所有技术都是公开并免费使用的，不受任何一个厂商所垄断或者控制。UNIX 作为一个很典型的开放系统，也正是这种彻底的开放性使得 UNIX 的发展充满活力与生机。

② 良好的互连互操作性。各种 UNIX 版本普遍支持 TCP/IP。该协议成为 UNIX 操作系统与其他操作系统之间联网的最基本选择。通过各种协议可以实现 UNIX 系统之间、UNIX 与 Netware、Windows、IBM Lan Server 等网络之间的互连和互操作。不仅如此，UNIX 还支持所有最通用的网络通信协议，如 NFS、DCE、IPX/SPX、SLIP、PPP 等，使得 UNIX 系统能够方便地与主机、各种广域网和局域网通信。

③ 可靠性高。UNIX 采取了许多安全技术措施，以满足 C2 级安全标准，包括读/写权限控制、带保护的子系统、审计跟踪、核心授权等措施。这为网络环境中的用户提供了必要的安全保障。随着对 UNIX 的不断扩充和完善，其安全性、可靠性等不断得到加强。实践证明，UNIX 是能够达到主机可靠性要求的少数几个操作系统之一，UNIX 的主机和服务器可以全天候运行。

④ 极强的伸缩性。UNIX 系统是世界上唯一能在不同的计算机硬件平台下运行的操作系统，包括笔记本、PC、小型机，还有巨型机。由于 UNIX 系统采用了 SMP（Symmetry Multiple Processor，对称多处理机）、MPP（Massively Parallel Processor，大量信息并行处理机）和 Cluster（群集）等技术，使得商业化应用的 UNIX 系统可以支持的 CPU 个数高达 32 个。这使得 UNIX 的扩充能力有了进一步的提高。强大的可伸缩性是企业级操作系统必不可少的特征，正是由于 UNIX 强大的可伸缩性使其领先于其他操作系统。

⑤ 多用户、多任务环境。UNIX 操作系统是一个多用户、多任务分时操作系统。它不但可以同时支持数十个乃至数百个用户，使各自的联机终端同时使用一台计算机，而且还允许每个用户同时执行多个任务。

⑥ 良好的可移植性。UNIX 操作系统和核外实用程序（90%）是用 C 语言书写的，因而容易阅读、理解和修改，具有良好的可移植性。虽然在执行效率上，C 语言比汇编语言稍差，但其具有很多汇编语言无法比拟的优点。

现在，在任何一种硬件平台上都可以找到一款适合的 UNIX 操作系统，目前，UNIX 的版本主要有 3 个系列：System V、BSD 系统和 Hybrid。其中，System V 主要有 A/UX、AIX、HP-UX、IRIX、LynxOS、OpenServer、Tru64、Xenix。BSD 系统主要有：386BSD、Dragon Fly BSD、FreeBSD、NetBSD、NEXTSTEP、Mac OS。Hybrid 主要有 GNU / Linux、Minix、QNX UNIX 等。

下面介绍几款比较常用的 UNIX 主流版本：SUN 公司的 Solaris、IBM 公司的 AIX 和 HP 公司的 HP-UXSCO。

① Sun Solaris。Solaris 是 SUN 公司在自己的 Sun OS 的基础上进一步设计开发出的 UNIX 系统。Solaris 运行在使用 SUN 公司的 RISC 芯片的工作站和服务器上，并且在设计上和市场上经常捆绑在一起，这使得整个软硬件系统的可靠性和性能都大大增强，但成本较高，这阻碍了 Solaris 的进一步普及。可喜的是，Solaris 对 x86 体系结构的支持正在大大加强，SUN 公司已推出自行设计的基于 AMD 64 的工作站和服务器，Solaris 10 已经能很好地支持 x64 架构（AMD 64/EMT 64）。目前，SUN Solaris 的最新版本是 Solaris 11，这是一款为云计算而开发的企业级操作系统，能够在大规模云环境中，实现安全和快速的服务部署。

② AIX。AIX（Advanced Interactive eXecutive）是 IBM 开发的一套 UNIX 操作系统。它符合 Open Group 的 UNIX 98 行业标准（The Open Group UNIX 98 Base Brand），通过全面集成对 32-位和 64-位应用的并行运行支持，为这些应用提供了全面的可扩展性。它可以在所有的 IBM ~ p 系列和 IBM RS/6000 工作站、服务器和大型并行超级计算机上运行。

AIX 6.1 是比较新的版本，包括两个版本：标准版（只包含基本 AIX）和企业版（包含工作负载分区管理程序和几个 Tivoli®产品）。在这方面，它与 HP 相似，HP 也有多个版本。

③ HP-UX。HP-UX 取自 Hewlett Packard UNIX，是惠普科技公司（Hewlett-Packard，HP）以 SystemV 为基础所研发成的类 UNIX 操作系统。HP-UX 可以在 HP 的 PA-RISC 处理器、Intel 的 Itanium 处理器的电脑上运行，在过去也能用于后期的阿波罗电脑（Apollo/Domain）系统上。较早版本的 HP-UX 也能用于 HP 9000 系列 200 型、300 型、400 型的电脑系统（使用 Motorola 的 68000 处理器）上和 HP-9000 系列 500 型电脑（使用 HP 专属的 FOCUS 处理器架构）。

HP-UX 比较新的版本是 11iV3。HP-UX 11Iv3 支持最多 128 个处理器核、2TB 内存、2TB 的文件系统、16TB 的文件系统大小和 1 亿 ZB 的存储。最近的创新和改进之处是：通过动态节能功能，减少了 10%的能源使用量；通过根据位置优化资源分布，把应用程序性能最多提高 20%；通过 tune-N-Tools 调优改进对性能敏感的工作负载。

（2）Linux 操作系统。

Linux 是由 UNIX 派生的一个可以开放使用的自由软件，是由分布在全世界的千百万个程序员设计和实现的。Linux 与 UNIX 很相似但又不完全相同。Linux 功能强大、支持大量的系统软件和应用软件。现在国外使用 Linux 的用户在逐年增加，Linux 与 UNIX 相比具有价格低的优势，而与 Microsoft 公司的操作系统相比，Linux 更加稳定，而且对硬件的要求较低。因此，Linux 是一种可以与 Windows 抗衡的、极具发展潜力的操作系统。Linux 操作系统几乎具有 UNIX 操作系统所有的功能，还具有一些其他功能和特点。

① 多任务、多用户。Linux 是一个完全多任务、多用户的操作系统，允许多个用户同时登录到一台机器上同时运行多个程序，各个程序互相独立、互不影响。

② 对 UNIX 的继承性与开放性。Linux 在源代码级几乎与一些 UNIX 标准兼容，它在开发过程中一直以源代码的可移植性为原则。从 Internet 上或其他地方获取的 UNIX 的软件同样可以在 Linux 系统上编译运行。此外，几乎所有的 Linux 源程序都可免费获取。

③ 设备的独立性。设备的独立性是指操作系统把所有外部设备统一看待，只要安装它们的驱动程序，任何用户都可以操纵、使用这些设备，而不必知道它们的具体存在形式。

④ 内置网络功能强大。Linux 通过 Internet 能与世界上的任何人进行通信，用户还能通过 Linux 命令完成内部信息或文件的传输。同一系统中用户交换信息是由终端到终端的通信、电子邮件来完成的。Linux 还支持远程访问，为技术人员提供了远程工作的条件。

⑤ 可编程 Shell。可编程 Shell 是指将多条命令组合在一起，形成一个 Shell 程序。这个程序可以单独运行，也可以同其他程序同时运行。可编程是 Shell 是 Linux 的一个重要特性。它是用户与 Linux 内核之间交换信息的桥梁，对用户输入的命令进行语法分析。每条命令都被分解成许多易于处理的组成部分。每个组成部分都被分别解释和执行。

⑥ 可移植性。可移植性是指将操作系统从一个平台转移到另一台平台，并使它仍然能按其自身的方式运行的能力。Linux 作为 UNIX 的变种系统，同样具有良好的可移植性。

目前，Linux 可以运行在 PC、PC 服务器、UNIX 服务器、中型机和大型机上，几乎涵盖了所有的计算机平台。全球已经有超过 100 个的 Linux 版本，包括开源的和企业版的。当前比较主流的开源版本有 Ubuntu、openSuSE、Fedora、MEPIS 等，企业版中处于领先地位的是 Red Hat Enterprise Linux 和 Novell 的 SuSE Enterprise Linux。下面介绍几款常见的 Linux 版本。

① Red Hat Linux。Red Hat Linux 是商业上运作最成功的一个 Linux 发行版本，普及程度很高。2003 年之前，Red Hat 公司致力于免费开源的 Red Hat Linux（RHL）的研究，并先后发布了 Red Hat Linux 2.0~9.0。从 Red Hat Linux 9.0 后，Red Hat 公司不再开发桌面版的 Linux 发行套件，而是将全部力量集中在服务器版的开发上，也就是 Red Hat Enterprise Linux（RHEL）。目前，Red Hat 企业版的最新版本为 Red Hat Enterprise Linux 5.3。

原来的 Linux 免费版本则与 Fedora 合并，成为现在的 Fedora Core。Fedora Core 系列产品主要是为 RHEL 试验新技术与新功能，定位于桌面用户。Fedora Core 系统中一般采用最新的技术，提供最新的软件包，其版本更新周期非常短，大约每半年就推出一个新的版本。Fedora Core 也获得了较大的成功。

② SuSE Linux。SuSE Linux 原是德国 SuSE Linux AG 公司的 Linux 发行版，专为德国人量身定做。2004 年，SuSE Linux AG 公司被 Novell 公司收购。SuSE Linux 包含一系列的 Linux 发行版，目前推出的有 3 个版本：openSuSE 版、试用版和盒装零售版。openSuSE 是完全开放源代码的版本，目前由 openSuSE 项目维护。试用版在 openSuSE 的基础上增加了 Adobe Reader、Real Player 等程序。盒装零售版与试用版一样，只是增加了一份系统说明和 Novell 公司提供的一定期限的技术支持。

Novell 公司在 openSUSE 之外，通过增强稳定性和安全性，对外提供企业级的 SUSE Linux Enterprise Server（SLES）、Novell Open Enterprise Server 和 SUSE Linux Enterprise Desktop（SLED）。SLES 也可以免费获取，但只提供 30 天的免费更新服务。目前 SUSE Linux 的最新版本为 11.0。

③ Ubuntu Linux。Ubuntu 是一个自由、开源的操作系统，每个最新发行的 Ubuntu 版本都包括了自行加强的 Linux 内核、X-Windows、Gnome 和其他关键应用。Ubuntu 有一个快速、简易的安装界面，升级也非常容易。Ubuntu 被誉为对硬件支持最好、最全面的 Linux 发行版本之一，许多在其他发行版上无法使用，或者默认配置无法使用的硬件，在 Ubuntu 上都能使用。

目前，Ubuntu 的用户在急剧增长，这与它有一个强大的技术支持和维护团队分不开。Ubuntu 团队每 6 个月发行一个新版 Ubuntu，并承诺对每个发行版本提供 18 个月的安全升级支持。Ubuntu 的缺陷在于还没有建立起自己成熟的商业模式。

（3）Windows 操作系统。

Windows 操作系统是全球最大的软件开发商——Microsoft（微软）公司开发的。Microsoft 公司的 Windows 系统不仅在个人操作系统中占有绝对优势，在网络操作系统中也具有非常强劲的力量。Windows 网络操作系统以先进的企业网络环境为目标，几乎可以在所有主要的处理器上运行，包括 Intel、Alpha、Power PC 等。Windows 网络操作系统还提供了图形化的操作界面，易于管理和维护，已经成为企业组网的标准平台。

Windows 网络操作系统在局域网配置中是最常见的，但由于它对服务器的硬件要求较高，且稳定性能不是很好，所以 Microsoft 的网络操作系统一般只是用在中低档服务器中，高端服务器通常采用 UNIX、Linux 或 Solairs 等非 Windows 操作系统。

Windows 网络操作系统一般包含两个版本：Windows NT Workstation 和 Windows NT Server。其中，Windows NT Workstation 是客户端操作系统，Windows NT Server 是服务器端操作系统。

Windows NT Workstation 的设计目标是工作站操作系统，适用于交互式桌面环境。Windows NT Server 的设计目标是企业级的网络操作系统，提供容易管理、反应迅速的网络环境。两者在系统结构上完全一样，只是为适应不同应用环境在运行效率上做了相应调整。Windows NT Server 具有更多的高级功能，可把 Windows NT Workstation 看作它的子集。

Windows 网络操作系统的发展大致经历了以下版本变化。

最早的 Windows 网络操作系统是 Microsoft 于 1993 年推出的 Windows NT 3.1，摆脱了 DOS 的束缚，具有很强的连网功能。但是 Windows NT 3.1 对系统资源要求较高，并且网络功能不是很完善，因而在当时的应用受到一定的限制。针对 Windows NT 3.1 的缺陷，Microsoft 之后又相继推出了 Windows NT 3.5、3.51、4.0，它们不仅降低了对计算机配置的要求，而且在网络性能、网络安全性和网络管理等方面都有很大改进，因而受到网络用户的普遍欢迎。至此，Windows NT 操作系统成为 Microsoft 具有代表性的网络操作系统。

1999 年，Microsoft 推出了 Windows NT 5.0，即 Windows 2000。Windows 2000 是服务器端的多用途网络操作系统，可为部门级工作组或中小型企业用户提供文件、打印、应用软件、Web 与通信等各种服务。

2001 年，Microsoft 推出了 Windows NT 5.1，即 Windows XP。Windows XP 凭借其强大的功能、友好的用户界面、更快更稳定的运行环境，迅速被广大用户所接受，被誉为 Windows 操作系统家族中最成功的产品。Windows XP 的多媒体娱乐功能强大，比较适合作为家庭平台。目前，Windows XP 的替代产品 Windows Vista R2（Windows NT 6.1）已经于 2006 年推出，并得到普及。

Windows 2000 在 2003 年得到了升级，Microsoft 推出了 Windows Server 2003（Windows NT 5.2）。

目前，最新的 Windows NT 产品是 Windows Server 2008 R2（Windows NT 6.1）。相对以前的版本，Windows Server 2008 无论是在稳定性、安全性、可靠性，还是 Web 通信方面都有显著增强，更能释放服务器的潜能，满足企业的各种业务需求。Windows Server 2008 代表了下一代 Windows Server。Windows Server 2008 使专业人员对服务器和网络基础结构的控制能力更强，从而可重点关注关键业务需求。Windows Server 2008 通过加强操作系统和保护网络环境提高了安全性。通过加快 IT 系统的部署与维护，使服务器和应用程序的合并与虚拟化更加简单，提供了直观的管理工具，Windows Server 2008 还为 IT 专业人员提供了灵活性。Windows Server 2008 为各个组织的服务器和网络基础结构奠定了最好的基础。

Windows 网络操作系统随着技术的发展不断出现新的技术产品。但是总体来说，主要具有以下特点。

① 内存和任务管理。Windows NT Server 内部采用 32 位体系结构，使得应用程序访问的内存空间可达 4GB；Windows Server 2008 的 64 位版本则可以最大支持 128GB 的 64 位计算平台。内存保护通过为操作系统和应用程序分配分离的内存空间的方法防止它们之间的冲突。Windows NT Server 采用线程进行管理与抢占式多任务，使得应用程序能够更有效地运行。

② 开放的体系结构。Windows NT Server 支持网络驱动接口（NDIS）与传输驱动接口（TDI），允许用户同时使用不同的网络协议。Windows NT Server 内置有以下 4 种标准网络协议：TCP/IP、Microsoft MWLink 协议、NetBIOS 的扩展用户接口（NetBEUI）、数据链路控制协议。

③ 内置管理。Windows NT Server 通过操作系统内部的安全保密机制，使得网络管理人员可以为每个文件设置不同的访问权限，规定用户对服务器的操作权限和用户审计。

④ 集中式管理。Windows NT Server 利用域与域信任关系实现对大型网络的管理。

⑤ 用户工作站管理。Windows NT Server 通过用户描述文件，来对工作站用户的优先级、网络连接、程序组与用户注册进行管理。Windows NT 在设计中采用了许多先进的思想，融入了对当今流行的应用环境（如 UNIX）以及 MSDOS 的支持。另外，它采用的模块型微核结构，也能使它在各种硬件平台上得以良好地运行。这些都使得 Windows NT 获得了极好的兼容性。

由于使用了结构化异常处理方法，Windows NT Server 及其他应用程序可以免遭由某个过程所引发的整个操作系统瘫痪之苦。NTFS 文件系统还可以提供进一步的安全保护，作为一种可恢复性的文件系统，NTFS 采用了先进的内存管理和安全保证技术。Windows NT Server 在安装时还能自动进行硬件配置检测，便于安装，使用起来也很方便。Windows NT Server 的最主要缺陷在于管理比较复杂，开发环境也不是很令人满意。

（4）Netware 网络操作系统。

Netware 是 Novell 公司开发的网络操作系统，其网络操作系统产品的流行要比 Microsoft 公司的还早。1981 年，Novell 公司提出了文件服务器的概念，1983 年，Novell 公司开始推出 NetWare 操作系统。NetWare 是第一个实现 PC 之间文件共享的非 UNIX 的网络操作系统（NOS）。从诞生至今，为了适应技术产业的需求，NetWare 增加了大量服务和功能该系统，至今已发展了十几个版本。其中，Netware 3—X 和 NetWare 4—X 在很长时间内成为世界上最流行的网络操作系统。NetWare 5 推出时，Novell 已经打出了"目录即网络"的极具远见的新一代网络口号。目前这种操作系统受到 Windows NT/2000 Server/Server 2003 和 Linux 系统瓜分，市场占有率在逐年下降。其最新的版本 NetWare 6.5 具备对整个网络的卓越管理和控制能力。

NetWare 曾是局域网中占据主导地位的网络操作系统，它推出时间早、运行稳定，在一个 NetWare 网络中，允许有多个服务器，用一般的 PC 即可作服务器。NetWare 还支持多种网络拓扑结构，具有较强的容错能力。此外，NetWare 还具有如下明显优势：强大的文件及打印服务能力、良好的兼容性及系统容错能力、比较完备的安全措施。NetWare 的不足之处在于工作站资源无法直接共享，安装、管理和维护都比较复杂。另外，多用户同时获取文件及数据时会导致网络效率降低以及无法完全释放服务器潜能等 。

5．网络操作系统的选择

网络操作系统运行于网络服务器上，是网络建设和运转的指挥者和监控者。它在整个网络系统中的地位举足轻重，因此，在网络操作系统的选择上，不仅要考虑对当前网络的适应性，而且还要考虑其他的总体性能，包括系统效率、可靠性、安全性、可维护性、可扩展性、管理的简单方便性以及应用前景等。

选择合适的网络操作系统应该遵循以下几项原则。

（1）标准化。

网络操作系统的设计、提供的服务应该符合国际标准，尽量减少使用企业专用标准，这有利于系统的升级、应用的迁移，最大限度、最长时间保护用户的利益。采用符合国际标准的网络操作系统并支持国际标准的网络服务，可以保证异构网络的兼容性，即在一个网络中存在多个操作系统时，能够充分实现资源的共享、服务的互容。

（2）稳定性。

网络操作系统是保证网络核心设备服务器正常运行、提供关键服务的软件系统，应该具有优秀的可靠性和容错性等，提供全天候服务。因此，选择技术先进、产品成熟、应用广泛的网络操作系统可以保证其具有良好的稳定性。

（3）安全性和可移植性。

网络环境更易于病毒的传播和网络的攻击，要保证网络操作系统不易受到侵扰，应该选择完善并能提供各种级别安全的网络操作系统。如果一个操作系统能从一个硬件结构移动到另一个硬件结构，且只需要少量修改，那么这种操作系统就具有可移植性。对网络操作系统来说，可移植性也是要考虑的。

（4）网络应用服务的支持性。

选择的网络操作系统应能提供全面的网络应用服务，如 Web 服务、FTP 服务、DNS 服务、目录管理等，并能很好地支持第三方应用系统，从而保证提供完整的网络应用。

（5）易用性和经济适用性。

应该选择操作简单友好、管理和操作对管理员来说比较熟悉的操作系统。操作系统的选择还应该考虑到网络组建方所具备的经济情况，应选择经济适用性强的网络操作系统。

Microsoft 公司的 Windows 操作系统不仅在个人操作系统中占有绝对优势，在网络操作系统中也具有非常强劲的力量。这类操作系统在整个局域网配置中是最常见的，但由于它对服务器的硬件要求较高，且稳定性能不是很好，所以 Microsoft 的网络操作系统一般只是用在中低档服务器中。

NetWare 操作系统虽然远不如早几年那么风光，但仍以对网络硬件的要求较低（工作站只要是 286 机就可以了）而受到一些设备比较落后的中、小型学校的青睐。且因为它兼容 DOS 命令，其应用环境与 DOS 相似，经过长时间的发展，具有相当丰富的应用软件支持，技术完善、可靠，其服务器对无盘站和游戏的支持较好，常用于教学网。

UNIX 操作系统的稳定性和安全性能非常好，但由于它多数是以命令方式来进行操作的，不容易掌握，特别是初级用户。正因如此， UNIX 一般用于大型的网站或大型的局域网中。UNIX 网络操作系统历史悠久，其良好的网络管理功能已为广大网络用户所接受，拥有丰富的应用软件的支持。

Linux 是一种新型的网络操作系统，它的最大的特点就是源代码开放，可以免费得到许多应用程序。目前也有中文版本的 Linux，如 RedHat（红帽子）、红旗 Linux 等。在国内得到了用户充分的肯定，主要体现在它的安全性和稳定性方面，它与 UNIX 有许多类似之处。但目前这类操作系统仍主要应用于中、高档服务器中。

总地来说，对特定计算环境的支持使得每一个操作系统都有适合于自己的工作场合，这就是操作系统对特定计算环境的支持。例如，Windows XP 适用于桌面计算机，Linux 目前较适用于小型网络，而 Windows Server 2003 和 UNIX 则适用于大型服务器应用程序。因此，对于不同的网络应用，需要用户选择合适的网络操作系统。

网络操作系统具有单机操作系统的功能，同时也具有对整个网络资源进行协调管理，实现计算机之间高效可靠通信，提供各种网络服务和为网络上的用户提供便利的操作与管理平台等功能。此外，网络操作系统还需要兼顾网络协议，为协议的实现创造条件和提供支持，是网络各层协议得以实现的"宿主"。因此，网络操作系统在计算机网络系统中占有极其重要的位置，它使计算机变成了一个控制中心，管理客户端计算机在使用网络资源时发出的请求。

6．网络操作系统的规划

大多数用户在搭建网络时首先需要考虑的是其所要部署的设备规格。例如，网络的速度如何？

网络支持哪些协议？网络的总吞吐量是多少？尽管这些问题非常值得思考，但是，最应该认真考虑的是这些网络设备上运行的网络操作系统是何种类型的。因为以上关于网络设备的问题往往都与网络操作系统的类型紧密相关。随着网络的发展，网络功能变得日益复杂，网络操作系统的作用也越来越大。今天的网络操作系统不仅具备连接设备的功能，还在网络安全管理、可扩展性及性能等方面发挥着重要作用，并最终影响整个网络基础架构的有效性。

根据网络操作系统的选择原则以及各种常用操作系统的特点，用户在选择网络操作系统时要做好两种准备：选择单一的网络操作系统和选择多网络操作系统集成。

（1）选择单一的网络操作系统。

Forrester Consulting 公司在其于 2009 年 2 月发表的一份关于瞻博网络公司的调查报告显示：有 62%的受访者一致认为，多网络操作系统影响效率。Forrester 在其题为《单一网络操作系统：最大限度地提高运营效率及灵活性》的报告中还指出：有 52 %的只采用单一网络操作系统的受访者还承认，他们的操作系统存在多个版本。而该报告的核心意思是存在多个网络操作系统和多个操作系统版本会直接增加业务的复杂性。

为了不增加网络的复杂度和网络效率，用户在网络规划时应尽量做到选择单一的网络操作系统。Forrester 的《单一网络操作系统：最大限度地提高运营效率及灵活性》的报告中提出：单一网络操作系统是指具有按照单一发行版本链开发的单一源代码基础的操作系统。此外，在选择操作系统的开发商方面也很重要。选择单一网络操作系统的优点在于以下几点。

① 易于构架。对大多数管理员来说，选择单一的操作系统将会面对熟悉的操作界面，不必重新熟悉新的操作系统，这样便于管理，操作简单、明了、易用。

② 易于管理。选择单一的操作系统，便于管理。例如，选择 Windows Server 2003 作为单一的操作系统，可以利用 Windows Server 2003 XP 的活动目录、管理控制台，实现全网所有资源的统一管理，在一台服务器或一台客户机上管理本地和远程的所有资源。

③ 丰富的服务。往往单一的操作系统本身内置提供了 DNS、Web、FTP、RAS、WINS、备份等功能齐全的一系列网络服务。

④ 服务应用软件。单一的操作系统产品本身拥有自己的数据库产品、电子邮件产品、代理服务器软件等，这些软件产品容易与网络操作系统整合，实现资源的统一管理。

⑤ 稳定性和安全性。选择单一的网络操作系统本身也带来了网络的稳定性和安全性，管理和维护安全方便。

（2）选择多网络操作系统集成。

在一些情况下，在一个网络环境中用户也可以使用多种类型网络操作系统，例如，Web 服务器使用 Windows Server 2003 构建，因为它可以支持 ASP；E-mail 服务使用 Linux 建构，因为 Linux 内置 Send Mail 电子邮件服务器软件，无需花钱购买；数据库服务器可以使用 UNIX 建构，因为这样可以更好地将原有的基于 UNIX 的 Oracle 数据库系统集成到 Intranet 中。由于各种操作系统均使用符合国际标准的网络通信协议、服务协议，所以能够实现多网络操作系统的集成。

8.1.2 数据库系统

1. 数据库系统简介

数据库系统萌芽于 20 世纪 50 年代，产生于 20 世纪 60 年代中期。到 21 世纪初，已经经历了 40 多年的发展历史，期间经历了巨大的变化和发展。在数据库系统发展的 40 多年时间里，数据库系统经历了 3 个发展阶段：第一代的网状、层次数据库，第二代的关系型数据库系统和第三代面向对象模型为主要特征的数据库系统。而数据库技术与网络通信技术、人工智能技术、面向对象程序设计技术、并行计算技术等相互渗透，相互结合，成为当前数据库技术发展的主要特征。

2．数据库系统和数据库管理系统

数据库系统（Database Systems，DBS）本质上是一个用计算机存储记录的系统，它是由数据库及其管理软件组成的软件系统。它是为适应数据处理的需要而发展起来的一种较为理想的数据处理的核心机构，是一个实际可运行的存储、维护和应用系统提供数据的软件系统，是存储介质、处理对象和管理系统的集合体。数据库系统通常由数据库、硬件和软件组成。

（1）数据库（Database，DB）是指长期存储在计算机内的、有组织、可共享的数据的集合。数据库中的数据按一定的数学模型组织、描述和存储，具有较小的冗余、较高的数据独立性和易扩展性，并可为各种用户共享。

（2）硬件：构成计算机系统的各种物理设备，包括存储所需的外部设备。硬件的配置应满足整个数据库系统的需要。

（3）软件：包括操作系统、数据库管理系统及应用程序。

数据库管理系统（Database Management System，DBMS）是位于用户与操作系统之间的一层数据管理软件，是数据库系统的核心软件。它在操作系统的支持下工作，解决如何科学地组织和存储数据，如何高效获取和维护数据的系统软件。其主要功能包括：数据定义、数据操纵、数据库的运行管理和数据库的建立与维护。

数据库管理系统由一个相互关联的数据集合和一组访问数据的程序构成。这个数据集合通常称作数据库，其中包含有用的数据信息。数据库管理系统的基本目标是要提供一个可以方便有效地存取数据库信息的环境。图 8-3 中表示了数据库管理系统与数据库的关系。

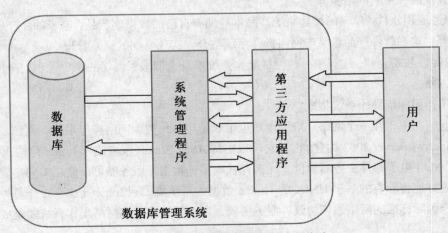

图 8-3　数据库管理系统与数据库的关系

数据库由数据库管理系统统一管理，数据的插入、修改和检索都要通过数据库管理系统进行。数据库管理员（DBA）在数据库系统中负责创建、监控和维护整个数据库，使数据能被任何有权限使用的人有效使用。图 8-4 所示的是数据库系统的总体结构。

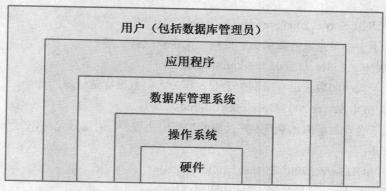

图 8-4　数据库系统的总体结构

3. 常用的数据库系统

在数据库技术日益发展的今天，主流数据库代表着成熟的数据库技术，了解常用的数据库，能够了解数据库技术的发展以及未来的发展趋势。20 世纪 80 年代到 90 年代是关系数据库产品发展和竞争的时代。在市场逐渐淘汰了第一代数据库管理系统的背景下，SQL Server、Oracle、IBM DB2 等一批关系数据库成为主流的商用数据库。

（1）SQL Server 数据库。

SQL Server 是 Microsoft（微软）公司的产品，是一个关系数据库管理系统。它最初是由 Microsoft、Sybase 和 Ashton-Tate 三家公司共同开发的，由 Sybase SQL Server 发展而来，于 1988 年推出了第一个 OS/2 版本。在 Windows NT 推出后，Microsoft 将 SQL Server 移植到 Windows NT 系统上，专注于开发推广 SQL Server 的 Windows NT 版本。Sybase 则较专注于 SQL Server 在 UNIX 操作系统上的应用。1989 年，微软发布了 SQL Server 1.0 版。

Microsoft SQL Server 的特点是利用 Microsoft Windows 操作系统的底层结构，直接面向 Microsoft Windows，尤其是 NT 系列服务器操作系统的用户。Microsoft SQL Server 基本上不能移植到其他操作系统上，就算勉强移植，也无法得到很好的性能。

Microsoft SQL Server 的优势是拥有 Microsoft Windows 所拥有的庞大的用户群，遵循了 Microsoft 所有产品一致的操作习惯，具有易学易用的特性，也方便数据库管理人员容易、轻松地管理。

以下是 Microsoft 公司推出的几个 SQL Server 的版本和日期。

1996 年：SQL Server 6.5。

1998 年：SQL Server 7.0。

2000 年：SQL Server 2000。

2005 年：SQL Server 2005。

现在，SQL Server 2008 版本也已经出现。SQL Server 2008 是一个重要的产品版本，它推出了许多新的特性和关键的改进，使其成为一款非常强大和全面的 SQL Server 版本。在使用 SQL Server 的用户群中有一个有趣的说法，就是"隔代升级"，其含义是用户并不是每推出一款新的版本就升级数据库系统，而是隔一个版本升级一次。下面介绍一下 SQL Server 2005 所提供的主要版本。

① 企业版（SQL Server 2005 Enterprise Edition）。

该版本是最全面的版本，支持所有的 SQL Server 2005 提供的功能，能满足大型企业复杂的业务需求。

② 标准版（SQL Server 2005 Standard Edition）。

该版本适合于中小型企业的需求，在价格上比企业版有优势。

③ 工作组版（SQL Server 2005 Workgroup Edition）

该版本适合于大小和数量没有限制的企业，作为入门数据库是最好的选择。

④ 开发版（SQL Server 2005 Developer Edition）。

该版本覆盖了企业版所有的功能，并且能够生成应用程序，但是只允许作为开发和测试系统，不允许作为生产系统。

⑤ 评估版（SQL Server 2005 Evaluation Edition）。

该版本是有 180 天使用时间限制的评估和测试版。

SQL Server 数据库系统安装中需要注意以下一些问题。

① 不同版本对安装条件的要求不同。在 SQL Server 2000 以前的版本，如 SQL Server 7.0 一般不存在多个版本，只有标准版和桌面版，安装时用户如果不清楚该装什么版本的话，可按照安装上的指示安装说明来安装，一般在 Windows 2000 Server 服务器版上装标准版，其他的系统装桌面版的就可以；而 SQL Server 2000 安装问题就比较大，需要注意版本的安装条件。

② 不同的操作系统对硬件的要求。例如，Windows 2000 Server 可以安装 SQL Server 2000 的任何版本，而 Windows 2000 Professional 只能安装 SQL Server 2000 的个人版、开发版、评估版。所以在安装中要注意不同版本对于操作系统的要求。

（2）Oracle 数据库。

Oracle Database 又名 Oracle RDBMS，或简称 Oracle，是（Oracle）甲骨文公司的一款关系数据库管理系统，到目前仍在数据库市场上占有主要份额。甲骨文公司成立于 1977 年，当时劳伦斯·埃里森和他的朋友在 1977 年建立了软件开发实验室咨询公司（Software Development Laboratories，SDL），专门做数据库，为大、中、小企业提供数据库产品。那时候，Oracle 就已经出现并且非常成熟。Oracle 公司是最早开发关系数据库的厂商之一，其产品支持最广泛的操作系统平台。1979 年，Oracle 公司引入了第一个商用 SQL 关系数据库管理系统。1984 年，Oracle 公司推出了具有可移植性的 4.0 版本。随后，1985 年，Oracle 发布了 5.0 版，并率先推出了分布式数据库、客户/服务器等崭新的概念。Oracle6.0 版本开始支持对称多处理机，Oracle8.0 版本则加入了对象技术，而进入到 20 世纪 90 年代，推出了 Oracle 9i，实现了全面支持 Internet 应用。

目前，Oracle 产品已经覆盖了包括个人计算机在内的大、中、小型机等几十种机型，Oracle 数据库是世界上应用最广泛的数据库系统，在数据库领域，Oracle 一直处于领先地位，不仅核心技术相当优秀，产品支持也非常全面和完善。此外，Oracle 能够适应 70 多种操作系统，也正因为如此才使其他产品难以企及。而因为要支持众多操作系统，所以研究 Oracle 的配置、管理、系统维护等就成为了一项专门技术。

（3）DB2 数据库。

自从 20 世纪 70 年代提出"关系模型"以后，IBM 就开始致力于关系型数据库的研究。IBM 作为关系型数据库领域的开拓者和领航人，在 1977 年完成了 System R 系统的原型开发，1980 年开始提供集成的数据库服务器——System/38，随后是 SQL/DS for VSE 和 VM，其初始版本与 System R 研究原型密切相关。1989 年和 1993 年分别以远程工作单元和分布式工作单元实现了分布式数据库支持。后来推出的 DB2 Universal Database 6.1 则是通用数据库的典范，是第一个具备网上功能的多媒体关系数据库管理系统，支持包括 Linux 在内的一系列平台。

DB2 是 IBM 出品的一系列关系型数据库管理系统，分别在不同的操作系统平台上服务。虽然 DB2 产品是基于 UNIX 的系统和个人计算机操作系统，在基于 UNIX 系统和 Microsoft 在 Windows 系统下的 Access 方面，DB2 追循了 Oracle 的数据库产品。

1993 年，IBM 发布了 DB2 for OS/2 V1（DB2 for OS/2 可以被简写为 DB2/2）和 DB2 for RS/6000V1（DB2 for RS/6000 可以被简写为 DB2/6000），这是 DB2 第一次在 Intel 和 UNIX 平台上出现。

1995 年，IBM 发布了 DB2 Common Server V2，这是第一个能够在多个平台上运行的"对象—关系型数据库"（ORDB）产品，并能够对 Web 提供充分支持。DataJoiner for AIX 也诞生在这一年，该产品赋予了 DB2 对异构数据库的支持能力。此外，DB2 在 Windows NT 和 SINIX 平台上的第一个版本（DB2 V2）也发布了。

1996 年，IBM 发布 DB2 V2.1.2 ，这是第一个真正支持 JAVA 和 JDBC 的数据库产品。

2000 年，IBM 发布了 DB2 XML Extender，成为在业界第一个为数据库提供内置 XML 支持的厂商。2005 年，经过长达 5 年的开发，IBM DB2 9 将传统的高性能、易用性与自描述、灵活的 XML 相结合，转变成为交互式、充满活力的数据服务器。

2006 年，IBM 发布 DB2 9，将数据库领域带入 XML 时代。IT 建设业已进入 SOA（Service-Oriented Architecture）时代。实现 SOA，其核心难点是顺畅解决不同应用间的数据交换问题。XML 以其可扩展性、与平台无关性和层次结构等特性，成为构建 SOA 时不同应用间进行数据交换的主流语言。而如何存储和管理几何量级的 XML 数据、直接支持原生 XML 文档成为 SOA 构建效率和质量的关键。在这种情况下，IBM 推出了全面支持 Original XML 的 DB2 9，使 XML 数据的存储问题迎刃而解，开创了一个新的 XML 数据库时代。

经过几十年的发展，DB2 发展成为可以支持从 PC 到 UNIX，从中小型机到大型机，从 IBM 到非 IBM（HP、SUN、UNIX 系统等）的各种操作系统平台。DB2 可以在主机上以主/从方式独立运行，也可以在客户/服务器环境中运行，但是 DB2 服务端的最佳运行环境还是 IBM 自己的操作系统平台。现在，在全球 500 强企业中，IBM 商用服务器占有绝对的优势，有超过 80%的企业选择使用 DB2 作为数据库平台。

（4）MySQL 数据库。

MySQL 是一款开源小型关系型数据库管理系统，开发者为瑞典的 MySQL AB 公司。该公司在 2008 年 1 月 1 日被 SUN 公司收购。目前，MySQL 被广泛地应用在 Internet 上的中小型网站中。MySQL 是开放源码软件。"开放源码"意味着任何人都能使用和改变软件。任何人都能从 Internet 下载 MySQL 软件，而无需支付任何费用。如果用户愿意，可以研究源码并进行恰当的更改，以满足自己的需求。MySQL 软件采用了 GPL（GNU 通用公共许可证），定义了在不同情况下可以用软件做的事和不可做的事。数据库服务器具有快速、可靠和易于使用的优点。MySQL 服务器还有一套实用的特性集合，在基准测试主页上，给出了 MySQL 服务器和其他数据库管理器的比较结果。

虽然是免费软件，但由于其体积小、速度快、成本低，尤其是开放源码这一特点，被许多中小型网站采用。MySQL 在广泛运用的过程中，不断发展，成为成本低、效率高、安全性能优越的中小型应用首选数据库产品。

（5）Sybase 数据库。

1984 年，Mark B. Hiffman 和 Robert Epstern 创建了 Sybase 公司，并在 1987 年推出了 Sybase 数据库产品。Sybase 主要有 3 种版本：UNIX 操作系统下运行的版本、Novell Netware 环境下运行的版本、Windows NT 环境下运行的版本。被 UNIX 操作系统目前广泛应用的为 Sybase 10 及 Syabse 11 for SCO UNIX。

Sybase 数据库系统具有以下特点。

① 基于客户/服务器体系结构的数据库。

一般的关系数据库都是基于主/从式的模型的。在主/从式的结构中，所有的应用都运行在一台机器上。用户只是通过终端发命令或简单地查看应用运行的结果。而 Sybase 数据库系统运行在客户/服务器结构中，这使得应用被分布在多台机器上运行。一台机器是另一个系统的客户，或是另外一些机器的服务器。这些机器通过局域网或广域网联接起来。

客户/服务器模型的好处是支持共享资源且在多台设备间平衡负载，允许容纳多个主机的环境，充分利用了企业已有的各种系统。

② 真正开放的数据库。

Sybase 数据库系统由于采用了客户/服务器结构，应用被分在了多台机器上运行。更进一步，运行在客户端的应用不必是 Sybase 公司的产品。对于一般的关系数据库，为了让其他语言编写的应用能够访问数据库，提供了预编译。Sybase 数据库不只是简单地提供了预编译，而且公开了应用程序接口 DB-LIB，鼓励第三方编写 DB-LIB 接口。由于开放的客户 DB-LIB 允许在不同的平台使用完全相同的调用，因而使得访问 DB-LIB 的应用程序很容易从一个平台向另一个平台移植。

③ 高性能的数据库。

Sybase 的高性能体现在：可编程、事件驱动和多线索化。

可编程数据库表现在：通过提供存储过程，创建了一个可编程数据库。存储过程允许用户编写自己的数据库子例程。这些子例程是经过预编译的，因此不必为每次调用都进行编译、优化、生成查询规划，因而查询速度要快得多。事件驱动的触发器：触发器是一种特殊的存储过程，通过触发器可以启动另一个存储过程，从而确保数据库的完整性。多线索化：一般的数据库都依靠操作系统来管理与数据库的连接，当有多个用户连接时，系统的性能会大幅度下降。Sybase 数据库不让操作系统来管理进程，把与数据库的连接当作自己的一部分来管理。此外，Sybase 的数据库引擎还代替操作系统来管理一部分硬件资源，如端口、内存、硬盘，绕过了操作系统这一环节，提高了性能。

> 数据库系统有很多种，一般不会严格要求和限制使用哪一种数据库系统，这是因为大多数数据库系统的数据存储、数据查询都大同小异，甚至在执行对数据库的连接、查询操作时，使用的语句都是标准的、相同的。

8.1.3　Web 服务器

服务器是局域网的核心，它为网络上的客户端计算机提供网络服务和共享资源，拥有大量可共享的硬件资源和软件资源，并具有管理这些资源和协调网络用户访问资源的能力。但是，在网络系统中有两个概念很容易混淆，它们就是网络服务器和 Web 服务器。网络服务器和 Web 服务器的主要区别在于：网络服务器是指应用于网络上的计算机，也即服务器硬件。而 Web 服务器是指运行于网络服务器上面的软件，是用来管理网页组件和回应网页浏览器请求的程序。

正如前面章节所说，服务器不仅仅指物理服务器，它包括两个层面，一是指一个管理资源并为用户提供服务的计算机软件，二是指运行以上软件的、纯粹的计算机系统，也就是物理服务器。Web 服务器是一种服务器软件，它的工作方式可以在客户端/服务器（C/S）方式下，也可以在浏览器/服务器（B/S）的方式下。根据服务器在网络中所执行的任务不同可以分为 Web 服务器、数据库服务器、应用服务器、FTP 服务器、邮件服务器、打印服务器、网关服务器、域名服务器等。它们既可以安装在同一台物理服务器上，也可以分别安装在多台物理服务器上，也就是硬件服务器或网络服务器上。

1．Web 服务器概述

Web 服务器是指驻留在 Internet 上的某种类型的计算机程序。当 Web 浏览器（客户端）连到服务器上并请求文件时，服务器将处理该请求并将文件发送到该浏览器上，附带的信息会告诉浏览器如何查看该文件（即文件类型）。Web 服务器使用 HTTP（超文本传输协议）进行信息交流，因此人们常把 Web 服务器称为 HTTP 服务器。

Web 服务器不仅能够存储信息，还能在用户通过 Web 浏览器发出请求时，提供信息服务、运行脚本和程序。Web 服务器是一种被动程序，只有当 Internet 上运行在其他计算机中的浏览器发出请求时，Web 服务器才会做出响应。Web 服务器具有以下特点。

（1）工作在 OSI 参考模型的应用层，使用 HTTP 进行交流。

（2）应对浏览器的请求做出响应时，使用 HTML 文档格式。

（3）使用统一资源定位器（URL）来标识以及访问网络资源。

Web 服务器还称为 WWW 服务器，其主要功能是提供网上信息浏览服务。WWW（World Wide Web）中文名称是环球信息网，也称为"万维网"。它是 Internet 上发展最快和应用最广泛的服务，也正是因为有了 WWW，才加速了 Internet 技术的飞速发展和用户数量的迅速增长。通过 WWW，人们可以很迅速方便地取得丰富的信息资料。用户在通过 Web 浏览器访问信息资源的过程中，不需要关心一些技术性的细节，且网络界面也非常友好，因而 Web 在 Internet 中得到了极大的应用。

WWW 技术解决了远程信息服务中的文字显示、数据连接以及图像传递的问题，使其成为最为流行的信息传播方式。WWW 采用 B/S 结构，其作用是整理和储存各种 WWW 资源，并响应用户的请求，把用户所需的资源传送到客户端。确切地说，Web 服务器负责解析（Handles）HTTP，专门处理来自客户端的 HTTP 请求（Request），并返回一个 HTTP 响应（Response）。为了处理一个请求（Request），Web 服务器可以响应一个静态页面或图片，进行页面跳转，或者把动态响应的产生委托给一些其他的程序。

选择 Web 服务器应考虑的因素有：服务器性能、安全性、日志和统计、虚拟主机、代理服务器、缓冲服务和集成应用程序等。

2．常用的 Web 服务器

当前最常用的 Web 服务器是 Apache 和 Microsoft 的 Internet 信息服务器（Internet Information Server，IIS）。这二者几乎占据了大量的市场份额。在 UNIX 和 Linux 操作系统平台下使用最广泛的 Web 服务器是 Apache，而在 Windows 平台 NT/2000 Server/Server 2003 下，使用最多的是 IIS 服务器。

（1）IIS。

Microsoft 的 Web 服务器（Internet Information Server，IIS）是 Windows 产品自带的一种免费的 Web 服务器，是允许在公共 Intranet 或 Internet 上发布信息的 Web 服务器。最初是 Windows NT 版本的可选包，随后内置在 Windows 2000、Windows XP Professional 和 Windows Server 2003 一起发行，IIS 是在 Windows NT Server 上建立 Internet 服务器的基本组件。它与 Windows NT Server 完全集成，允许使用 Windows NT Server 内置的安全性以及 NTFS 文件系统建立强大灵活的 Internet/Intranet 站点。

IIS 服务安装配置简单，主要解析的是 ASP 程序代码，对于小型的、利用 ASP 编程的项目，可以采用 IIS 作为 Web 服务器。IIS 是目前最流行的 Web 服务器产品之一，很多著名的网站都建立在 IIS 的平台上。IIS 提供了一个图形界面的管理工具，称为 Internet 服务管理器，可用于监视配置和控制 Internet 服务。

IIS 是一种 Web 服务组件，其中包括 Web 服务器、FTP 服务器、NNTP 服务器和 SMTP 服务器，分别用于网页浏览、文件传输、新闻服务和邮件发送等方面，它使得在网络（包括 Internet 和 Intranet）上发布信息变得很容易。IIS 提供 ISAPI（Intranet Server API）作为扩展 Web 服务器功能的编程接口，同时，它还提供一个 Internet 数据库连接器，可以实现对数据库的查询和更新。此外，IIS 一般也可以和 Apache 整合起来使用。另外，这种服务在配置过程中需要注意权限的问题。

当前 IIS 最新版本是 7.0，内嵌于 Windows Vista、Windows Server 2008s 和 Windows 7 等操作系统内，并在系统中集成了.NET 3.5，也可以支持 .NET 3.5 及以下版本。

（2）WebSphere。

WebSphere 是 IBM 的软件平台。它包含了编写、运行和监视全天候的工业强度的随需应变 Web 应用程序和跨平台、跨产品解决方案所需要的整个中间件基础设施，如服务器、服务和工具。WebSphere Application Server 是该设施的基础核心，WebSphere 的所有产品都在 WebSphere Application Server 之上运行。

WebSphere Application Server 是功能完善、开放的 Web 应用程序服务器，是 IBM 电子商务计划的核心部分，是 Internet 的基础架构软件。它使企业能够开发、部署和集成新一代电子商务应用（如 B2B 的电子交易），并且支持从简单的 Web 发布到企业级事务处理的商务应用。WebSphere Application Server 一般部署在 IBM 专业的服务器上。

WebSphere Application Server 是基于 Java 的应用环境，用于建立、部署和管理 Internet 和 Intranet Web 应用程序。IBM 将 WebSphere 这一整套产品进行了扩展，通过提供综合资源、可重复使用的组件、功能强大并易于使用的工具以及支持 HTTP 和 IIOP 通信的可伸缩运行时环境，来帮助用户从简单的 Web 应用程序转移到电子商务世界，以适应 Web 应用程序服务器的需要。

（3）WebLogic。

WebLogic 是 BEA 公司出品的，一款多功能、基于标准的 Web 应用服务器。它主要是用于开发、集成、部署和管理大型分布式 Web 应用、网络应用和数据库应用的 Java 应用服务器。WebLogic 为企业构建自己的应用提供了坚实的基础，各种应用开发、部署所有关键性的任务，无论是集成各种系统和数据库，还是提交服务、跨 Internet 协作，起始点都是 WebLogic。由于 WebLogic 具有全面的功能、对开放标准的遵从性、多层架构、支持基于组件的开发等特点，WebLogic 成为基于 Internet 的企业进行开发、部署最佳的应用的首选。

WebLogic 将 Java 的动态功能和 Java Enterprise 标准的安全性引入大型网络应用的开发、集成、部署和管理之中。这使得它更具专业性，但安装配置也更为复杂。

WebLogic 把应用服务器作为企业应用架构的基础，这让 WebLogic 处于领先地位。WebLogic 凭借其在 Internet 的容量和速度方面的优势，为联网的企业之间提供信息共享、服务提交和协作自动化，这为构建集成化的企业级应用提供了稳固的基础。BEA 已经被 Oracle 收购，目前 Weblogic 的最新版本是 Oracle WebLogic Server 12c（12.1.1）。

（4）Apache。

Apache 是世界排名第一且使用最多的 Web 服务器。它是一款免费开放源代码的 Web 服务器软件。Apache 可以安装运行在绝大多数的计算机平台上，采用 B/S 结构，支持大多数开发语言。Apache 源于 NCSAhttpd 服务器，当 NCSA WWW 服务器项目停止后，那些使用 NCSA WWW 服务器的人们开始交换用于此服务器的补丁，这也是 Apache 名称的由来（pache 补丁）。世界上很多著名的网站都是 Apache 的产物，它的成功之处主要在于它的源代码开放、有一支开放的开发队伍、支持跨平台的应用（UNIX、Windows、Linux 等），具有很好的移植性。此外，在一般情况下 Apache 也可以与其他 Web 服务器整合使用，其功能非常强大，在静态页面处理速度上表现优异。

（5）Tomcat。

Tomcat 是一个开放源代码、运行 Servlet 和 JSP Web 应用软件的基于 Java 的 Web 应用服务器软件。Tomcat 主要处理的是 JSP 页面和 Servlet 文件。Tomcat 常常与 Apache 整合起来使用，Apache 处理静态页面，比如 HTML 页面，而 Tomcat 负责编译处理 JSP 页面与 Servlet。在静态页面处理能力上，Tomcat 不如 Apache。

Tomcat 是 Java Servlet 2.2 和 JavaServer Pages 1.1 技术的标准实现，是基于 Apache 许可证下开发的自由软件，是 Apache 下的一个核心子项目。Tomcat 是完全重写的 Servlet API 2.2 和 JSP 1.1 兼容的 Servlet/JSP 容器。Tomcat 使用了 JServ 的一些代码，特别是 Apache 服务适配器。随着 Catalina Servlet 引擎的出现，Tomcat 第 4 版号的性能得到提升，使得它成为一个值得考虑的 Servlet/JSP 容器，目前许多 Web 服务器都是采用 Tomcat。另外，由于 Tomcat 开源免费、功能强大易用，受到许多 Java 初学者们欢迎。此外，也有许多中小企业将其与 Apache 整合起来做 Web 服务器。

8.1.4　常用网络编程语言

作为一个网络的设计和规划者，在建立搭建物理网络后，会根据需求搭建网络应用服务环境，选择网络应用系统。无论是搭建网络服务器环境还是开发网络应用系统，都需要使用一定的网络编程语言。本节内容介绍的常用的网络编程相关语言和技术。

1. HTML

HTML 的英文全称是 Hyper Text Markup Language，中文翻译为"超文本标记语言"。和一般文本的不同的是，一个 HTML 文件不仅包含文本内容，还包含一些 Tag，中文称为"标签"，用来定义页面中的格式，它是一种标记语言，不需要编译，可以由浏览器直接执行。一个 HTML 文件的后缀名是.htm 或者是.html。有许多软件可以用来编辑 HTML 文件，也可以使用文本编辑器直接编写 HTML 代码。

开发 Web 应用程序，首先应熟练使用 HTML 代码，因为无论使用哪种编程语言进行业务逻辑和展示的控制，都免不了与 HTML 结合，它是 B/S 结构应用必不可少的技术。

2. PHP

PHP 是超级文本预处理语言（Hypertext Preprocessor，PHP）。PHP 是一种 HTML 内嵌式的语言，PHP 与微软的 ASP 颇有几分相似，都是一种在服务器端执行的嵌入 HTML 文档的脚本语言，语言的风格类似于 C 语言，现在被广泛地运用。PHP 独特的语法混合了 C、Java、Perl 以及 PHP 自创新的语法。它可以比 CGI 或者 Perl 更快速地执行动态网页。用 PHP 做出的动态页面与其他的编程语言相比，PHP 是将程序嵌入到 HTML 文档中去执行，执行效率比完全生成 HTML 标记的 CGI 要高许多；与同样是嵌入 HTML 文档的脚本语言 JavaScript 相比，PHP 在服务器端执行，充分利用了服务器的性能；PHP 执行引擎还会将用户经常访问的 PHP 程序驻留在内存中，其他用户再一次访问这个程序时就不需要重新编译程序，只要直接执行内存中的代码就可以了，这也是 PHP 高效率的体现之一。PHP 具有非常强大的功能，所有的 CGI 或者 JavaScript 的功能 PHP 都能实现，而且支持几乎所有流行的数据库以及操作系统。

PHP 是开源软件，所有的 PHP 源代码都可以从 PHP 网站上得到。因为其成本低、效率高，非常受广大 Web 程序员的欢迎，它与 Apache、Tomcat、Mysql 的组合，被全世界中小型站点欢迎，市场占有率非常高。

3. JAVA

Java 是一个由 Sun 公司开发而成的新一代编程语言。使用它可在各式各样不同种机器、不同种操作平台的网络环境中开发软件。不论你使用的是何种 WWW 浏览器、何种计算机、何种操作系统，只要 WWW 浏览器上面注明了"支持 Java"，你就可以看到生动的主页。Java 正在逐步成为 Internet 应用的主要开发语言，彻底改变了应用软件的开发模式。

Java 的主要特点是平台无关性，引进虚拟机原理，实现不同平台的 Java 接口。Java 的数据类型与机器无关，Java 虚拟机（Java Virtual Machine）建立在硬件和操作系统之上，实现 Java 二进制代码的解释执行功能，提供于不同平台的接口。Java 编写的程序能在世界范围内共享，实现跨平台性能，也是 Java 流行至今的主要原因之一。Java 的编程类似 C++，它舍弃了 C++的指针对存储器地址的直接操作，程序运行时，内存由操作系统分配，这样可以避免病毒通过指针侵入系统。Java 对程序提供了安全管理器，防止程序的非法访问。Java 吸取了 C++面向对象的概念，将数据封装于类中，使程序简洁和易于维护。类的封装性、继承性等有关对象的特性，使程序代码只需一次编译，即可反复利用。Java 建立在扩展 TCP/IP 网络平台上。库函数提供了用 HTTP 和 FTP 传送和接收信息的方法，这使得程序员使用网络上的文件和使用本机文件一样容易。

4. JSP

JSP（Java Server Pages） 是由 Sun Microsystems 公司倡导、许多公司参与一起建立的一种动态网页技术标准。JSP 技术有点类似 ASP 技术，它是在传统的网页 HTML 文件（*.htm，*.html）中插入 Java 程序段（Script let）和 JSP 标记（Tag），从而形成 JSP 文件（*.jsp）。 用 JSP 开发的 Web 应用是跨平台的，既能在 Linux 下运行，也能在其他操作系统上运行。

JSP 可用一种简单易懂的等式表示为：HTML + Java = JSP。JSP 技术使用 Java 编程语言编写类 XML 的 Tags 和 Script lets，来封装产生动态网页的处理逻辑。网页还能通过 Tags 和 Script lets 访问存在于服务端资源的应用逻辑。JSP 将网页逻辑与网页设计和显示分离，支持可重用的基于组件的设计，使基于 Web 的应用程序的开发变得迅速和容易。Web 服务器在遇到访问 JSP 网页的请求时，首先执行其中的程序段，然后将执行结果连同 JSP 文件中的 HTML 代码一起返回给客户。

插入的 Java 程序段可以操作数据库、重新定向网页等，以实现建立动态网页所需要的功能。JSP 与 Java Servlet 一样，是在服务器端执行的，服务器在页面被客户端请求以后对这些 Java 代码进行处理，然后将生成的 HTML 页面返回给客户端的浏览器，因此用户只要有浏览器就能浏览，无需考虑客户端运行能力。

Java Servlet 是 JSP 的技术基础，而且大型的 Web 应用程序的开发需要 Java Servlet 和 JSP 配合才能完成。JSP 具备了 Java 技术的简单易用、完全的面向对象、具有平台无关性且安全可靠、主要面向 Internet 的所有特点。自 JSP 推出后，众多大公司都支持 JSP 技术的服务器，如 IBM、Oracle、Bea 公司等，所以 JSP 迅速成为商业应用的编程语言。

8.2　网络应用系统体系结构

在计算机网络系统体系结构中，客户端/服务器（Client/Server，C/S）与浏览器/服务器（Browser/Server，B/S）是两种常见的系统体系结构，分别使用客户端与浏览器来操作服务器，与数据库进行通信，向用户提供各种计算服务。

8.2.1　C/S 结构概述

C/S 结构产生于 20 世纪 80 年代末，它的关键在于功能的分布，一部分功能放在前端机（客户端）上执行，另一部分功能放在后端机（服务器）上执行，可以充分利用两端硬件环境的优势，将任务合理分配到 Client 端和 Server 端来实现，降低了系统的通信开销（如图 8-5 所示）。

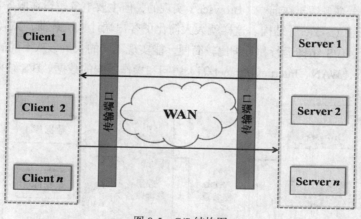

图 8-5　C/S 结构图

采用 C/S 结构的应用系统最大的特点是不依赖企业外网环境，而是基于企业内部网络的应用系统。无论企业是否能够上网，都不影响应用。服务器通常采用高性能的 PC、工作站或小型机，并配备数据库系统，如 Oracle、Sybase、SQL Server。应用中无论是 Client 端，还是 Server 端都需要特定的软件支持。由于软件对操作系统环境的依赖性，C/S 结构通常需要针对不同的操作系统开发不同版本的软件。

1. C/S 结构的优点

（1）交互性强。在 C/S 结构中，客户端有一套完整的应用程序，在出错提示、在线帮助等方面都有强大的功能，并且可以在子程序间自由切换。

（2）安全的存取模式。由于 C/S 是配对的点对点的结构模式，采用适用于局域网、安全性比较好的网络协议（如 NetBEUI 协议），安全性可以得到较好的保证。

（3）网络通信量降低。因为 C/S 只有两层结构，网络通信量只包括 Client 与 Server 之间的通信量。所以，C/S 处理大量信息的能力非常强。

（4）客户端响应速度快。C/S 结构能充分发挥客户端 PC 的处理能力，很多工作可以在客户端处理后再提交给服务器。

2．C/S 结构的缺点

（1）客户端需要安装专用的客户端软件。在客户端安装客户端软件需要一定的工作量，且一旦客户端计算机发生了故障，都需要进行安装或维护。如果网络系统的部门很多，不仅仅是安装工作量很大，更重要的是路程问题。此外，当系统软件升级时，每一台客户机都需要重新安装，这使得维护和升级成本非常高。

（2）客户端的操作系统有一定限制。C/S 结构需要一定的操作系统来支持，通常适应于 Windows 98，但不能用于 Windows 2000、Windows XP 和苹果操作系统。有时也不适用于微软更高版本的操作系统。这样，Linux、UNIX 等操作系统也无法使用。

8.2.2　B/S 结构概述

1．B/S 结构简介

B/S 结构是对 C/S 结构的一种变化或者改进。在这种结构下，用户工作界面是通过 WWW 浏览器来实现，极少部分事务逻辑在前端（Browser）实现的，但主要事务逻辑在服务器端（Server）实现，形成所谓的三层（3-Tier）结构。这样就大大简化了客户端计算机载荷，减轻了系统维护与升级的成本和工作量。B/S 结构运行和维护比较简便，能实现不同的人员、从不同的地点、以不同的接入方式（如 LAN、WAN、Internet/Intranet 等）访问和操作共同的数据。B/S 结构如图 8-6 所示。

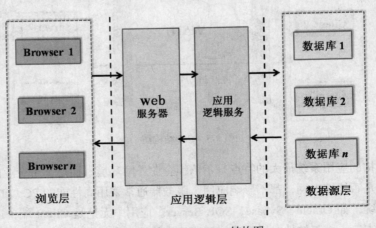

图 8-6　Browser/Server 结构图

2．B/S 结构的特点

（1）简化了客户端。

B/S 结构无须像 C/S 结构那样在不同的客户机上安装不同的客户应用程序，而只需安装通用的浏览器软件。这样不但可以节省客户机的硬盘空间与内存，而且使安装过程更加简便、网络结构更加灵活。

（2）简化了系统的开发和维护。

系统的开发者不必再为不同级别的用户设计开发不同的客户端应用程序，只需把所有的功能都在 Web 服务器上实现，并就不同的功能为各个组别的用户设置权限就可以了。各个用户通过 HTTP 请求在权限范围内调用 Web 服务器上不同的处理程序，从而完成对数据的查询或修改。

（3）用户的操作更简单。

对于 C/S 结构，客户应用程序有自己特定的规格，用户需要接受专门培训。而采用 B/S 结构时，客户端只是一个简单易用的浏览器软件，无论是决策层还是操作层的人员都无需培训，就可以直接使用。

（4）适用于网上信息发布。

B/S 特别适用于网上信息发布，这是 C/S 所无法实现的。B/S 结构最大的缺点是对外网环境依赖性强，外网中断会造成系统瘫痪。

　　在 B/S 结构中，服务器分为两部分：应用服务器和 Web 服务器。应用服务器从客户机划分出一部分应用，以及从专用服务器中划分出一部分工作。这样，客服机部分工作量减轻，只提供用户操作界面功能，不做任何计算，常被称为浏览器。应用服务器负责接收和处理信息数据的查询和操作请求，减轻了服务器的负担，让服务器专心实现数据库功能。

8.2.3　C/S 与 B/S 结构对比

B/S 结构在许多方面是对 C/S 结构的极大改进，然而 B/S 也有不足的方面，C/S 也有的一些优点。下面简单对比一下 C/S 与 B/S 结构。

（1）从网络系统维护和升级方式上看。

在 C/S 结构中，只要有一部分发生改变，就要关联到其他模块的变动，使得系统升级成本变大。B/S 与 C/S 相比，大大简化了客户端，只要客户端机器能上网就可以。开发、维护等几乎所有工作也都集中在服务器端，对系统进行升级和维护时，只需要更新服务器端的软件，减轻了异地用户系统维护与升级的成本。

（2）从系统的性能上看。

采用 B/S 结构的系统可以在任何时间、任何地点、任何系统上进行浏览和访问。客户端只需要实现浏览、查询、数据输入等简单功能，绝大部分工作由服务器承担，这加重了服务器的负担。而采用 C/S 结构时，客户端和服务器端都能够处理任务，这种结构对客户机的要求较高，但减轻了服务器的压力。

（3）从系统的开发上看。

C/S 结构是建立在中间件产品基础之上的，要求应用开发者自己处理事务管理、消息队列、数据的复制和同步、通信安全等系统级的问题。这对应用开发者提出了较高的要求，这使得应用程序的维护、移植和互操作变得复杂。如果客户端是在不同的操作系统上，C/S 结构的软件需要开发不同版本的客户端软件。但是，与 B/S 结构相比，C/S 技术更成熟、更可靠。

（4）从系统结构层级上看。

C/S 结构是一种两层的结构，而 B/S 模式是一种以 Web 技术为基础的新型系统平台模式，把传统 C/S 结构中的服务器部分分解为一个数据服务器与一个或多个应用服务器（Web 服务器），从而构成一个三层结构的客户服务器体系。

（5）从系统安全要求上看。

C/S 一般面向相对固定的用户群，这样对信息安全的控制能力就很强。一般高度机密的信息系统常常采用 C/S 结构，而通过 B/S 发布部分可公开的信息。B/S 建立在广域网之上，对安全的控制能力比较差，面向的用户群常常是不可知的，虽然有密码保护，但仍然可能遭到攻击。

（6）从系统的投入上看。

B/S 结构系统一般只有初期一次性投入成本，而 C/S 结构的系统则随着应用范围的扩大，投资不断。在硬件投资保护方面，当应用范围扩大，系统负载上升时，C/S 结构一般需要购买更高级的中央服务器，原服务器放弃不用，而 B/S 结构则不同，随着服务器负载的增加，可以平滑地增加服务器。

8.2.4　SOA 架构概述

面向服务架构（Service-Oriented Architecture，SOA）是更新一代软件体系结构，SOA 是一个组件模型，它将应用程序的不同功能单元（称为"服务"），通过这些"服务"之间定义良好的接口和契约联系起来。SOA 可以看作是 B/S 模型、XML/WebService 技术之后的自然延伸。SOA 将能够帮助用户站在一个新的高度理解系统架构中的各种组件的开发、部署形式，它将帮助系统架构者以更迅速、更可靠、更具重用性架构整个业务系统。基于 SOA 架构的系统能够更加从容地面对业务的急剧变化。

1．面向服务的体系结构

SOA 架构的特点是具有中立的接口定义（没有强制绑定到特定的实现上），各服务之间是松耦合的。松耦合系统的优点是系统具有灵活性，当组成整个应用程序的每个服务的内部结构和实现逐渐地发生改变时，它能够继续存在。与松耦合相对的是紧耦合，紧耦合意味着应用程序的不同组件之间的接口与其功能和结构是紧密相连的，因而当需要对部分或整个应用程序进行某种形式的更改时，系统就变得非常脆弱。

由于业务的发展需要更加灵活的应用系统，从而适应不断变化的环境，由此产生了松耦合的系统。这种能够灵活地适应环境变化的业务被称为按需（On Demand）业务，在按需业务中，一旦需要，就可以对完成或执行任务的方式进行必要的更改。

虽然面向服务的体系结构不是一个新鲜事物，但它却是更传统的面向对象的模型的替代模型，面向对象的模型是紧耦合的，已经存在二十多年了。虽然基于 SOA 的系统并不排除使用面向对象的设计来构建单个服务，但是其整体设计却是面向服务的。由于它考虑到了系统内的对象，所以虽然 SOA 是基于对象的，但是作为一个整体，它却不是面向对象的。不同之处在于接口本身。SOA 系统原型的一个典型例子是通用对象请求代理体系结构（Common Object Request Broker Architecture，CORBA），它已经出现很长时间了，其概念与 SOA 相似。

现在的 SOA 依赖于一些更新的技术进展，以可扩展标记语言（eXtensible Markup Language，XML）为基础，通过使用基于 XML 的语言［称为 Web 服务描述语言（Web Services Definition

Language，WSDL）〕来描述接口，服务已经转到更动态且更灵活的接口系统中。Web 服务不是实现 SOA 的唯一方式。

2. SOA 的基本特征

实施 SOA 的关键目标是实现企业 IT 资产的最大化重用。SOA 的实施具有几个鲜明的基本特征。

（1）基于模块化的设计。

基于 SOA 的应用都是由较小的服务组件组成的，这些组件根据可以需要搭建成各种不同的、实现不同应用的系统。基于 SOA 的服务组件都是基于标准的，可以进行重用。基于 SOA 的系统不需要用户关心技术，只是要求用户为技术买单，方便用户使用。

（2）基于标准的系统架构。

SOA 架构中的组件都是基于标准的结构，SOA 拥有参考结构、总线和松耦合的理念，以及总线结构、即插即用的契约标准，这些理念和 PC 行业的基本理念完全相同。基于 SOA 架构的组件之间可以灵活地进行组合和拼接，灵活地组成应用系统。这使得 SOA 的松耦合理念得以实现。

（3）循序渐进的实施模式。

技术总是跳跃的，应用系统永远是中庸的。基于 SOA 架构的应用实现是需要一个循序渐进过程的，不是一蹴而就的。已有的应用系统的改造和升级都需要一个过程，SOA 的实施也必然是循序渐进的，需要一个过程。

3. SOA 的发展

SOA 在过去很长一段时间里受到了软件行业的广泛关注。但是，在喧嚣过后，SOA 被宣布死亡，随后，SOA 又在一定程度上以云计算的形式获得重生。对于 SOA 和云计算的融合，David Linthicum 认为主要表现在如何定义 IT 资产，包括应用、基础设施（如存储）、平台等。一旦如上所述的融合得以实现，对现有服务重新移动以及创建新服务，其流程都会更简单、更有逻辑性。SOA 对于云计算非常重要，体现在几个方面。

（1）SOA 是一个很好的架构方法，通过一些机制建成企业内外的信息系统，使它们能更好地运行与协作。

（2）SOA 是一种可以在核心企业信息系统和云计算资源之间建立简单快速链接的系统架构，可以将系统接口和架构延展出去并连接到云计算资源，获得云计算的优势。

（3）SOA 是一个可以帮助用户重新寻找解决问题的最佳方法。

SOA 最广泛使用的地方是 PaaS 平台的中间件组件。然而，SOA 的特性决定了它可用于任何云服务（包括基础设施服务和软件服务）的创建与交付中。David Linthicum 在其《云计算与 SOA》一书中提到：SOA 为云计算带来一条非常逻辑的路线图，云计算让 SOA 获得了重生。SOA 一直是设计、架构和处理 IT 资产的有效方法，云计算已经为 SOA 带来了无限光明的前景。

8.3 网络应用系统概述

架设于网络之上的各种网络应用系统，可以是商业软件、开放源代码软件或机构部门自主开发的系统。网络应用系统是指建立在企业或组织内部的物理网络和网络系统软件设施之上，面向企业和组织的业务流程、实现企业部门内部的资源集成和服务互操作的应用系统。任何一个网络应用系统都具有一定的体系结构并由多个功能模块组成。

例如，对于校园网络来说，其与企业或普通机构的需求不同，校园的教育信息系统不是单一的办公自动化系统，也不是单纯的计算机辅助教学系统，而是集办公自动化、教务管理、教学管理、收费、统一用户认证等多种功能于一体的教育服务体系。利用计算机技术和现代化教育方法提供优质的资源共享、教学服务和教育管理自动化是校园网络教育服务应用系统的核心目标。

网络应用系统的实质是网络信息系统的一个子系统。网络信息系统（WIS）是指通过网络访问复杂数据并进行交互服务的信息系统。WIS 可以将数据信息处理过程或者应用系统集成到一个单一界面中，并允许通过本地 Intranet 或全局 Internet 来访问。WIS 区别于网页，它通常与数据库系统紧密联系。网络信息系统可以分为 Intranet 系统和 Internet 系统，人们通常所说的都是 Intranet 系统。

下面以校园网络为例，介绍网络应用系统架构。校园网络应用系统一般可以分为 4 个层次，如图 8-7 所示。

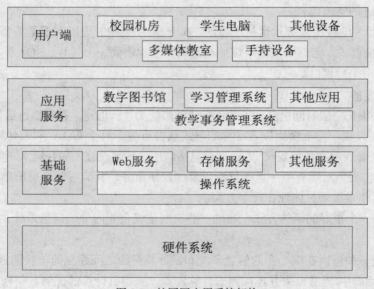

图 8-7　校园网应用系统架构

第一层是硬件系统层，硬件系统是校园网的基础，是网络建立于信息传递的平台（这是我们在前几章主要讲述的内容）；第二层是基础服务层，这一层是系统应用软件的支持层，为应用软件提供相应的数据库服务、FTP 服务、邮件服务、存储服务等基础性服务；第三层是应用服务层，这一层是为校园的教学与办公管理而架设的应用服务层，其主要任务是辅助完成学校的教学和管理事务，如课件制作工具、多媒体教学系统、视频点播系统、教务管理系统、教学系统、数字图书馆系统等，教育资源的信息化建设是校园发挥效益的重要因素，在应用服务层上，学校还应该根据需求与投入，计划购买或制作相应的教学资源，以充实各系统的服务内容与质量，并在应用过程中，不断完善和改进工作；第四层是用户层，在用户层上，校园网应为用户提供多维度的服务渠道，例如，根据需求在多媒体教室、普通教室、图书馆、校园等各处架设有线接入与无线接入服务，使校园网服务实现方便性、实用性、高效性。

网络系统架构是指定义一个应用系统内部各个功能模块之间如何相互作用，以及每个模块负责执行什么功能。具体包括表示界面层、业务规则层和数据处理层等。

表示界面层提供给用户可视化和图形操作界面，用于用户与系统之间的交互。

业务规则层用于处理与用户相关的各种业务操作。

数据处理层用于对各种数据信息进行维护和操作。

8.3.1　常见的网络应用系统

1．内容管理系统

内容管理系统（Content Management System，CMS）是指用于管理和提供数字内容访问的软件系统。对于内容管理，业界还没有一个统一的定义，不同的机构有不同的理解。

高德纳咨询公司（Gartner Group——全球最具权威的 IT 研究与顾问咨询公司）认为，内容管理从内涵上应该包括企业内部内容管理、Web 内容管理、电子商务交易内容管理和企业外部网（Extranet）信息共享内容管理（如 CRM、SCM 等），Web 内容管理是当前的重点，E-business 和 XML 是推动内容管理发展的源动力。

美林公司（Merrill Lynch——世界著名财务管理和顾问公司）的分析师认为，内容管理侧重于企业员工、企业用户、合作伙伴和供应商方便获得非结构化信息的处理过程。内容管理的目的是把非结构化信息出版到 Intranet、Extranet 和 ITE（Internet Trading Exchanges），从而使用户可以检索、使用、分析和共享。内容管理则侧重于企业内部和外部非结构化资源的战略价值提取。

英国（Giga Group）咨询服务公司认为，作为电子商务引擎，内容管理解决方案必须和电子商务服务器紧密集成，从而形成内容生产（Production）、传递（Delivery）以及电子商务端到端系统。

本书中认为，内容管理主要是解决各种非结构化或半结构化的数字资源的采集、管理、利用、传递和增值，并能有机集成到结构化数据的商业智能环境中，如 OA、CRM 等。这里指的"内容"是一个比数据、文档和信息更广的概念，可能包括文件、表格、图片、数据库中的数据，甚至音频、视频等任何类型的数字信息的结合体，是对各种结构化数据、非结构化文档、信息的聚合。"管理"是施加在"内容"对象上的一系列处理过程，包括收集、储存、整理、转换、分发、搜索、分析等。内容管理系统是一种位于 Web 前端（Web 服务器）和后端办公系统或流程（内容创作、编辑）之间的软件系统。内容的创作人员、编辑人员、发布人员使用内容管理系统来提交、修改、审批、发布一切想要发布到 Internet、Intranet 以及 Extranet 网站的信息内容。

2．教务管理系统

教务管理系统的全称为教学事务管理信息系统，是高等学校教学管理信息化中不可或缺的中坚力量。教务管理系统借助数据库、Web、通信等计算机技术，以计算机替代人工操作，处理了传统教学管理中各种数据和办公流程，提高了学校的教学管理水平与经济效益。

教务管理系统作为教育管理信息化的核心，既是数字化校园的基础，又革新了教育管理的观念和组织机构。教务管理系统业务范围涵盖课程计划、师资管理、学员管理、教材管理、课程安排、考务管理、成绩管理等多方面。用户包括教学管理人员、教师、学生等，教务管理系统需要协调各类用户，将不同的业务整合，安排合理的办公流程，从而完成教务管理的过程。教务管理系统没有统一标准的功能和业务范围，不同的部门可以根据自己的需要来设计不同教务管理系统平台。例如，图 8-8 所示的是某一教务管理系统的应用架构。

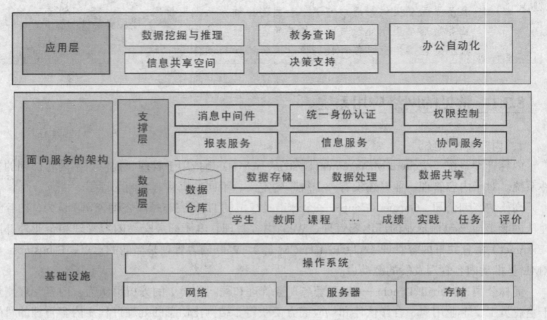

图 8-8　某教务管理系统应用架构

虽然教务管理系统随着用户需求的不同，其功能和结构也会有所不同，但是总体来说，教务管理系统要涉及人员、事务、技术等多个层面，随着教育改革与教育管理的革新，教务办公流程和管理者角色也处于不断变化中，教务管理系统只有通过个性化定制等手段才能有效地辅助校园教学管理工作。在传统的教务管理系统应用概念里，它更多的是扮演辅助工具的角色，教务管理者以工具的视角来看待和管理整个系统，利用它辅助编排课表、公平推进学分制选课、规范控制成绩的录入、统计与查询，减轻工作负担和提高工作效率。

然而，在教务管理信息化为教学管理模式创新的趋势下，教务管理系统不再仅仅是事务工具，其自身在流程再造和整个高校管理体系的变化中，逐步从工具理性向价值理性转移并突破事务主导的新趋势。首先是事务处理的速度加快，总体的教务信息筛选、联系和处理能力得到提高，这一前提使得对系统的管理提升到了重要位置。其次，数据作为系统和系统管理的核心，其价值和地位开始显露，原本处于信息孤岛中的各部分信息，因为事务的联系变得富有生机，开始流动于高校管理的其他领域，如高校教学状态数据库的构建、教学质量监控中的教学评价、质量工程建设中各类基本信息的获取等，都可来源于教务管理系统，数据的增值使得系统管理有了更积极的内涵。最后，教务系统组织文化将教学事务管理引向了个体与组织的兼顾与和谐、效率与公平的共生。参与到系统的学生、教师以及教学管理人员都在系统中起积极的作用，在教学管理过程中能自觉行动，完成事务流中各自角色的任务，即寻求价值理性与工具理性的共生共存 。

3．学习管理系统

学习管理系统（Learning Management System，LMS）是一种发布、跟踪和管理教学或培训的软件系统。LMS 的范围很广，从管理教育内容的软件到在网络上发布课程、提供在线协作的软件。一般来说，LMS 具有的功能包括：学生自主服务（如自主注册参加有教师指导的培训）、培训工作流管理、在线学习、在线评估、持续职业教育管理、协同学习以及学习资源管理等。LMS 的重点是管理学生，跟踪他们在学习活动中的进展和效果，通常执行一些管理任务，并不用于建立课程内容。

另外有一类系统称为学习内容管理系统（Learning Content Management System，LCMS），这类系统是管理学习内容的软件，为开发者、作者、教学设计人员和领域专家提供一种方式，创建和重用数字化学习内容，减少重复开发。LCMS 主要解决以下问题：对学习内容的集中管理，以提高检索效率，高效地开发资源，高效地组装、维护、出版和发布学习内容。开放教育资源（Open Educational Resource，OER）项目大部分倾向于 LCMS，以内容为核心，但同时也提供一些工具和服务支持学习内容在教学中的使用。

8.3.2　开源网络应用系统

开放源代码系统是相对于昂贵的商业系统软件而出现的，"开源"（Open Source）顾名思义就是开放源代码。开源软件与开放内容不仅在成本上可以大大缩减网络建设的支出，由于国际专业人士的大力支持，在性能上也优于商业软件。开源系统已经深入各个领域，下面以教育领域中的开源软件为例来说明。

2002 年，联合国教科文组织（UNESCO）在巴黎召开的"OCW（Open Courseware）应用对发展中国家高等教育的影响"论坛上提出了 OER。2005 年，UNESCO 举办了主题为"开放内容对高等教育的影响"的 OER 专题论坛，进一步丰富了 OER 的内涵。一些国际组织、政府部门和基金会也加入对 OER 的研究，包括经济合作发展组织（OECD）、欧盟的数字化学习计划（E-learning Programme）、英国联合信息系统委员会（Joint Information Systems Committee，JISC）的教育技术与互操作标准中心（Centre for Educational Technology & Interoperability Standards，CETIS）以及以 William & Flora Hewlett 基金会为代表的基金组织等。

在国际组织对 OER 问题深入研究的同时，大批 OER 的项目如雨后春笋般迅速建立起来，越来越多的教育资源提供开放使用。开放教育资源包括工具、内容等多方面，与其相关的概念包括开源软件（Open Source Software）、开放存取（Open Access）、开放内容（Open Content）、开放课件（Open Courseware）以及协议与标准等。下面介绍几类常用的开源应用系统。

1. 开源内容管理系统

（1）eduCommons。

EduCommons 是美国犹他州立大学自主开发的开放课件内容发布系统，采用现今流行的脚本语言 Python 以及基于 Zope 的 Plone 内容管理软件，为课程设计者提供课程发布平台，也给学习者足够多的交流空间。eduCommons 采用 GNU GPL 许可协议，支持多语言，可以从 IMS Common Cartridge、IMS Content Package、Blackboard IMS、WebCT、Moodle Backups 等导入数据，可以向 IMS Common Cartridge、IMS Content Package 以及 IMS Package for Moodle 导出数据，支持 RSS 和 OAI-PMH 等元数据收集方法。

EduCommons 作为一个基于开放共享标准的开放教育资源内容发布系统，已经在犹他州立大学等多个开放课件项目中获得应用，约翰霍普金斯大学利用该系统建设医学特色资源图片库，以不同主题为分类依据提供图像、图表等珍贵的医学教学资料。西班牙语和葡萄牙语的 OCW 项目 Universia 也是基于 eduCommons 软件运行的。随后，CORE 与北大合作，对 eduCommons 进行了汉化并开始应用和推广。

（2）DSpace。

DSpace 被称为"大学知识库"（University-Based Repository），是由一种为大学社区成员创建的、能够为各种数字化资源提供管理和传播的多功能系统。DSpace 系统始于 2002 年，是一项由 MIT 和 HP 合作的开放源代码项目，获得了 Andrew W. Mellon Foundation 的经费资助。从本质上来说，它是一种由教育和学术机构自己管理的数字学术资源发布系统，能够实现各种数字资源的发布、存储、组织、检索和传播等。DSpace 中支持的数字格式和内容类型包括文档（包括论文、预印本、工作报告、技术报告、会议论文等）、书籍、论文集、数据集、计算机程序、可视化仿真模型、多媒体出版物、文献数据集、图像、音频文件、视频文件、学习对象、Web 网页等。高校无须支付使用费用就可以直接使用或修改。

DSpace 系统的主要特点如下。

① 能够处理多种专业领域档案的数字存储，可容许依照个别领域所制定的不同标准来使用。

② 具有弹性的储存与检索架构，可应用于多种数据格式及研究领域。

③ 社区可表现为有组织的单位，如学校、系所、研究室及研究中心等，每个社区都可以采用此系统去执行其特殊需求和管理。

④ 采用 Dublin Core 元数据标准来描述数据。

⑤ 提供单一接口即可检索机构中所有类型的数字资源。

⑥ 用途广泛，除可作为机构知识库以外，还可用作电子论文库和电子出版库等。

DSpace 是用 Java 开发的系统，支持 Tomcat、UNIX/Linux、Windows，数据库方面支持 PostgreSQL 和 Oracle，支持多语言。DSpace 软件采用 BSD 许可协议。

到 2009 年 8 月，已有来自 56 个国家 334 个用户使用 DSapce，存储 2 716 897 个文档，其中我国有浙江大学、厦门大学、香港大学、香港理工大学等 6 个学校和机构采用 DSpace。另外，一些大学还合作建立了 DSpace 联盟，这样，不同大学的用户就可以通过 DSpace 根据标准协议进入不同院校的系统，从而实现数字资源的交流与共享。

（3）Drupal。

Drupal 是一种用 PHP 语言开发的内容管理系统，用于在网上发布、管理和组织内容，可以用来构建社区网络门户、讨论、Web 协作、资源目录管理和作为社会网络站点。其功能特征包括协同创作环境、论坛、博客、播客、图片管理等。为促进 Drupal 在教育领域的应用，成立了专门小组，并定制了专门的版本 DrupalEd。

Drupal 平台支持 Apache、IIS、UNIX、Linux、BSD、Solaris、Windows、Mac OS X，数据库方面支持 MySQL 和 PostgreSQL 等数据库，通过编写支持数据库后台的 14 个函数和建立匹配的 SQL 数据库模式，也可以支持其他类型的 SQL 数据库。Drupal 支持多语言。Drupal 软件采用 GNU GPL 许可协议，其文档采用 CC BY-SA 许可协议。目前，Drupal 在中小学、大学、研究机构、社区均有广泛的应用，如 Illinois 大学全球学习中心、Harvard 科学出版等。

（4）Joomla。

Joomla 是另一款用 PHP 开发的内容管理系统，用于建立网站和在线应用，包括协作网站或门户、在线杂志和出版物、基于社区的门户网站、学校网站等。Joomla 的功能包括用户管理、媒体管理、Web 链接管理、内容管理等。

Joomla 软件采用 GNU GPL 许可协议，支持 MySQL、Apache、IIS、Linux、Windows、Mac OS X。

哈佛大学采用 Joomla 构建其艺术与科学研究院的网站、户外摄影者网站（Outdoor Photographer），利用 Joomla 发布与管理大量照片。

（5）Plone。

Plone 是一款用 Python 开发的功能强大而灵活的内容管理系统，易于安装、使用和扩展。该软件由 Plone 基金会拥有，具有针对教育的扩展组件，具有学习管理、文献管理、视频管理、书籍标注、作业管理、自动评估、讲座、测试、评论等功能。

Plone 平台支持 Python、Zope、Linux、BSD、Mac OS X、Solaris、Windows。Plone 软件采用 GNU GPL 许可协议。Plone 的应用一般都是企业级，如著名的 OER 项目 Connexions、犹他州立大学的 OCW 项目和 Yale 大学的开放课程项目等，美国中央情报局、太空总署也采用 Plone 建立其内容管理平台。

2．开源学习管理系统

（1）ATutor。

ATutor 是一款开源的教学内容管理系统和社会网络学习环境平台。它采用 PHP、MySQL、HTTP Web 服务器，这里推荐使用 Apache，可以运行在 UNIX 类、Windows 平台上。ATutor 除了具有教学内容管理的功能，还包括了简化的论坛、聊天室等功能，另外通过模块安装，还可以扩展功能。ATutor 采用 GNU GPL 许可协议，支持多语言，支持 IMS 和 SCORM 标准。

（2）Claroline。

Claroline 是一款开源 LMS，支持教师建立有效的在线课程，在网上管理学习和协同活动。目前已经翻译为 35 种语言。我国上海理工大学、山东理工大学等学校采用了该软件构建学习平台。Claroline 采用 GNU GPL 许可协议，采用 PHP、MySQL、Apache，支持 SCORM 和 IMS 标准，可以运行在 UNIX、Linux、Mac OS X、Windows 平台上。

（3）Elgg。

Elgg 是一种开源的社会网络软件，为教育提供社会化环境，允许学生拥有自己的主页。Elgg 具有活动、通知、小组、Blog、嵌入式媒体和文档管理等功能。Elgg 适合在学校部署，不必要在单个课堂部署。Eduspaces 这个致力于教育和教育技术的大型社会网络网站采用了 Elgg 平台，具有 20 000 个活动用户。Elgg 采用 GNU GPL 许可协议，运行在 Apache、PHP、MySQL 平台上。

（4）Moodle。

Moodle 为开源课程管理系统，由澳大利亚的 Martin Dougiamas 博士发起并领导开发，目前已有一个组织机构在负责 Moodle 的开发及推广。这个系统经历了多年的发展，功能强大，运行也比较稳定，是目前应用非常广泛的课程管理系统。Moodle 基于社会建构主义的教学理念进行开发，认为教师和学员都是平等的主体，在教学活动中，他们相互协作，并根据自己已有的经验共同建构知识。

Moodle 适合于 100%在线的课程，也可以作为传统课程的补充。系统包含网站管理、学习管理和课程管理等功能，采用模块化结构，有聊天、作业、投票、论坛、测验、资源、专题等模块，在官方网站上还提供不同用途的插件模块。

Moodle 采用 Apache、MySQL 及 PHP 等软件，具备跨平台运行能力，能运行于 Linux、Windows 等操作系统之上，采用 GNU GPL 许可协议。Moodle 支持 SCORM 和 IMS 标准。Moodle 官方站点的统计结果显示：到 2009 年 6 月，其应用遍布 204 个国家和地区，已有

38 639 多个注册应用站点，提供 2 470 499 门课程，用户数达到 25 900 242。Moodle 的用户既有高等学校等大型组织机构，也有中小学校等小型组织机构。国内对 Moodle 的应用显示出不均衡现象，使用 Moodle 的地区主要集中在东南沿海发达地区，教师对 Moodle 的概念理解相对比较成熟。

（5）Sakai。

Sakai 也是一种开源课程管理系统，最初是由美国的密西根大学、印第安纳大学、斯坦福大学等著名高校于 2004 年共同发起的开放源代码计划，目的是提供一个自由、开放的在线协作和学习环境。Sakai 是一个免费、共享源代码的教育软件平台，主要用于教学、研究和协作，是一个类似 Moodle 平台的课程管理、学习管理系统以及虚拟学习环境。

在 The Mellon Foundation 基金的支持下，美国印第安纳大学、密西根大学、斯坦福大学、麻省理工学院和伯克利大学于 2004 年发起课程管理系统（CMS）开发计划，命名为 Sakai。目标是构建出一套通用的课程管理系统来替代当前各高校正在使用的商业课程管理系统。这些学校都一致公认协作研究和教学应用是一样重要的，所以需要开发出一个协作和学习环境来满足不同种类学校的应用，Sakai 的协作和学习环境是一个支持教学、学习和学术协作的灵活的、企业级的应用，它也是一个既支持全部网络学习，又支持混合学习的环境。同年，发布了第一个版本 Sakai1.0。

Sakai 采用教育社区许可协议（Educational Community License，ECL）2.0，该许可协议与 GNU GPL V3 兼容，增加了对软件专利的许可。Sakai 基金会负责维护 Sakai 的架构及核心插件集合，其余插件作为 Contribution 发布。Sakai 系统框架是标准组件化的，非常利于扩展。由于 Sakai 是教育团体许可证下的免费开源软件，许多知名高校如剑桥、哈佛、密苏里大学等均在 Sakai 平台基础上开发了新的教学工具，并开放了源代码，使用户根据自己的需要，方便地将工具集成到 Sakai 平台上。例如，华东师范大学教育信息化系统工程研究中心将他们开发的视频会议、用户批量导入等工具集成到了 Sakai 系统上。

Sakai 在软件上采用的是 J2EE 体系结构，其采用的软件系统包括 Tomcat、MySQL、Spring Framework 等，具有跨平台运行能力。Sakai 支持 SCORM 和 IMS 等标准，具有可靠性、协作性和可扩展性。其系统内核与工具分离，支持 Plug-in 机制，所有的工具都可以看作是 Sakai 的一个插件。Sakai 的系统架构如图 8-9 所示。

Sakai 的一大优势是提供了一组教学工具供教师自由选择。教师授课时根据课程和学生特点使用不同的教学方式，Sakai 可以满足不同的需求，使用过 Sakai 的教师和学生都认为 Sakai 具有很高的可定制性。教师在 Sakai 平台上授课前，会创建自己的课程站点，创建过程中选择自己需要的工具，这些工具会显示在学习页面的菜单中。

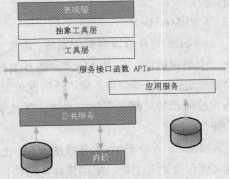

图 8-9　Sakai 系统架构图

使用 Sakai 提供的工具组，可以依据教学要求搭建不同风格的课程站点，支持不同教学模式。实现教学信息发布、教学资源共享、教学讨论区等功能。管理员或教师，都可以针对教学需要对课程站点进行配置，在 Sakai 系统的工具集之外，还可以建立外部资源工具，将外部的网络资源和站点集成到课程中（如图 8-10 所示）。

图 8-10 Sakai 平台开设课程可选工具栏表

Sakai 提供通用协同工具、教学工具、电子档案袋工具以及管理工具 4 类 30 多项教学与管理工具，为高校教师组织和实施 E-leaning 提供众多个性化的教学工具和手段。越来越多的教育机构基于成本、可定制性等方面的考虑，正从商业 LMS 系统转向 Sakai。由于 Sakai 的运行、维护及二次开发涉及的技术比较多，并且具有一定的复杂度，因此，美国、欧洲的一些高校，因为本身具有较强的软件开发实力及较高的软件应用水平，纷纷采用 Sakai 作为课程管理系统。目前，Sakai 在世界范围内共有 160 多所的高等教育机构采用，每个项目的用户数从 200 到 200 000 不等。用户主要分布在美国和欧洲，由于缺乏推广，目前在中国正式采用的案例还很少。

8.5 实践项目

8.5.1 项目任务介绍

该校园网络物理网络架设完成之后，如何为该校园网络搭建良好的服务器环境，是让网络真正发挥作用的重要工作。请为该校园网络搭建好用的服务器环境，并选择恰当的网络应用系统。

8.5.2 项目目的

（1）为该校园搭建网络系统服务器环境。

（2）选择一个网络应用系统来说明其设计与开发流程。

8.5.3　操作步骤

1．网络系统服务器环境的配置

（1）网络操作系统的选择。

首先来分析一下各种网络操作系统的特点和性能。

UNIX 功能较强、稳定性和安全性都很好，但只兼容某些型号的工作站或专用机型，适用于作为金融、电信等系统的核心网络操作系统。

Linux 的特性与 UNIX 相似，现在支持 Linux 的系统软件和应用程序越来越多，所以发展潜力相当大。

NetWare 和 UNIX 对计算机系统的硬件要求不高，但多数用户不熟悉它的操作。

Windows NT/2000 Server/ Server 2003 的稳定性和安全性都不如 UNIX、Netware 和 Linux，对系统要求高，占用系统资源多，但它最大的优点是用户界面友好。通过分析，该校园网络选择 Linux 作为网络操作系统，虽然用户界面没有 Windows 友好，但是兼容性和扩展性都很好，所以比较适合该校园网络。

（2）网络服务器的选择。

Apache 服务器是世界上最流行的 Web 服务器软件之一，它本身是自由软件，其版本、功能和缺陷都在不断修改和完善。Apache 特点是简单、速度快、性能稳定，很多大的网站，如雅虎都使用该服务器软件，所以选择 Apache 作为该校园网络的网络服务器与 Linux 配合适用。

（3）网络数据库的选择。

该校园网络数据库选择 MySQL，与其他的大型数据库如 Oracle、DB2、SQL Server 等相比，MySQL 有它的不足之处，如规模小、功能有限（MySQL Cluster 的功能和效率都相对较差）等，但是对于中小型企业和校园网络来说，MySQL 提供的功能已经绰绰有余，而且由于 MySQL 是开放源代码软件，因此可以大大降低总体成本。

当前 Internet 上流行的网站构架方式是 LAMP。

LAMP（Linux+Apache+MySQL+PHP/Perl/Python）。

即使用 Linux 作为操作系统，Apache 作为 Web 服务器，MySQL 作为数据库，PHP/Perl/Python 作为服务器端脚本解释器。由于这 4 个软件都是免费或开放源代码软件（FLOSS），因此使用这种方式不用花一分钱（除开人工成本）就可以建立一个稳定、免费的网站系统。

2．网络应用系统的设计与开发流程

校园网络应用系统可以商业购买，也可以自行开发，此外，还可以选择开源系统进行开发应用。如果要自行开发某一个应用系统，大致需要经过如下流程。

（1）目标分析和功能确定。

分析校园网络所要开发的网络应用系统目标是什么，具体用户的需求有哪些，然后在分析的基础上，确定网络应用系统可能的功能和特性。

（2）网络应用系统架构设计和交互设计。

根据网络应用系统的需求分析和确定的功能，明确系统的架构、信息结构等，理清网络应用系统的功能结构框架，然后再进行系统交互设计，明确交互关系。

（3）网络应用系统界面设计。

当网络应用系统的功能、结构和交互设计完成后，设计者需要对应用系统的用户界面进行设计，美观、简单、易操作的用户界面才是吸引人使用的。

（4）开发网络应用系统。

选择编程语言开发网络应用系统，或者委托专业开发机构来设计开发。也可以根据设计方案对开源网络应用系统进行二次开发，以满足用户需要。

（5）网络应用系统的试用。

系统设计开发完成以后，要进行试用和测试，分析系统的可用性和易用性，并进行修改和完善，经过多次测试和试用，才能真正在实践中应用。

第9章

计算机网络新技术

本章学习目标

（1）了解计算机网络新技术的发展情况。

（2）能够利用新技术的理念来设计和建构网络应用新模式。

（3）能够理解云计算、网格和分布式计算等之间的区别与联系。

知识准备

计算机新技术的发展给我们的生活带来极大的影响，同样也给网络带来了新的发展和改变。本章将介绍虚拟化技术、网格技术、云计算技术和3G技术等新技术及其在社会中的应用。

9.1 虚拟化技术

9.1.1 虚拟化技术概述

虚拟化技术（Virtualization Technology）是指计算元件在虚拟的基础上而不是真实的基础上运行。在虚拟化技术中，一台物理计算机可以同时运行多个操作系统，每个操作系统中可以同时运行多个程序，每一个操作系统都运行在一个虚拟的 CPU 或者虚拟主机上。虚拟技术不同于超线程技术和多任务技术，多任务是指在一个操作系统中多个程序同时并行运行，而超线程技术只是单 CPU 模拟双 CPU 来平衡程序运行性能，这两个模拟出来的 CPU 是不能分离的，只能协同工作。

可以说，虚拟化就是把计算机的资源，如运算能力、存储空间以及应用程序抽离出来，让资源的使用方式更具效率。使用虚拟化技术，可以在一台物理机上运行多个虚拟机，这些虚拟机就像真正的计算机那样进行工作，不同的虚拟机可以在同一台物理机上运行不同的操作系统以及多个应用程序，并且应用程序都可以在相互独立的空间内运行而互不影响，从而显著提高计算机的工作效率。

9.1.2　虚拟化技术与校园网

信息技术的每一次发展变化都会对教育信息化产生重要影响。虚拟化技术将会对校园网的发展变化带来哪些影响呢？当前的校园网络发展又存在哪些问题呢？接下来我们就来探讨虚拟化技术对校园网络发展的影响。

1．当前校园网存在的问题

校园网是集校园内部信息通知、资源共享和娱乐交流为一体的校园信息交流平台。随着校园网络覆盖范围的不断扩大，信息容量逐步增加，网络结构日趋复杂。目前，各个学校均已建成一定规模的网络应用，在对外宣传、对内信息发布、网络教学和辅助管理等方面发挥了重要的作用。但在对各级网站的管理中也暴露了一些问题。

（1）系统安全存在严重隐患。

大部分学校把开发环境相同的网站部署在一台服务器上，通过 Windows 虚拟目录方式发布各二级网站，但 Windows 虚拟目录的隔离性有限，管理上存在较大难度，一旦出现一个网站感染病毒或后台代码漏洞故障就会导致在这台服务器上的其他网站受到影响，甚至整台服务器瘫痪。如果每个网站都使用一台独立的服务器进行发布，不但浪费了服务器资源，还增加了对服务器进行管理和安全防护的成本。

（2）管理存在漏洞。

由于大部分学校把开发环境相同的网站部署在一台服务器上，技术人员需要在服务器上手工配置环境、数据库访问权限等来满足各院系、各部门不同的网站运行需求。每个二级网站的管理员使用 FTP 上传本院系的文件，管理员有老师也有学生，一旦某个 FTP 被黑客利用将威胁到整个服务器的安全。

（3）维护成本高。

随着服务器的不断增多，安装和维护成本不断上升，包括数据中心的空间、机柜、网线、耗电量、冷气空调和人力成本等都在增加。

（4）可用性和兼容性差。

系统维护、升级和扩容时都需要停机进行，这就造成应用中断，系统和应用迁移到新的硬件平台无法与旧系统兼容。

2．虚拟化技术的工作原理

虚拟化技术的工作原理是直接在计算机硬件或主机操作系统上插入一个精简的软件层。该软件层包含一个以动态和透明方式分配硬件资源的虚拟机监视器（或称管理程序）。多个操作系统可以同时运行在单台物理机上，彼此之间共享硬件资源。由于是将整台计算机（包括 CPU、内存、操作系统和网络设备）封装起来，因此，虚拟机可与所有标准的 x86 操作系统、应用程序和设备驱动程序完全兼容，可以同时在单台计算机上安全运行多个操作系统和应用程序，每个操作系统和应用程序都可以在需要时访问其所需的资源。

虚拟化平台的构建基础是可投入商业使用的体系结构，将类似 VMware vSphere 和 VMware ESXi 的软件可转变或"虚拟化"基于 x86 的计算机的硬件资源（包括 CPU、RAM、硬盘和网络控制器），以创建功能齐全、可像"真实"计算机一样运行其自身操作系统和应用程序的虚拟机。每个虚拟机都包含一套完整的系统，因而不会有潜在冲突。

3. 虚拟化技术对校园网的影响

把虚拟化概念引入校园网系统中，将服务器虚拟化将会提升网络效率和校园网络服务器的性能，并且能提高校园网络服务器的安全性及运算速度。虚拟化技术对校园网的影响具体表现在以下 4 个方面。

（1）服务器虚拟化是最环保的技术。

服务器虚拟化避免了服务器使用的浪费。如果一台服务器装载和使用一个物理服务器操作系统，那么服务器的平均 CPU 利用率仅为 10%左右。随着校园网应用的多样性和复杂性，增加服务器的性能势在必行，而如果要运行多台服务器，就会导致 CPU 资源的极大浪费，这就是把服务器虚拟化技术引入校园网系统的原因之一。

从服务器操作系统中看，虚拟机和物理服务器是一样的。通过虚拟机装载从 Windows 4.0 到 Windows Server 2008 的不同版本操作系统，以及 Windows 和 Linux 的混合操作系统，可以大量节约空闲的物理服务器 CPU 资源。例如，如果 5 台服务器被整合成为 1 台服务器，服务器的平均 CPU 利用率提高了 5 倍，而能耗仅相当于整合前的 1/5。

（2）服务器虚拟化是最灵活的技术。

虚拟化软件的虚拟数据中心操作系统（VDC-OS）对数百台互连的物理机和存储设备进行扩展，从而形成一个完整的虚拟基础架构。例如，召开一个网络视频会议，无须为每个视频用户的应用程序永久性地分配服务器、存储空间或网络带宽，虚拟数据中心操作系统会将硬件资源在需要时动态地分配到所需的位置。这种"内部均计算环境"意味着，优先级最高的视频用户应用程序总是能得到其所需的资源，因而无需浪费资金去置办仅在使用网络视频会议的高峰时间需要的资源。

（3）服务器虚拟化是最便于操作的技术。

目前，校园网硬件架构一般是由若干台单独的服务器通过物理连接组成的，网络管理员使用管理工具来运行或远程控制每一台服务器，网络管理效率低。这种架构如果利用虚拟化技术，通过集中控制，网络管理员就能够管理两倍乃至三倍于现在管理能力的任务。

（4）利用虚拟化技术提升校园网络服务器的安全性。

校园网络规模庞大、设备众多、点多线长、内容复杂、新旧设备并存。在网络硬件安全级别不断提高的同时，软件上的安全隐患与诸多漏洞同样不能被忽视。虚拟化技术本身具有节省开支、简化 IT 资源管理的优点，而虚拟化技术也可能带来某些安全风险。但是，如果运用得当，则虚拟化技术本身也能够帮助网络系统提高安全性。网络的控制力是保护网络系统的一个重要因素，包括对网络内部人员的控制和访问网络资源的外部人员的控制。虚拟化技术能够帮助网络集中控制最终用户所访问的应用程序，而桌面虚拟技术则能够为具有潜在危害的应用程序、网站等创建安全、孤立的计算机环境。数据集中化管理能够确保数据的安全性，而基于服务器的虚拟化技术能够确保重要数据不被存储在台式机或者很容易遗失或者被偷窃的笔记本电脑中。

4. 服务器虚拟化在校园网中的应用案例

某高校网络中心提供 Web DHCP 认证系统 FTP 防毒、备份等服务。这些服务每个至少需要一台物理服务器和相应的存储空间支撑，原有服务器 13 台，如表 9-1 所示，经测定，一般服务器的使用率平均在 10%左右，高峰时也不到 35%。根据应用需求，现需增加安防系统、课件视频点播服务，原服务器已使用 3 年以上，部分使用超过 5 年，故障率较高，需要更新。

表 9-1　　　　　　　　　　　　　　虚拟化前主要服务器及应用表

服　务　器	网络应用系统	软 件 系 统
IBM X3650，2 台（7979-102，内存 1 GB）	网络管理、监控、入侵检测，大学生资助系统	Windows Server 2003+IIS
IBM X3650，5 台（7979-CIC，内存 2 GB）	FTP 服务器、学院 Web 网站、电子期刊服务器、干部培训服务器、DHCP 服务	Windows Server 2003+IIS
IBM 346，2 台（2 GB）	DNS 服务器、图书馆数据服务器	Windows Server 2003+IIS
IBM 235，2 台（512 MB）	OA 系统、教学管理应用服务器	Windows Server 2003+IIS
IBM 235（512 MB）	教学管理应用服务器	Linux
IBM X3650（7979-CIC，内存 2 GB）	网络管理系统	Linux

按传统方式，为满足应用要求，需更换旧服务器 13 台，增加服务器 2 台，需购置服务器 15 台，购买成本约为 75 万元（按 IBM X3850 估算）。

（1）服务器虚拟化方案。

使用 VMware 虚拟化软件，学校信息中心对所有的数据资源服务进行了整合和虚拟化尝试，制订服务器虚拟化架构，在 2 台 IBM SystemX3850 M2（72332RC）物理服务器上虚拟出 12 台虚拟机，主要策略是根据各个应用系统的配置和系统开销建立虚拟服务器，从而能够做到各应用的负载均衡。在存储管理上，将学院数据量集中访问频繁的图书馆和精品课程的主要资源数据库转到 ESX 服务器的核心存储上，使多台虚拟机应用访问同一数据库接口，确保数据库的高可用性及服务的稳定性。

虚拟化架构的具体实施步骤如下。

① 根据虚拟化架构，配置物理服务器，安装宿主机操作系统。首先将安装了 ESX 3.5 系统的每一台服务器都与网络存储 LUN（Logical Unit Number）相连，然后 2 台 ESX 服务器相互进行地址解析，建立虚拟化集群。

② 安装 Virtual Center 管理工具对虚拟化集群进行统一管理，同时安装 ESX 的补丁和更新程序。

③ 配置虚拟服务器，包括 CPU 数量、内存大小和虚拟网络类型等。主要是通过 VMware Vmotion 迁移来完成，ESX 可以对 Windows Server、Linux 和 UNIX 系统进行灵活的迁移，在不改变物理机原有配置的情况下，便捷地把物理机转换成虚拟机，转换后的虚拟机还可以进行克隆和复制。

利用虚拟机整合后最终形成的学校应用服务部署情况如表 9-2 所示。

表 9-2　　　　　　　　　　　　　　虚拟化后主要服务器及应用表

物理服务器	虚　拟　机	主　要　应　用	应　用　方　式
ESX1 IBM X3850 M2 （72332RC）	学院 Web 网站	公司 Web 网站	Web Server
	OA 服务器	办公系统	Web Server
	FTP 服务器	FTP 服务	FTP Server
	资助系统服务器	大学生资助系统	Web Server
	干部培训服务器	干部培训分站系统	Web Server
	网络管理服务器	网络管理系统	Linux
	教学管理应用服务器	教学管理系统	Web Server

物理服务器	虚 拟 机	主 要 应 用	应 用 方 式
ESX2 IBM X3850 M2 （72332RC）	教学管理数据服务器	教学数据库系统	Linux
	邮件服务器	MDeamon 邮件系统	Windows 2000 Server Avance+MDeamon
	视频点播服务器	视频点播系统	Windows Server 2003+视频点播系统
	图书馆数据服务器	图书管理系统+电子期刊	Web Server+DB
	安全防卫服务器	安全防卫系统	Linux+安防软件

本次服务器整合升级，需要硬件费用约为 10 万元，虚拟化软件采购成本为 20 万元，不考虑节省空间和节电等因素，一次性节约开支约 45 万元。VMware 软件采用 VMware Infrastructure 3.5，具体包括 VirtualCenter 管理工具、Distributed Resource Scheduler（DRS）、VMware High Availability（HA）和 VMware Consolidated Backup（VCB）等高级功能。

（2）虚拟化整合效果。

通过服务器虚拟化整合，有效地发挥了 ESX 的优势，服务器的平均使用率从 10%左右提高到 70%左右，高峰时的使用率从 35%左右提高到 85%左右，充分发挥了服务器资源的性能。通过整合减少了物理服务器的数量，服务器从原来的 15 台减少为 2 台，节约了更新设备的经费和设备间的空间，同时预留了增加应用服务所需要的升级空间。利用 VMware VMotion，管理员可以在服务器之间移动正在运行的虚拟机，同时保持服务器的持续可用、动态资源调配及高可用功能。

服务器虚拟化整合，较好地解决了物理服务器资源利用率低、维护困难、部署较慢等问题，提高了维护管理水平，极大地降低了建设成本，在控制服务器数量增长的情况下，为继续增加各种应用服务系统提供了升级空间，但同时也对存储安全和网络管理人员的技术水平提出了更高的要求。另外，虚拟化技术厂商和硬件厂商缺乏一个共同的标准体系，有待于软硬件厂商、用户进一步研究和解决。

校园网管理是一项复杂的综合性系统工程，将虚拟化技术引入校园网系统中能够实现服务器的有效利用，提高网络管理的操作性和提升网络的安全性。

9.2 分布式计算与网格技术

在过去的 20 多年间，出现了大量的分布式计算技术，如中间件技术、网格技术、移动 Agent 技术、P2P 技术以及后来出现的 Web Service 技术等。接下来介绍分布式计算与网格技术。

9.2.1 分布式计算概述

分布式计算（Distributed Computing Model）是利用网络把成千上万台计算机连接起来，组成一台虚拟的超级计算机，完成单台计算机无法完成的超大规模的问题求解。

分布式计算最早出现在 20 世纪 80 年代末。当时，Intel 公司利用其工作站的空闲时间为芯片设计计算数据集，利用局域网调整研究。随着 Internet 的迅速发展和普及，分布式计算的研究在 20 世纪 90 年代后达到了高潮，目前分布式计算已非常流行。

虽然，大量的分布式计算技术都得到了一定程度的认同，并且在特定的范围内得到了广泛的应用。但是，并没有获得全世界的公认。因为没有一种技术能够代表分布式计算技术的主流方向。技术的复杂性和多样性使得分布式计算的研究十分活跃，同时也使得分布式计算技术的普及非常困难。

分布式计算技术是计算机网络应用未来的发展方向，目前的研究还需要进一步发展和完善。未来将需要我们综合已有的技术，吸取所有技术的优点，合理地解决分布式计算的需求。

9.2.2　网格技术

网格（Grid）的概念出现于 20 世纪 90 年代中期。随着 Internet 的迅速发展和普及，网格技术得到了极大的重视，出现了一大批具有影响的研究项目，如美国 Argonne 国家实验室的研发项目 Globus、维吉尼亚大学的一个基于对象的元系统软件项目 Legion 计划、NASA 的 NAS 小组（NASA Advanced Supercomputing）领导的 IPG 项目、欧洲经济共同体共同出资的研究和技术发展项目 EuroGrid、美国国家科学基金会资助的 TeraGrid 项目等，并研制出了像 Globus Toolkit 这样著名的网格计算工具软件。IBM、SUN、Microsoft、HP 等纷纷宣布自己的网格研究计划，从硬件和软件等方面推出了支持网格计算的产品。

2002 年 2 月，在加拿大多伦多市召开的全球网格论坛 GGF 会议上，由 Globus 项目组和 IBM 共同倡议的一个新的网格体系结构标准 OGSA（Open Grid Services Architecture），代表着网格技术的发展趋势，也是目前最广为接受的网格体系结构。

1．网格的定义

网格是在 Internet 基础上发展起来的一种新兴技术，使人们可以动态地共享分布在网上的各种资源，如大型计算机、数据库、应用、服务等。简单地说，"网格计算"就是把网络连接的各种自治资源和系统组合起来，利用通信手段将各类资源连接成一个无缝集成的有机整体，以实现资源共享，协同工作和联合计算，为用户提供基于网格的各类综合性服务。

2．网格的特点

网格的根本特征是在动态的、多机构组成的虚拟组织环境下搭建一个计算与数据管理平台，实现资源和服务共享，其特点如下。

（1）分布与共享：分布是指资源是分布的、存在的，同时这些分布的资源又是可以充分共享的。

（2）自相似性：网格的局部和整体之间存在着一定的相似性。

（3）动态性与多样性：资源是动态的，原来的资源可能在某一时刻不能使用，同时某一时刻又有些资源加入进来；网格的资源也是多样的，网格环境下有很多不同体系结构的计算机系统和类别不同的资源。

（4）自治与管理的多重性：网格上资源的拥有者具有对该资源最高级别的管理权限，即自治性，同时网格资源受资源拥有者和网格系统的统一管理。

9.2.3　网格与校园网

网格给我们生活的方方面面带来极大的影响，同样也会对校园网产生很大的影响。网格将如何影响校园网呢？校园网络当前存在什么样的问题呢？

1．校园网面临的困境

随着教育信息化程度的提高，学校大型服务器中的公共信息和学生个人计算机中可开放的信息构成了潜在而庞大的可共享信息资源。然而，不同系统之间的数据共享比较困难，形成了一个个的信息孤岛，资源管理及互操作也难以完成。

传统校园网结构复杂，存在很多异构子网，不同系统之间的数据资源共享及互操作很困难，对各种异构资源不能有效管理。另外，校园网的硬件基础比较落后，运行速度比较低，处理信息的速度达不到要求；而且，校园网的公共存储空间远远不能满足需求，没有更多硬盘空间来存储更多的信息、资料，这就使得校园网提供给我们学习和应用的资料有相当大的局限性。

网格技术是对 Internet 上所有可以共享的资源的应用，它显然为解决上述问题提供了有利条件，因此，研究和建立校园网格平台具有重要意义和实用价值。

基于网格技术的校园网和传统校园网的技术性能对比见表 9-3。

表 9-3　　　　　　　基于网格技术的校园网和传统校园网的技术性能对比

		网格校园网	传统校园网
计算	方式	网络多台机共同完成	单机完成
	效率	高	低
存储	方式	网络共享空间，可扩展	服务器存储，不可扩展
	大小	无限	有限
资源	方式	网络共享	服务器提供
	大小	多	少
传输	方式	多种方式传输	单一方式传输
	速度	高	低
服务器	方式	少量数据交换	大量数据交换、资源提供
	工作效率	高	低
综合性能		高	低

2．网格在校园网资源中的应用

校园网格系统是一个网格原型系统，是研究网格系统的一个较好的选择环境。图 9-1 将校园资源细分为教学资源、图书资源、数据资源、计算资源等，在实际应用中，这些资源并不是完全独立的，而是互相联系的。在网格服务的基础上，各种应用系统的建立就会非常容易。一个网格服务就是一个独立的功能模块，像在开发工业产品过程中所使用的标准一样，在流水线上，拿过来就可以使用本校园网内的网格服务。而且只要有相应的权限，网格系统中其他地方的网格服务也可以拿来使用。这样，

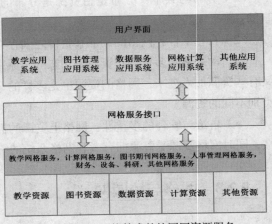

图 9-1　基于网格技术的校园网资源服务

开发应用系统的过程，就会变得像堆积木一样容易。之所以能够这样用网格服务来构建更复杂的

应用系统，是因为网格服务接口提供了网格服务的地址、所需要的参数以及返回结果的形式和内容。在构建应用系统时，只在需要时，在程序中提供网格服务所需要的信息，就可以得到预期的结果。

2002 年，教育部启动了教育科研网格计划 ChinaGrid，目标是基于中国教育和科研计算机网 CERnet，建立聚合能力超过每秒 15 万亿量级的教育科研网格，成为世界上最大的网格系统之一。因此，校园网未来的发展趋势将是各个高校结合本校实际，用网格技术开发利用现有教学资源，将校园网的所有资源进行整合，实现在整个校园网内甚至 ChinaGrid 内的高性能计算，协同教学和按需共享。

3．校园网格主要功能

在校园网中应用网格技术可以使校园网络中的教育资源，包括文字、图片、视频、课件等，统一管理，并提供信息资源共享和交互服务。设计的校园网格应能实现以下几方面的功能。

（1）信息服务。

信息服务主要包括信息注册、信息更新、信息查询、信息注销、信息分发、信息复制与引用等服务，是校园网格服务的核心。

（2）数据管理。

数据管理主要包括数据存储、数据传输以及数据副本管理等，使用户透明地访问授权范围内的数据时，完全不必关心数据的位置。

（3）资源管理。

校园网内存在大量的各种类型的资源，资源管理提供资源注册、资源发现、资源分配、资源使用、资源收回等功能。

（4）网格安全

网格安全是校园网格要解决的核心问题，校园网格安全机制必须实现几方面的目标，即支持实体之间的安全通信，防止假冒和数据泄密；支持跨组织的安全，不能采用集中式的安全系统；支持用户的单点登录，包括跨多个资源和地点的信任委托和信任转移等。

（5）作业管理

作业管理主要包括用户通过作业管理功能向网格系统提交作业，系统为作业制订、分配所需资源，并监控作业的运行状态。

（6）用户管理

用户管理提供用户注册、登录、密码找回、全局用户管理等功能，用户注册的信息保存在数据库中，并且每一个门户网格节点，或者每一个域都有自己的用户数据库。

9.2.4　网格开发工具

Globus 是一种用于构建计算网格的开放体系结构和开放标准的项目。作为 Globus 项目之一的 Globus Toolkit 工具包是一个开放源码的网格基础平台，该工具包基于开放结构、开放服务资源和软件库，并支持网格和网格应用，目的是构建网格应用提供中间件服务和程序库。Globus Toolkit 具有较为统一的国际标准，有利于整合现有资源，也易于维护和升级换代。现在，一些重要的公司，包括 IBM 和 Microsoft 等都公开宣布支持 Globus Toolkit。目前大多数网格项目都是采用基于 Globus Toolkit 所提供的协议及服务建设的。Globus Toolkit 对资源管理、安全、信息服务及数据管理等网格计算的关键理论进行研究并提供了基本的机制和接口。该项目早已开发出了能在各种平台上运行的网格计算工具软件 Globus Toolkit，以及支持网格计算和网格应用的一套服务和软件库，帮助规划和组建大型的网格试验平台，开发适合大型网格系统运行的大型应用程序。目前，Globus Toolkit 机制已经被应用于全球数百个站点和几十个主要的网格计算项目，如 NASA 网格（NASA IPG）、欧洲数据网格（Data Grid）和美国国家技术网格（NTG）等。

1. Globus 的研究

Globus 项目主要针对以下几个方面进行了研究。

（1）资源管理：主要的工作集中在通信资源和计算资源的命名和定位。

（2）数据管理：主要集中在分布式环境下如何对数据进行管理，特别是涉及数据密集型的高性能计算问题，同时提出了 Data Grid。

（3）应用开发环境：主要研究如何应用网格，包括精密仪器显示、计算资源和信息资源，提供易用的开发环境和编程语言（如 CORBA、JAVA、Perl、Python）。

（4）信息服务：主要研究如何提供准确、实时的信息来配置计算机、网络协议和算法等资源，实现高性能的分布式计算环境。

（5）安全：主要研究如何在多个管理域、多种安全策略以及主体动态变化的条件下提供网格统一的安全方案。

2. Globus Toolkit

Globus Toolkit 是一个构筑网格计算环境的中间件，提供基本的资源定位、管理、通信和安全等服务。该计算工具包是模块化的，允许用户按自己的需要定制环境。利用这套工具可以建立计算网格，并可以进行网格应用的开发。

Globus Toolkit 主要包括以下内容。

（1）安全架构。

网格安全架构（Grid Secuity Infrastructure，GSI）的主要目标为：计算网格的通信安全（安全认证和信息私有）；包含多个管理域的分布式安全系统；用户的单一登录。在使用公钥加密、X.509 认证以及安全传输层（SSL）协议并结合 Generic Security Service API 的基础上，GSI 实现了双重认证和用户的单一登录。

（2）信息架构。

虚拟光驱镜像（Metacomputing Directory Service，MDS）在 LDAP 的基础上提供了对网格资源信息的统一命名。GRIS（Grid Resource Information Service，网格资源信息服务）提供了对网格中各种资源的状况、配置、性能的查询。GIIS（Grid Index Information Service）为网格提供了对各种信息资源的检索。

（3）资源管理。

RSL（Resource Specification Language）用于资源管理各个组成部分之间进行资源需求信息的交换。GRAM（Globus Resource Allocation Manager）为各种不同的资源管理工具提供标准的接口。DUROC（Dynamically-Updated Request Online Coallocator）提供协同资源分配服务。

（4）数据管理。

GASS（Globus Access to Secondary Storage）向网格应用提供了访问远程文件系统的能力。在 GSI 的基础上，GridFTP 实现了高性能、安全的 FTP 协议。

（5）通信。

提供了多线程通信库 Nexus，Nexus 使用一套单一的 API 实现对多种通信协议的支持。在 Nexus 的基础上实现了基于网格系统的 MPI 标准的 MPICH-G。提供 globus_io 库，在此基础上程序员可以使用 TCP、UDP、IP multicast、文件 I/O 等服务实现安全、异步通信以及 QoS（服务质量）。

（6）错误检测。

Heartbeat Monitor 提供了对进程的监控，并定时向其他监视器发送。

（7）可移植性。

提供了可移植的 libc 库、线程库、数据转换库、Globus_utp API 以及 Globus Toolkit 要用到的基本数据类型库。

9.3　云计算

计算正面临着变革：你的应用程序和文件将会从桌面转移到云中。这就是分布式计算的继续发展——云计算。

9.3.1　云计算概述

1. 云计算的概念及特点

云计算（Cloud Computing）这个术语在 2007 年为人们所熟知，用于描述基于 Internet 的分布式计算及其相关应用。"云"是由成千上万的计算机和服务器组成，并互连到一起的计算机集合体，用户可以通过 Internet 访问。云计算是构建在 Internet 上的一种新兴的商业计算模型，它将高速 Internet、高性能计算、大型数据库、传感器、远程设备等融为一体，将计算任务分布在由大量计算机构成的资源池上，使各种应用系统（如科技人员与普通用户）能够根据需要获取计算力、存储空间和各种软件服务。其核心是提供数据存储和网络服务，它将为任何一个通过 Internet 连接到云中的用户提供各种计算服务，"计算"将成为知识经济时代的重要资源。

2. 云计算的发展

云计算的前身是 C/S 计算和对等的分布式计算。它们所关心的共同问题就是通过集中的存储来促进协作和多台计算机一起工作，从而提高计算能力。

（1）C/S 计算：集中式的应用和存储。

在计算的初级阶段（大约 1980 年之前），一切都按照 C/S 模式运转。所有的应用软件、数据、控制都位于大型的主机上，也就是通常的服务器。如果用户想访问特定的数据或运行特定的程序，必须连接到主机上，获得适当的权限，然后才能执行业务。从根本上说，用户是向服务器"租用"程序或数据。

用户通过计算机终端（有时也称为工作站或客户端）连接到服务器。这台计算机有时也被称为哑终端，因为它并不具有大量的内存、存储空间和处理能力。它仅仅是一个用来把用户连接到主机，使得用户能够使用主机的装置。

在 C/S 模式中，用户只有被授予相应的权限之后才能访问主机，否则无权访问主机。此外，处理能力也是非常有限的，访问不是即时的，两个用户不能在同一时间访问相同的数据。用户没有选择的权利，必须接受而不能有任何变化。事实是，当多人共用一台计算机时，C/S 模式反应慢，需要花费很多时间来等待请求，而即时访问也并非总是可行的，人们的需求很少能够马上得到满足。

尽管 C/S 模式提供了类似的集中存储，但它不是云计算，因为它不是以用户为中心的。使用 C/S 模式计算，所有的控制都位于主机上，受单一主机的管理，这不是一个有利于用户的环境。

（2）对等计算：资源共享。

对等计算（P2P）是一个平等的概念。在 P2P 环境中，每台计算机既是客户机又是服务器，没有主从之分。P2P 把网络上的所有计算机都看作是对等的，因而使得直接的资源和服务交换成为可能。在这种架构中，无需中央服务器的存在，因为任何一台计算机在需要的时候都能充当这一角色。

对等计算强调的是网络中每台计算机都有相等的能力和责任，网络中任意一台计算机要连接到另一台计算机不需要经由服务器。这同 C/S 模式形成了鲜明的对比。C/S 模式中所有计算机之间的通信不得不首先通过服务器，网络中存在一台或多台计算机专门用来为其他计算机提供服务。这是一种主/从关系，效率比较低。此外，P2P 也是一个分散的概念，控制是分散的，所有计算机平等运行。内容也分散在不同的计算机上，没有集中的服务器来承载可用的资源和服务。最著名的 P2P 实现就是 Internet。根据最早的阿帕网（ARPAnet）的想法，Internet 最初被设计为一个对等的系统，用来共享分步在美国各地的计算资源。当然，并非 Internet 的每一部分都具有 P2P 特性。随着 WWW 的发展，计算模式由 P2P 重新回到 C/S 模式。在 Web 上，每个网站都由一组计算机提供服务，网站的访问者使用客户端软件（Web 浏览器）来访问它。几乎所有的内容都是集中的，所有的控制也是集中的，在此过程中，客户没有任何自主权或控制能力。

（3）分布式计算：提供更多的计算能力。

P2P 模式的一个最重要发展方向就是分布式计算，其理念是将某个网络中空闲的个人计算机组织起来，用来为大规模的、处理器密集型的项目提供计算能力。这是一个简单的概念，所有的一切都围绕着计算能力在多台计算机之间的共享。

对于一台计算机来说，每天可以运行 24 小时，每周运行 7 天，每一台计算机能产生巨大的计算能力。但这些能力并没有被充分利用，而分布式计算就是要将这些闲置的计算机充分利用组织起来。在分布式计算中，当一台计算机在空闲时间为分布式项目处理任务时，会将结果定期上传到分布式计算网络中，与其他项目的结果进行合并。只要计算能力足够，就可以处理大型的复杂项目。

（4）协同计算：作为一个群组工作。

在早期的 C/S 计算基础上，发展到 P2P，再到分布式计算，最后形成了协同计算。在这一系列的变化中，始终存在这样的需求：让多个用户一起从事同一个基于计算机的项目。这种类型的协同计算就是产生"云计算"的背后的驱动力。早期的群组协作综合利用几种不同的 P2P 技术，目的是让多个用户能够实时地、在线合作完成小组项目。

协同计算首先要能够让用户相互交谈。这就需要即时信息系统，通过文本、音频、视频进行交流。大多数协作系统为全功能的多用户视频会议提供了一系列的音频/视频选项。早期的群组协作系统既有相对简单的（如 IBM 的 Lotus Notes 和 Microsoft 的 NetMeeting），也有极其复杂的（如 Groove Networks 系统中的积木结构）。多数系统是针对大型企业的，需要在专用的网络上运行。

（5）云计算：协作的下一个步骤。

随着 Internet 的发展，群组协作不再需要限制在单一的网络环境中，来自不同地点的或多个组织的用户需要进行跨地区、跨组织的合作。可以把合作项目放置在 Internet "云" 中，并且可以从任何能够上网的地点访问。

以云为基础的文档和服务的概念随着大型服务器的发展而迅速发展。Google 已经有了一组服务器，用于支持大量的搜索引擎。在基础设施方面，IBM、SUN 公司和其他大的供应商正在提供建设 "云" 网络的必要硬件。在软件方面，许多公司正在开发基于云的应用和存储服务。

今天，人们使用云服务和云存储来创建、共享、查找和组织各种不同类型的信息。明天，这一功能不仅仅对计算机用户，而且对任何连接到 Internet 的设备：移动电话、便携式音乐播放器，甚至汽车和家用电视机的用户可用。

> 网格计算常常与云计算混淆。网格计算是一种分布式计算，表现为一个由网络连接或互联网连接的计算机集群，这个计算机集群是一个可以步调一致地执行非常大型任务的虚拟超级计算机。现在许多的云计算部署采用的是网格计算来实现的，但是云计算应该是网格使用模式的下一步的发展。现在已经有一些云计算服务提供商在利用云架构提供云服务，如端到端网络 BitTorrent 和志愿者计算计划 SETI@home。

9.3.2　云计算与远程教育

教育资源的有效整合、创造性地利用现代化信息技术进行网络学习，并且为不同类型的学习者提供适合他们的学习模式，是现代远程教育十分关注的话题。但目前的远程教育平台还未能达到知识共享、资源共享、跨平台应用的程度。云计算技术使整个 Internet 整合成一台巨大的超级计算机，实现计算资源、存储资源、数据资源、信息资源、知识资源、专家资源的全面共享。云计算将在远程教育中扮演着重要的角色，将会极大地改变远程教育的现状，真正实现任何地点、任何时间、任何方式的移动学习。

1. 云计算应用于远程教育中的特点

（1）云计算拥有无可比拟的低成本。

由于云计算使 95% 的工作在浏览器中完成，所以客户端只需要运行简单的操作系统和浏览器就行。在云时代，学校无需购买昂贵的服务器，只需要把计算机接入 Internet，向云计算提供商购买适量的计算能力即可，把任务交给云端来处理，从而大大降低了成本。

（2）云计算具有高安全性。

在云计算中，数据集中存储，因而更容易实现安全监测。数据中心的管理者对数据进行统一管理、分配资源、均衡负载、部署软件、控制安全，并进行可靠的安全实时监测，从而可使用户的数据安全得到最大限度的保证。在云计算中，用户的数据永远加密，所有存储在本地的数据都会被编码。如果丢失或者忘记带计算机，依然可以确保数据的安全并能远程继续开始工作。此外，所有数据都会上传到云端，这样用户在任何一个设备上登录之后，所有的设置会自动恢复。

2. 基于云计算的远程教育系统的逻辑结构

基于云计算的远程教育系统的逻辑结构如图 9-2 所示。各远程教育学习中心的资源组成 "云"，远程教育系统能够自动搜索新的资源并选择最佳路径来传送数据，当一台服务器发生故障时，能自动转向其他服务器；各模块的设计实现高效的资源共享，资源访问者不需要知道资源在哪台服务器上，使用统一的资源列表就可以任意访问，不再受地域、时间的限制；实现教学资源的就近访问，对于任意一个资源访问者，系统可以自动分析 IP 确定路由，寻找离他最近的资源，并建立好连接，从而提供最快、最好的访问；实现一次注册全部资源服务器共享注册信息的功能，无需多次注册。系统能充分利用云中的软硬件资源，提供强大的服务能力。

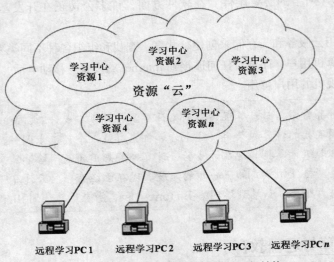

图 9-2　基于云计算的远程教育系统逻辑结构

3．系统的整体结构设计

基于云计算的远程教育系统的整体结构包括 3 层：基础设施层（Infrastructure Layer）、服务层（Service Layer）和应用层（Application Layer）。除了处于应用层的核心模块（Core Module）之外，还有 4 个模块：监测模块（Monitoring Module）、策略模块（Policy Module）、仲裁模块（Arbitration Module）和供应模块（Provision Module），如图 9-3 所示。

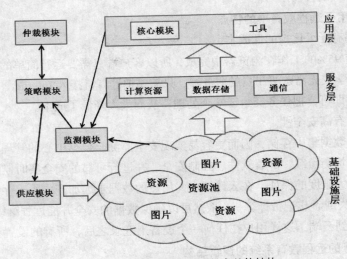

图 9-3　基于云计算的远程教育整体结构

基础设施层是远程教育系统的资源池，硬件、软件和虚拟技术都可以用来确保基础层的可靠性和稳定性。基础设施层为高层提供计算能力和存储容量，它是整个远程教育系统的能量源。

服务层主要包括远程教育的各种服务，如 Web 文件系统服务、数据库服务等，除此之外，还为高层提供了标准界面和应用程序接口，这一层提供的云服务可以归类为计算资源（Computational Resources）、数据存储（Data Storage）和通信（Communication）。

应用层包括远程教育系统的核心模块和工具（Tools），应用层采用 SaaS（Software as a Service，软件即服务）多租户模式（Multi-tenant Model）设计，核心模块分为 7 个子模块：管理子模块、访问控制子模块、工作流子模块、电子签名子模块、文档管理子模块、数据抽取和查找子模块、生命周期支持子模块，应用层可以为用户和其他程序提供功能和交互式接口。

9.4　3G 网络技术

3G 技术给人们最大的感受和认知就是与手机联系起来。进入 21 世纪，3G 技术就开始不绝于耳，3G 网络技术已经成为未来发展的一个趋势和方向。下面简单介绍 3G 网络技术。

9.4.1　3G 网络技术概述

3G 技术是指支持高速数据传输的蜂窝移动通信技术。它是使用支持高速数据传输的蜂窝移动通信技术的线路和设备敷设而成的通信网络。3G 网络将无线通信与 Internet 等多媒体通信手段相结合，是新一代移动通信系统。

1．3G 网络技术与 2G 网络技术的区别

2G 就是二代 GSM、CDMA 等数字手机。3G 就是第三代手机，一般是指将无线通信与 Internet 等多媒体通信技术相结合的新一代移动通信系统。3G 是第三代通信网络，目前国内不支持除 GSM 和 CDMA 以外的网络，GSM 设备采用的是频分多址，而 CDMA 使用码分扩频技术，先进功率和语音激活至少可提供大于 3 倍 GSM 网络的容量，业界将 CDMA 技术作为 3G 的主流技术，国际电联确定 3 个无线接口标准，分别是 cdma2000、WCDMA、TD-SCDMA，也就是说，国内 CDMA 可以平滑过渡到 3G 网络。3G 的主要特征是可提供移动宽带多媒体业务。未来的 3G 必将与社区网站进行结合，Wap 与 Web 的结合是一种趋势，如时下流行的微博客网站：大围脖、新浪微博等就已经将此应用加入进来。

3G 与 2G 的主要区别是在传输声音和数据的速度上的提升，它能够在全球范围内更好地实现无线漫游，并处理图像、音乐、视频流等多种媒体形式，提供包括网页浏览、电话会议、电子商务等多种信息服务，同时也要考虑与已有第二代系统的良好兼容性。为了提供这种服务，无线网络必须能够支持不同的数据传输速率，也就是说，在室内、室外和行车的环境中能够分别支持至少 2Mbit/s（兆比特每秒）、384kbit/s（千比特每秒）以及 144kbit/s 的传输速率（此数值根据网络环境会发生变化）。

1995 年问世的第一代模拟制式手机（1G）只能进行语音通话。1996～1997 年出现的第二代 GSM、CDMA 等数字制式手机（2G）便增加了接收数据的功能，如接收电子邮件或网页。其实，3G 并不是 2009 年诞生的，早在 2002 年国外就已经产生 3G 了，而中国也于 2003 年开发中国的 3G，但于 2009 年才正式上市。3G 的下行速度峰值理论可达 3.6 Mbit/s（一说 2.8Mbit/s），上行速度峰值也可达 384 kbit/s。

这里我们介绍一下"G3"，G3 并不是代表 3G，而是"Guide3"的缩写，Guide 有两层意思，

动词代表引领、影响、支配等意思，名词代表引领者、向导的意思。"3"代表 3G 时代下的移动+宽带+固网+手机电视等多网的融合，更大胆的猜想是暗喻中国移动将超越现有 3G 概念，在 TD-LTE 时代提供适合上述融合业务应用的网络支撑、终端、服务等，引领人们进入真正的 3G 生活。因此，3G 是个很庞杂的概念。

2．3G 技术标准

国际电信联盟（ITU）在 2000 年 5 月确定了 WCDMA、cbma2000、TD-SCDMA 三大主流无线接口标准，写入 3G 技术指导性文件《2000 年国际移动通讯计划》（简称 IMT—2000）；2007 年，WiMAX 亦被接受为 3G 标准之一。如此，全球共有 4 个 3G 标准，分别是 WCDMA（欧洲版）、cbma2000（美国版）、TD-SCDMA（中国版）和 Wi MAX。

（1）W-CDMA。

W-CDMA 标准全称为 Wideband CDMA，也称为 WCDMA 或 CDMA Direct Spread，意思是宽频分码多重存取。该标准是欧洲提出的宽带 CDMA 技术，是基于 GSM 网发展出来的 3G 技术规范，它与日本提出的宽带 CDMA 技术基本相同，目前正在进一步融合。以 GSM 系统为主的欧洲厂商是 WCDMA 标准的主要支持者，日本公司也或多或少参与其中，包括欧美的 Ericsson（爱立信）、Alcate（阿尔卡特）、Nokia（诺基亚）、Lucent（朗讯）、Nortec（北电），以及日本的 NTT、Fujitsu（富士通）、Sharp（夏普）等厂商。该标准提出了 GSM（2G）—GPRS—EDGE—WCDMA（3G）的演进策略。这套系统能够架设在现有的 GSM 网络上，对于系统提供商而言可以较轻易地过渡。

（2）Cdma2000。

Cdma2000 也称为 CDMA Multi-Carrier，它是由美国高通北美公司为主导提出的，是由窄带 CDMA（CDMA IS95）技术发展而来的宽带 CDMA 技术。Motorola（摩托罗拉）、Lucent 和后来加入的韩国 Samsung（三星）都曾经参与，韩国现在是该标准的主导者。该技术是从窄频 CDMAOne 数字标准衍生出来的，可以从原有的 CDMAOne 结构直接升级到 3G，建设成本低廉。目前只有日本、韩国、北美等地区使用 CDMA 技术，其支持者不如 cdma2000 的支持者多。但是，在研发方面，该标准的研发技术却是目前进展最快的。该标准提出了 CDMA IS95（2G）—cdma2001—cdma2003x（3G）的演进策略。

（3）TD-SCDMA。

TD-SCDMA 是由中国提出的第三代移动通信标准（简称 3G），其全称为 Time Division - Synchronous CDMA（时分同步 CDMA），是 1999 年由中国原邮电部电信科学技术研究院（大唐电信）向 ITU 提出的，但技术发明最初是源自于 Siemens（西门子）公司。TD-SCDMA 技术标准具有辐射低的特点，被誉为绿色 3G。该标准将智能无线、同步 CDMA 和软件无线电等当今国际领先技术融于其中，在频谱利用率、对业务支持具有灵活性、频率灵活性及成本等方面具有独特优势。另外，由于中国内地庞大的市场，该标准受到各大主要电信设备厂商的重视，全球一半以上的设备厂商都宣布可以支持 TD-SCDMA 标准。该标准不经过 2.5 代的中间环节，直接向 3G 过渡，非常适用于 GSM 系统向 3G 升级。军用通信网也是 TD-SCDMA 的核心任务。

（4）WiMAX

WiMAX（Worldwide Interoperability for Microwave Access）是微波存取全球互通，又称为 802.16 无线城域网，是一种为企业和家庭用户提供"最后一公里"的宽带无线连接方案。此技术与需要授权或免授权的微波设备相结合之后，由于成本较低，将扩大宽带无线市场，改善企业与服务供应商的认知度。2007 年 10 月 19 日，国际电信联盟在日内瓦举行的无线通信全体会议上，经过多数国家投票通过，WiMAX 正式被批准成为继 WCDMA、cdma2000 和 TD-SCDMA 之后的第 4 个全球 3G 标准。

9.4.2　3G 技术在中国的发展现状

2008 年 4 月 1 日，中国移动通信集团公司在北京、上海、天津、沈阳、广州、深圳、厦门和秦皇岛 8 个城市，启动第三代移动通信（3G）"中国标准" TD-SCDMA 社会化业务测试和商用测试，其号段为 157。这标志着我国第三代移动通信标准 TD 的商业化应用正式起航。当前，3G 中国是中国最大的专业化 3G 手机网络商务服务平台的注册商标。3G 中国包括行业、企业、产品、服务和贸易功能等，是企业在 3G 网络上实现 WAP 网站建设、行业新媒体传播、移动商务运营、无线及时沟通的集成型系统服务平台，其行业整合的推广理念和 3G 网络无线通信的全新营销模式，形成一个 3G 无线信息网络。它的所有功能设置和增值服务，都为用户提供完善、高效的 3G 体验，完美体现 3G 时代强势的商务内涵。

随着 3G 技术的不断完善和大众化，3G 将会给生活带来全新享受。中国的 3G 之路刚刚开始，最先普及 3G 应用的是"无线宽带上网"，6 亿的手机用户随时随地使用手机上网。而无线互联网的流媒体业务正逐渐成为主导。

1．3G 技术的应用

（1）宽带上网。

宽带上网是 3G 手机的一项很重要的功能。3G 技术使我们的手机收发语音邮件、写博客、聊天、搜索、下载图片和铃声等。尽管目前的 GPRS 网络速度还不尽如人意，但 3G 时代到来后，手机实现无线宽带上网成为可能。

（2）手机办公、手机执法和手机商务。

随着带宽的增加，手机办公越来越受到青睐。手机办公使得办公人员可以随时随地与单位的信息系统保持联系，完成办公功能。这包括移动办公、移动执法、移动商务等。与传统的 OA 系统相比，手机办公摆脱了传统 OA 局限于局域网的桎梏，办公人员可以随时随地访问政府和企业的数据库，进行实时办公和处理业务，极大地提高了办公和执法的效率。

（3）可视电话。

3G 的到来带来了视频通话的新体验。接电话时不再是单调的声音，而是带来图文并茂、身临其境的享受。可视电话业务是一种集图像、语音于一体的多媒体通信业务，可以实现人们面对面地实时沟通，即通话双方在通话过程中能够互相看到对方场景。3G 时代被谈论得最多的是手机的视频通话功能，这也是在国外最为流行的 3G 服务之一。相信不少人都用过 QQ、MSN 或 Skype 的视频聊天功能，今后，依靠 3G 网络的高速数据传输，用 3G 手机拨打视频电话时，不再是把手机放在耳边，而是面对手机，再戴上有线耳麦或蓝牙耳麦，会在手机屏幕上看到对方影像，也会被录制下来并传送给对方。未来的发展将会将 3G 技术应用到可视电话业务中来。目前中国联通和中国移动已经开通了 3G 可视电话业务。

（4）手机电视。

通过手机电视的手机客户端，可以访问 3G 门户网站以及视频 IVR，基于移动网络，利用流媒体技术和移动 IVR 技术在移动终端上观看视频节目。由于目前中国 3G 技术建设仍不完善，所以手机电视还不够流畅，随着大屏幕手机和高分辨率手机的发展，未来观看手机电视将成为一种趋势。

（5）手机支付。

3G 技术将用于手机银行业务中，用户将手机号和银行卡账号绑定后，就可以进行银行卡账户管理、转账汇款等金融业务，无需排队，只需要用手机发送相应短信，经系统认证，就可以实现银行金融业务。

（6）无线搜索。

对于用户来说，无线搜索是比较实用的移动网络服务，也能让人快速接受。随时随地用手机搜索将会变成更多手机用户的一种生活习惯。

（7）手机购物。

不少人都有在淘宝网上购物的经历，但手机商城对不少人来说还是个新鲜事。事实上，移动电子商务是 3G 时代手机上网用户的最爱。专家预计，中国未来的手机购物会有一个高速增长期，用户只要开通手机上网服务，就可以通过手机查询商品信息，并在线支付购买产品。高速 3G 可以让手机购物变得更实在，高质量的图片与视频会话能使商家与消费者的距离拉近，提高购物体验，让手机购物变为新潮流。

（8）手机娱乐。

3G 时代，只要在手机上安装一款手机音乐软件，就能通过手机网络，随时随地让手机变身音乐盒，轻松收纳无数首歌曲，下载速度更快，耗费流量几乎可以忽略不计。与计算机网游相比，手机网游的体验并不好，但方便携带，随时可以玩，这种利用了零碎时间的网游是目前年轻人的新宠，也是 3G 时代的一个重要资本增长点。3G 时代到来之后，游戏平台会更加稳定和快速，兼容性更高，让用户在游戏的视觉和效果方面感觉更好。

2．3G 技术的未来发展趋势

3G 技术未来将向两个大方向发展：一是从无线接口技术向更高的带宽、更大的容量、更好的服务质量（QoS）的目标发展；二是从核心网向全 IP 的网络架构方向发展。

（1）向增强型无线接口的发展。

WCDMA 在 3GPP R6 引入了 HSDPA（高速下行分组接入）和 HSUPA（高速上行分组接入）技术，在上、下行采用 5 MHz 带宽时，能够达到 14～4 Mbit/s（DL/UL）的数据传输速率。Cdma2000 的空中接口 Release D 版本前/反向数据速率在上、下行采用 1.25 MHz 带宽时达到 3.1～1.5 Mbit/s。OFDM 和 MIMO 技术的结合，还可以进一步提高数据吞吐量。各种无线调制技术的使用，将使无线频率的利用效率向理论值靠近。

（2）向 NGN 核心网络的发展。

3GPP 与 3GPP2 在核心网的发展方面开始走向融合，走向基于 IMS 的 NGN 网络架构。IP 多媒体网络（IMS）的提出，为移动网络的多媒体业务提供了一种解决方案，同时满足了多媒体业务在安全、计费、漫游以及 QoS 上的需求。IMS 可看作为移动多媒体业务提供的一个平台。IMS 的基本协议是基于 IETF 的，增加了支持移动性的扩展，包括 SIP、Diameter、COPS 等。

3．3G 增值业务的发展

新出现的移动增值业务不像 3G 与 2G（或 2.5G）技术那样有着明确的界限。3G 业务的概念只是一个泛泛的说法，泛指对数据承载能力要求较高、能够为用户提供表现力更加丰富的音频、视频等多媒体内容的业务，事实上，用移动增值业务的概念更恰当。

从国际上看，目前日本、韩国的移动增值业务发展比较快，市场反应较好，进入了一个良性循环的阶段，在移动通信领域处于领先地位。在国内，中国移动的"移动梦网"、"M-zone"、"百宝箱"、"彩信"和中国联通的"互动视界"、"彩 E"、"神奇宝典"、"定位之星"、"联通在信"等业务，以时尚的品牌形象受到年轻人的喜爱。

移动增值业务的分类方法多种多样，具体业务如下。

（1）基于智能卡的应用工具箱的业务。

基于智能卡（这里将 GSM 使用的 SIM 卡和 CDMA 使用的 UIM 卡统称为智能卡）的应用工具箱技术（STK/UTK），是一种通过短消息方式传输的增值业务平台，主要由移动终端和智能卡来实现。

应用工具箱技术，由于其实现相对简单，提供的业务比较实用，因此目前的应用非常普及。像信息订阅、移动 QQ、移动终端银行、移动终端炒股等都是非常典型的应用。中国移动的"移动梦网"以及中国联通的"联通在信"，都是基于智能卡应用工具箱技术实现的移动增值业务。

（2）基于多媒体消息（MMS）的业务。

随着文本短消息的商业运营模式在全球取得巨大成功，多媒体消息（MMS）业务应运而生。MMS 业务能够提供点到点、点到应用、应用到点的内容更加丰富的多媒体消息存储和转发服务。消息可以是纯文本、图片、视频、音频及其他媒体格式的非实时内容。

（3）基于 IMAP4 的多媒体邮件业务。

多媒体邮件业务将 Internet 上最为常用的电子邮件业务引入移动通信领域。与 Internet 上的电子邮件不同的是：在 Internet 上使用最为普及的邮件接收协议是 POP3，而在移动邮件业务中使用经过优化的 IMAP4（IETF：RFC2060）作为邮件接收协议。 用户可以将各种格式的文本信息、图片、音频、视频文件作为附件进行接收和发送。附件的大小可以根据网络的数据承载能力和移动终端的处理能力，从几十千比特到几百比特。

（4）基于 WAP 的浏览业务。

WAP 是 WAP 论坛（WAP FORUM）专门为无线环境制订的一套协议。WAP 基本上可以分为WAP1.x 和 WAP2.0 两类，用户通过手机访问 WAP 网站上的各种信息。

（5）基于 GPS 的定位业务。

根据定位精度可以将 3G 增值业务分为 3 类：基于 CELLID 的定位方式；基于 AFLT（高级前向链路三边测量）的定位方式；基于 GPS 卫星的定位方式。不同精度定位技术的使用可以提供车辆跟踪、定位等满足各种要求的位置服务业务需求。

（6）基于 Java/Brew 的业务。

J2ME（Java 2 Micro Edition）是 Java 2 标准中专门针对小型移动设备的版本。标准包括 CLDC和 MIDP 两部分，规定了 KJAVA 环境 KVM、configration 和 Profile。无线二进制运行环境（The Binary Runtime Environment for Wireless，BREW）是高通公司开发的介于底层芯片操作系统和应用之间的一个软件平台，为上层应用提供对底层设备的调用和管理。Java 和 BREW 均提供可以将下载的应用在不同厂家设备上运行的应用环境。除此之外，流媒体、可视电话、基于移动网络技术的无线对讲（POC）等业务也在逐渐步入商用化的轨道。

9.4.3 3G 技术的应用实例

随着现代社会节奏的加快、3G 时代的到来，智能手机已经变得非常普及，基于手机客户端的各种应用蓬勃发展起来。用户对于手机应用的需求不断攀升。为了应对企业客户对移动化业务的需求，中国联通率先利用基于智能手机的移动平台来开发移动办公业务系统，由此推出 UMAP 项目。

1. 什么是 UMAP

UMAP（Mobile Application Platforms）的意思是通用移动应用中间件平台，它应用先进的页面数据解析抓取技术，能够在企业原有应用系统不做改动的情况下，将企业各种应用以手机客户端的方式延伸到各种手机移动终端上，满足企业内部人员使用手机办公或服务的需要。大大减少了开发协调的成本，从而实现业务系统快速、安全移动化。

2. UMAP 的特点

（1）UMAP 无需用户业务系统改动，就能独立完成客户业务数据的整合。

UMAP 无需企业对现有应用系统进行改造，可以在短时间之内实现企业应用的移动化。

（2）UMAP 具有双重安全保障机制。

UMAP 在第一层采用基于联通 3G（WCDMA）固有的安全认证体系，在第二层采用 SSL VPN/VPDN 技术，可以集成 CA 认证，全方位地保证企业数据安全。

（3）UMAP 支持多种主流手机操作系统。

UMAP 支持 IPhone/Symbian/Android/Windows mobile 等各种主流手机操作系统以及市面流行的各种智能手机。

（4）UMAP 具有灵活性，可适应性强。

UMAP 可以根据客户需求来快速增加需要的模块，产品的使用和维护非常方便。实用性强，易扩展。

（5）集中式系统管理。

UMAP 系统提供了集中式系统管理界面，可以轻松地管理各种功能模块、用户信息等，可以降低企业部署和管理的成本。图 9-4 所示的是 UMAP 平台的特点和价值。

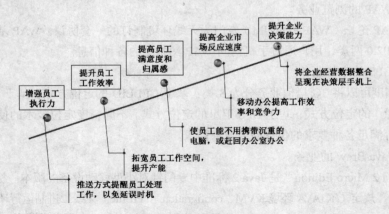

图 9-4 UMAP 平台的特点和价值

3. UMAP 具有的功能

UMAP 平台具有以下一些功能（如图 9-5 所示）。

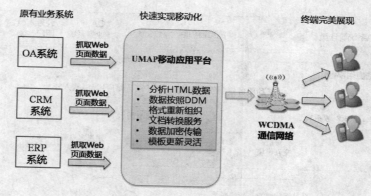

图 9-5 UMAP 功能业务

（1）提供页面解析服务。

UMAP 可以直接从业务系统的页面中抓取所需要的数据。UMAP 采用约定的数据格式，将数据和现实样式分离，获取数据并传输。这样既可以保证不同手机终端上数据的一致性，又实现了不同手机的显示差异化，更好地发挥不同手机的特性。

（2）数据接口服务。

UMAP 数据接口服务通过业务系统的数据接口得到数据，将数据按照 NNM 格式重新组织后发给手机客户端进行显示，这样实现了不同手机的显示差异化，可以更好地发挥不同手机的特性。

（3）安全认证服务。

UMAP 系统登录名与手机终端设备号绑定，做到用户只能通过自己的手机使用移动办公系统。

UMAP 对用户名、密码和设备号进行加密传递，保护了敏感信息。UMAP 支持使用数字证书增强系统的安全性。

（4）信息推送服务。

信息推送服务主要是将办公系统的即时信息推送到手机客户端，包括个人需要办理的事提醒、办结提醒、个人日程安排、系统公告及邮件等。

（5）文档转换服务。

通过文档解析服务，可把多种格式的文档（PDF、Word、Excel、PowerPoint 等）转换成系统定义的、可以由手机终端解释并显示的文档。

（6）模板更新服务。

模板是用来完成数据展示的配置文件，模块使得客户端的数据呈现变得更加灵活、美观、专业。针对不同的终端，允许管理者对系统中的模板进行调整和限制。

图 9-6 所示是 UMAP 移动 OA 系统架构图。

4.应用案例：××××证券公司 UMAP 案例

【案例背景】

应用行业：证券业

最终用户：某证券的全体员工

部署规模：1 200 部手机终端

【案例目标】

为高端用户提供随时随地、快速优秀的差异化服务，提升企业运行效率，提高企业服务水平；在原有网站 OA 平台之外，建立统一化的移动 OA 平台，并且可以兼容其他手机终端接入。

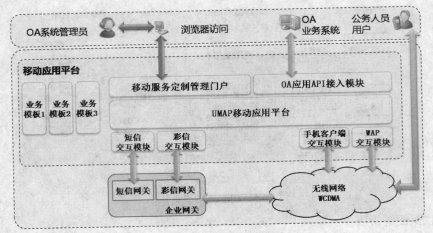

图 9-6　移动 OA 系统架构

【主要功能】

在线音频/视频播放、文档浏览和下载、信息安全、公文流转、消息推送、在线审批。

图 9-7 所示是该企业移动 OA 应用系统的手机界面图。

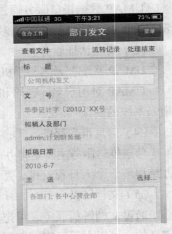

图 9-7　××××证券公司移动 OA 应用系统界面

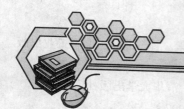

[1] 佟震亚，等. 现代计算机网络教程[M]. 第 2 版. 北京：电子工业出版社，2004.

[2] 钟章队，等. 无线局域网[M]. 北京：科学出版社，2004.

[3] 胡道元. 计算机局域网[M]. 第 3 版. 北京：清华大学出版社，2002.

[4] 谢希仁. 计算机网络 [M]. 第 5 版. 北京：电子工业出版社，2008.

[5] 唐涛，等. 计算机网络应用教程[M]. 北京：电子工业出版社，2006.

[6] 杜煜，姚鸿. 计算机网络基础[M]. 第 2 版. 北京：人民邮电出版社，2008.

[7] 王硕. 计算机网络教程[M]. 北京：人民邮电出版社，2007.

[8] 冯博琴，陈文革. 计算机网络[M]. 第 2 版. 北京：高等教育出版社，2004.

[9] 王宝智，连顺国. 局域网设计与组网使用教程[M]. 北京：清华大学出版社，2004.

[10] 项家祥. 计算机应用基础[M]. 上海：华东师范大学出版社，2004.

[11] 尚晓航，陈强. 计算机局域网与 Windows NT 实用教程[M]. 北京：清华大学出版社，1999.

[12] 东方人华. 局域网组建、配置与管理[M]. 北京：清华大学出版社，2004.

[13] 郝兴伟. 计算机网络原理、技术及应用[M]. 第 2 版. 北京：高等教育出版社，2007.

[14] 赵玉章，王东，等. 计算机网络实用技术[M]. 北京：电子工业出版社，2004.

[15] 董南萍，郭文荣，等. 计算机网络与应用教程[M]. 北京：清华大学出版社，2005.

[16] 李志球. 计算机网络基础[M]. 第 2 版. 北京：电子工业出版社，2006.

[17] 蔡开裕，范金鹏. 计算机网络[M]. 北京：机械工业出版社，2001.

[18] 暨百南. 局域网组建与维护[M]. 上海：上海科学普及出版社，2005.

[19] 王祥仲，郑少京. 局域网组建与维护[M]. 北京：清华大学出版社，2007.

[20] 冯博琴. 计算机网络应用基础[M]. 北京：人民邮电出版社，2009.

[21] 徐岩，等. 计算机网络及 Internet 应用基础[M]. 北京：高等教育出版社，2004.

[22] 徐远超. 网络工程实用技术教程[M]. 北京：科学出版社，2005.

[23] 王卫红，李晓明. 计算机网络与互联网[M]. 北京：机械工业出版社，2009.

[24] 张卫，俞黎阳. 计算机网络工程[M]. 第 2 版. 北京：清华大学出版社，2010.

[25] 钟小平，等. 网络服务器配置完全手册[M]. 北京：人民邮电出版社，2006.

[26] 王祥仲，等. 局域网组建与维护实用教程[M]. 北京：清华大学出版社，2007.

[27] 锐捷网络. 网络互联与实现[M]. 北京：北京希望电子出版社，2006.

[28] 俞黎阳，等. 计算机网络工程实验教程[M]. 北京：清华大学出版社，2008.

[29] 张公忠. 局域网技术与组网工程[M]. 北京：经济科学出版社，2000.

[30] 曹东启. 网络技术基础[M]. 北京：北京希望电子出版社，2000.

[31] Microsoft Corporation. 网络基础教程 [M]. 第 2 版. 沈新国，译. 北京：清华大学出版社，1999.

[32] 周明天，汪文勇. TCP/IP 网络原理与技术[M]. 北京：清华大学出版社，1999.

[33] Clark T. 存储区域网络设计—实现光纤通道和 IP SAN 的实用指南 [M]. 第 2 版. 邓劲

生等，译. 北京：电子工业出版社，2005.

[34] Barker R. 存储区域网络精华—深人理解 SAN[M]. 舒继武等，译. 北京：电子工业出版社，2004.

[35] 赵文辉，徐俊，周加林，李晨. 网络存储技术[M]. 北京：清华大学出版社，2005.

[36] 李晶，李毓麟. 智能大厦[M]. 上海：复旦大学出版社，1997.

[37] 徐超汉. 智能化大厦综合布线系统设计与工程[M]. 第 3 版. 北京：电子工业出版社，2000.

[38] 赵腾任，孙江宏. 网络工程与综合布线培训教程[M]. 北京：清华大学出版社，2003.

[39] 胡胜红，毕娅. 网络工程原理与实践教程[M]. 北京：人民邮电出版社，2005.

[40] 黎连业. 网络工程和综合布线工程师手册[M]. 北京：清华大学出版社，2003.

[41] 李刚. 最新网络组建、布线和调试实务[M]. 北京：电子工业出版社，2004.

[42] Michael Miller. 云计算[M]. 姜进磊等，译. 北京：机械工业出版社，2009.

[43] 桂小林. 网格技术导论[M]. 北京：北京邮电大学出版社，2005.

[44] 毕学军. 网络工程案例集锦[M]. 北京：北京希望电子出版社，2002.

[45] Abraham Sicberschatz，等. 操作系统概念[M]. 第 6 版. 郑扣根，译. 北京：高等教育出版社，2008.

[46] 张浩军. 计算机网络操作系统[M]. 北京：中国水利水电出版社，2005.

[47] William S.Davis，T.M. Rajkumar. 操作系统基础教程[M]. 第 5 版. 陈向群，译. 北京：电子工业出版社，2003.

[48] 高传善，毛迪林，王雪平. 计算机网络[M]. 第 2 版. 北京：人民邮电出版社，2009.

[49] 胡道元. 网络程序员教程[M]. 北京：清华大学出版社，2001.

[50] 罗忠，宋建华. 计算机网络应用[M]. 北京：科学出版社，2005.

[51] 董吉文，徐龙玺. 计算机网络技术与应用[M]. 第 2 版. 北京：电子工业出版社，2010.

[52] 吴功宜，吴英. 计算机网络教师用书[M]. 第 2 版. 北京：清华大学出版社，2008.

[53] 郭秋萍. 计算机网络实用教程[M]. 北京：北京航空航天大学出版社，2004.

[54] 张银福，陈曙晖，赵振宇，等. Linux 网络应用技术[M]. 北京：机械工业出版社，1999.

[55] 蔡开裕，朱培栋，徐明. 计算机网络[M]. 北京：机械工业出版社，2008.

[56] 刘昭斌，曹钧尧，谭方勇. 网络工程设计实用教程[M]. 北京：清华大学出版社，2010.

[57] 张军征. 校园网络规划与架设[M]. 北京：电子工业出版社，2009.

[58] 杨威，王云，等. 网络工程设计与系统集成[M]. 北京：人民邮电出版社，2010.

[59] 赵小明. 网络工程[M]. 北京：科学出版社，2010.

[60] 张殿明. 网络工程规划与架设[M]. 北京：清华大学出版社，2010.

[61] 斯桃枝，杨寅春，俞利君. 网络工程 [M]. 第 2 版. 北京：人民邮电出版社，2008.

[62] 王勇，任兴田. 计算机网络管理教程[M]. 北京：清华大学出版社，2010.

[63] 李艇. 计算机网络管理与安全技术[M]. 北京：高等教育出版社，2003.

[64] 刘化君. 网络安全技术[M]. 北京：机械工业出版社，2010.

[65] 杨威. 网络工程设计与系统集成 [M]. 第 2 版. 北京：人民邮电出版社，2010.

[66] Douglas E. Comer. 计算机网络与互联网[M]. 徐良贤等，译. 北京：电子工业出版社，2003.